杭州蔬菜记

杭州种业集团有限公司○组编

封立忠○主编

中国农业科学技术出版社

作者简介 Zuozhe Jianjie

封立忠 1956年生，浙江省嵊州市人。全国恢复高考后首届进入浙江农业大学园艺系蔬菜班学习。1982—2016年在杭州市农业局从事蔬菜相关工作，调研员。曾任杭州市区放心菜工程领导小组办公室副主任、杭州市农作物品种审定小组果蔬专业组组长、中国园艺学会长江蔬菜协会常务理事、浙江省园艺学会副秘书长。浙江大学硕士研究生学位论文评阅专家。组织建立生产、流通放心菜示范点125个，获国家、省、市科技进步奖21项，独立、合作著有《高山蔬菜》《杭州名优果蔬》《名特蔬菜》《杭州市蔬菜录》等，参加《杭州市志（第三卷）》的编写。发表文章140余篇，其中7篇受到省、市领导批示。1995年入选中国科技人才。浙江省优秀农村工作指导员。

赵 捷 1982年生，浙江省桐庐县人。农艺师，杭州市种子商会副会长、长三角鲜食玉米产业技术创新联盟常务理事，从事农作物新品种选育、引进和示范，推广面积约142万公顷，选育新品种2个，获国家、省、市级成果奖5项，发表文章8篇。

孙利祥 1963年生，浙江省杭州市人。毕业于浙江农业大学，推广研究员，享受国务院特殊津贴，浙江省"151"人才、浙江省农业系统100名跨世纪农业学术和技术带头人，杭州市B类人才、杭州市"131"工程人才、浙江省品种审定委员会专家组成员、杭州市蔬菜产业协会副会长、杭州市园艺学会理事长。杭州种业集团有限公司党委书记、董事长。获国家、省、市科技进步奖15项，省级以上刊物发表科技论文18篇，获得实用新型专利4项，发明专利3项，主持、组织和参与实施国家、省、市有关项目20余项。

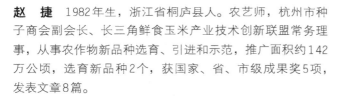

《杭州蔬菜记》编写人员

主　　编　　封立忠

副 主 编　　赵　捷　孙利祥　黄凯美　汪　艳
　　　　　　俞　斌

编写人员　(以姓氏笔画为序)

王　瑜　方丹萍　吕先能　孙利祥

孙建科　纪　昊　吴　杰　吴子轩

汪　艳　汪继华　沈钰明　张国华

陈哲雯　陈凌云　金立华　金小明

周丽娜　周毅飞　郑积荣　封立忠

赵　捷　赵　蕖　俞　佳　俞　斌

洪文英　祝宝钧　柴伟国　徐世根

黄辰洁　黄凯美　章　豪　董丁发

韩文佳　颜韶兵　戴国良

序

　　"上有天堂，下有苏杭"，一直广为流传。"人间天堂"至今仍为国内外人士对杭州的美称。

　　杭州蔬菜，与杭州西湖一样，闻名全国。地下的出土文物，地上的文献资料，记录着杭州蔬菜悠久的历史。

　　新石器时代，良渚一带，古人已生产蔬菜。隋代，京杭大运河通航，大大促进了南北蔬菜良种和生产技术的交流。到唐宋时期，杭州逐渐成为全国著名城市，并以"东南名郡"著称，蔬菜保持产销两旺的繁荣局面。南宋时期，定都杭州（临安府），进一步促进了蔬菜产业的兴旺和发展，蔬菜种类多达40余种，都城供菜四时不缺。明代，西湖一境已是"十里荷花，菱歌泛夜"，杭州城更是"绕郭荷花三十里"。随着社会的发展，杭州的蔬菜生产、流通和人们的生活烹饪同步提升，日新月异。今天，杭州已是浙江省的政治、经济和文化中心。杭州，我国著名的古都，已变成闻名世界的现代化大都市，蔬菜产业日臻完善，呈欣欣向荣之势。

　　杭州地处亚热带季风区，春夏秋冬四季分明，日照充足，雨量丰沛，利于蔬菜生产，但自然灾害频发，对蔬菜生产造成威胁。蔬菜关乎农民居民两个千家万户，关乎政治经济稳定繁荣。杭州政民合一，致力于品质之城、幸福家园建设；人们勤劳智慧，蔬菜生产精耕细作，被喻为"绣花一样"；杭州蔬菜优质高产，闻名天下。

　　写记难，写杭州蔬菜记更难。前人有言："城愈大，事愈繁，纂愈难"。其一，杭州蔬菜历史跨度长，涉及范围广，管理部门多，内涵颇为丰富；其二，单项记述蔬菜的书刊为数甚多，综合叙述的甚少；其三，成此记离不开党政领导、各地各部门的支持，更重要的是要有一支队伍和带头人，他们要有坚定的事业心、相当的科技和写作水平，并能持之以恒地工作。在商品经济大潮的冲击之下，能长期利用业余时间，安贫乐道，执著追求，十分可贵。在成书过程中必然要下大力气，付出加倍的辛劳，记录、重写、查考、订正大量的史料。《杭州蔬菜记》的问世，凝聚着一代人乐于奉献的精神。这是杭州市首部严谨而科学的蔬菜记，是一部难得的好书，是我国蔬菜学科记述性的重要著作，亦是后人的珍贵财富。该书的问世意义深远，可为杭州市社会主义现代化建设提供科学依据，以利领导部门从实际出发，进行正确决策。

中国工程院院士　方智远

2020 年 8 月

前　言

　　杭州市自有人类活动开始，野生蔬菜即被采食和驯化。新石器时代，蔬菜多为自然繁衍，到南宋时期，良种良法普及。杭州蔬菜的生产、流通、烹饪技高一筹。中华人民共和国成立后，政府有效组织，在杭省级单位和县（市、区）、乡村相关人员献技献策，蔬菜产业水平快速提升，在全国名列前茅。当今时代，杭州蔬菜久负盛名，名技名菜惠及百姓。

　　蔬菜产业涉及农村和城镇两个"千家万户"，其时事影响社会和政治。笔者30余年收集资料，前赴后继，访菜农查档案，识古迹见现代，共同整理成《杭州蔬菜记》。本记设13章，介绍历史沿革、方针政策、布局特色、现代科技等，专述杭州蔬菜主栽品种，旨在为政者提供依据、为民者奉献美味。

　　我们首次对杭州市蔬菜历史进行系统记载，印记蔬菜有史以来至21世纪，内容纵横，行业复杂。收集资料难度较大，初步整理成册，恳请读者增补和指正。

凡　例

　　一、本蔬菜记记述内容以杭州市蔬菜产业为度，重点在市区。设概述、产销体制、菜地、农资成本、菜农、蔬菜种类、名菜、蔬菜生产、淡旺季、蔬菜流通、蔬菜烹饪、蔬菜科技、主栽品种共13章。同时有照片、序、前言及附录、编后语。

　　二、本蔬菜记记述时限，上限溯源，下限至21世纪。文中所称"解放前""解放后"系指中华人民共和国成立前、成立后；×年代，指20世纪×年代；解放前用旧纪年，或公元纪年，解放后用公元纪年，民国年份数字加11即为公元纪年。十一届三中全会指1978年中国共产党第十一届三中全会。省委、省政府指中共浙江省委、浙江省人民政府，市人委、市委、市政府指杭州市人民委员会、中共杭州市委、杭州市人民政府，对省、市工作部门的称谓类同。郊委、郊办指杭州市郊区工作委员会、杭州市郊区工作办事处。市区、市郊指杭州市区和杭州市郊。因社会发展的不同阶段对县、市、区；公社、乡、镇、街道；生产大队、生产小队、村、社区的称谓发生变化，文中按当时的名称称谓。

　　三、本蔬菜记采用"横排竖写，一事到底"的记述方法，少数事件涉及现状，以便读者理解。叙事以年份时序排列。文中专用名词，首次出现时均用全称书写，重复出现则以习惯通用的简称。

　　四、蔬菜种植结构图中，"～"表示作物从栽植大田至收获的时间，"—"表示前后茬衔接，"－－－"表示后茬间套在前茬内。以一周年的茬口安排为一个完整的"结构"。调查年限90年代初。

五、本蔬菜记的材料主要来源：省、市档案馆、博物馆、图书馆；有关蔬菜管理部门的文件、资料、报刊、专著、志稿；访问老人和智者，所得材料均经笔者尽力考证。

六、本蔬菜记所述的地点、机构、官称，均用当时名称、称呼。度量衡尽量按法定计量单位。

七、统计数据采用省市统计局数字、业务年报和业务统计资料。

目录 Mulu

第十一章　蔬菜烹饪

第十二章　蔬菜科技

第十三章　主栽品种

附录

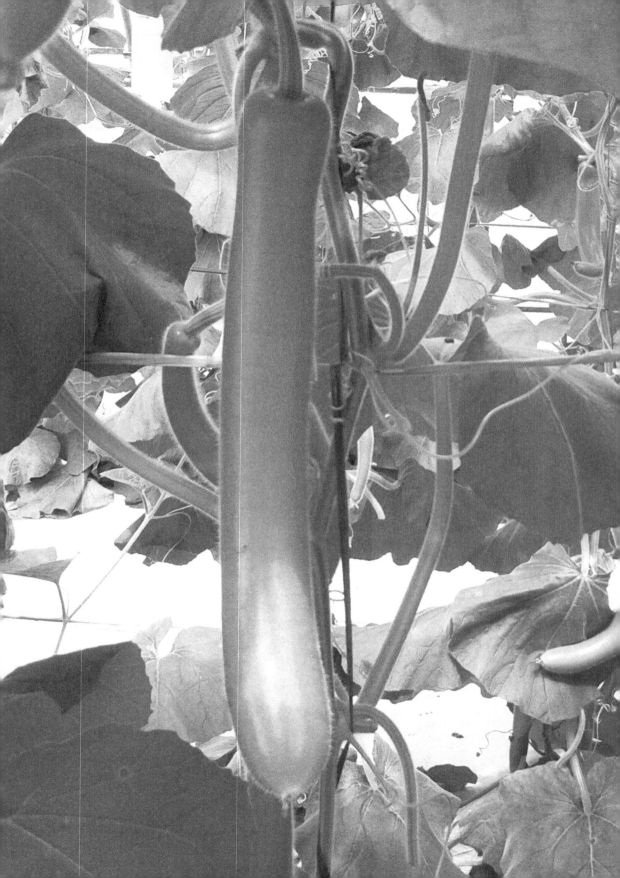

第一章　概　述

第一节　新石器时代—北宋

考古发现，7 000—5 300年前，在建德市安仁乡后山、余杭区北湖乡吴家埠和良渚镇荀山，有原始人类采食野菜。5 300—4 200年前的新石器时代，西湖区北首的老和山麓、古荡、勾庄、水田畈和余杭区良渚、瓶窑、安溪一带，古人类已开始生产蔬菜，《浙江新石器时代文——物图录》载有这一带出土的石镰、石刀、石斧、石锛等农具，《中国古代农业科学技术成就展览》记有杭州水田畈出土的瓠瓜种子。

春秋战国时期，杭州为越国领地，《吴越春秋》载，"越地肥沃，其种甚嘉"。《越绝书》载"农作物"有大豆。秦朝（公元前221—207年），在杭建立钱塘、余杭二县，《水经注》载，"浙江又东经灵隐山，山下有钱唐故县"，《神州古史考》载县数千户人家散居其间，蔬菜零星种植，自产自食。西湖低洼湿地以"蒲"为主的野生水生蔬菜繁殖，山丘陆地多种野生蔬菜得以改良。天竺山区居住人们栽培并食用蔬菜，烹饪蔬菜不断传播。

隋代建制杭州，筑城墙三十里九十步，稳固杭城。通航京杭大运河，增进南北交流，引入蔬菜良种，杭州住户达15 000户。到唐代，杭州成为全国著名城市，商业十分繁荣，"骈樯二十里，开肆三万宝"。开元年间（公元713—741年），杭州住户增至86 000余户，蔬菜产销两旺。吴越国（公元907—978年）定都杭州（州治钱塘、钱江县，管辖11县），扩建旧城，四周开城门10个，城墙内外均有菜地。开平四年（公元910年），钱缪发动民工在候潮门、通江门外一带（今六和塔至艮山门）筑堤，拦截钱江水，塘内土地渐趋肥沃，蔬菜生产日趋稳定。

北宋（公元960—1127年）改钱塘为仁和县，州治二县，管辖9县。宋室南渡前后，大量北方难民流落杭州，引入蔬菜良种和栽培技术。成平二年（公元999年），杭州住户达10万户。徽宗崇宁年间（公元1102—1106年）增至203 574户，成为江南人口最多的州郡。

第二节　南宋时期

绍兴八年（公元1138年），南宋定都临安（今杭州）。《咸淳临安志》载，今主客391 259户，1 240 760人。《梦粱录》载，"杭城今为都会之地，人烟稠密，户口繁浩，与他州外郡不同"。南宋咸淳年间，"横塘一境（今江干区），四季常青"，遍地种菜。"谚云东菜西水南柴北米杭之日用是也"（杭城东门菜）。《二老堂杂志》载，"盖东门绝无民居弥望皆菜圃"，东北郊成为杭城蔬菜主要供给地（《杭州地名志》）。另有城西城北广栽菱藕，《西湖游览志》载，宋初，湖渐于壅，僧、民占半。《宋史本传》记，"苏轼知杭州时，募人种菱湖中。"《咸淳临安志》载，"钱塘有西湖、下湖（在钱塘门外，源出西湖），仁和（今江干）有北新桥，北'护安村'遍植莲藕。""且有丘陵山地四时产笋（《梦粱录》）"，形成普通蔬菜、水生蔬菜、多年生蔬菜（竹笋）三足鼎立。蔬菜多达40余种，都城供菜四时不缺。东青门、霸子头、新门外专设菜市，以"菜"命名的地名有"菜市桥""菜市河""菜市塘""菜市门瓦"（图1-1、图1-2）。如《武林纪事》所说，杭城"东园人家

图 1-1　杭州市街西湖全图

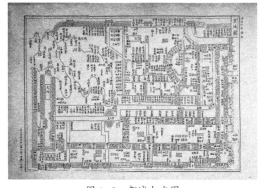

图 1-2　都城大内图

四时种（割）菜，贩卖远至临平长安，俱船载而去。"蔬菜瓜果之类，各有行户肩贩贸易者，朝夕取物，还有沿门叫卖，藉以营生。市民以菜为料的菜肴有20种，御宴以菜为料的菜肴42种。皇宫还以"挑菜"取乐（每年二月二日取荠菜，举办挑菜御宴）。杭州以时令蔬菜肉鱼虾为主，讲究刀工，口味清鲜，突出本味，成为中国八大菜系之一浙菜中最主要的一支。诗人苏东坡曾盛赞"天下酒宴之盛，未有如杭城也"，且有"闻香下马"的典故。

第三节 明代—民国时期

明代（公元1368—1644年），杭州人口114 552户，369 467人（嘉庆21年）。《西湖游览志》记载，西湖一境已是"十里荷花，菱歌泛夜"。《西湖梦寻》载：茭白甘芳。直到离城十二三千米以远"独山之北"（在今余杭区），"旁皆藕荡"，"绕郭荷花三十里"（《余杭形胜》）。"左陂泽泽中莲芰"，山沿"可听几十余里迤折竹穹"（《余杭县志》）。《法相寺》载："寺前茭白笋，其嫩如玉，其香如兰，入口甘芳，天下无比。"（法相寺位于现杭州六通宾馆、高丽寺附近）杭城市民以菜取乐，四季皆有：二月南湖挑菜，三月碧宇观笋，四月芙蓉池新荷，五月听莺亭摘瓜，六月苍寒堂后碧莲，碧宇竹林避暑，芙蓉池赏荷花，立秋日，西湖荷花，十月杏花庄挑荠。寿皇品"果蔬羹"，取材"湖中土宜"。

清代，杭州人口增至214 914户，564 378人（乾隆49年）。《东郊土物诗》载，城东"场圃间瓜蔬果药实繁"。《清波小志》载，"沼内植荷芰，外环堤岸树桑麻种蔬蓏取地之利焉"。《杭州乡土地理》载，西湖"放渔种藕泥于浅腻，周围三十里风景绝佳"。《天竺山志》载，"南屏复至天竺，廿里程菜麦暄曦光祺然皆向荣"。此时，蔬菜粗加工业已在民间普及。《杭州府志》载，蔬菜加工品有霉干菜、冬腌菜（图1-3）。《康熙钱塘县志》还载有笋干、腌笋。城镇蔬菜由

图1-3 冬腌菜

小菜场经营或菜农（贩）沿街叫卖，市民购菜方便。《重修钱塘县志》载进贡的"嘉蔬异果"有31种。《祥符志》载进贡的还有芹、乾姜、蜜姜、木瓜、笋、糟藏瓜姜。

民国元年2月，合并钱塘、仁和二县，设置杭县。公元1927年5月，划城区等地设置杭州市，成为省直属市，管辖13县。民国十六年，民国杭州市政府成立，主持新建龙翔桥、茅廊巷两所小菜场。民国时期由于战乱失管，蔬菜生产时好时差，据民国十七年《杭州市农产概况》记载，全年蔬菜产量11 500.00吨，加上荸荠、莲藕、菱、竹笋共14 751.70吨（表1-1）。

表1-1 杭州市农产概况（民国十七年）

项目＼品名	蔬菜	荸荠	莲藕	菱	竹笋	合计
全年产量（吨）	11 500.00	2 632.00	277.80	307.85	34.05	14 751.70
单价（元/吨）	60	40	140	60	60	—
总值（元）	690 000	105 280	38 892	18 471	2 043	854 686

民国十八年，蔬菜批发行业出现，当时私营蔬菜行又称地贷行或牙行，为农民与商贩交易蔬菜的居间商，开设于清泰门、庆春门、草桥门一带。据《杭州市政调查》，是年，杭州市474 228人，人均蔬菜每天85克。民国二十二年，据《中国实业志》记载，市辖12县的白菜、芋、笋三种主要蔬菜面积达344 360亩（15亩=1公顷，全书同），总产62 175吨，总值4 641 900元（表1-2）。与浙江省各县比较，萧山的白菜、富阳的竹笋面积均居全省第二位。另有油、菜兼用的油菜面积186 000亩，产量15 615吨，还有粮、菜兼用的大豆、蚕豆等。

表1-2 1933年主要蔬菜产销情况统计

种类＼县别	白菜			芋			笋		
	面积（亩）	产量（吨）	产值（元）	面积（亩）	产量（吨）	产值（元）	面积（亩）	产量（吨）	产值（元）
杭县	2 000	5 000	2 000	1 000	250	15 000	40 000	2 000	200 000
富阳	10 000	3 000	30 000	1 500	225	9 000	110 000	11 000	2 640 000
临安	850	425	8 500	5 000	625	52 000	20 000	700	140 000
于潜	60	30	600	2 000	300	12 000	—	—	—
新登	1 000	500	12 000	4 000	600	24 000	300	75	7 500
昌化	6 250	2 500	50 000	—	—	—	2 500	500	66 000
萧山	50 000	15 000	120 000	10 000	3 500	140 000	6 000	150	15 000
建德	2 000	600	12 000	2 000	400	32 000	500	50	6 000

（续表）

种类\县别	白菜			芋			笋		
	面积（亩）	产量（吨）	产值（元）	面积（亩）	产量（吨）	产值（元）	面积（亩）	产量（吨）	产值（元）
淳安	15 000	3 000	48 000	—	—	—	5 000	500	40 000
桐庐	2 000	1 000	20 000	—	—	—	500	125	12 500
寿昌	25 000	5 000	100 000	700	140	8 400	18 000	4 500	810 000
分水	800	400	6 400	200	30	—	200	50	3 000
合计	114 960	36 455	4 095 000	26 400	6 070	292 400	203 000	19 650	3 940 000

注：总面积344 360亩，总产62 175吨，总产值4 641 900元。

市区人口增长，蔬菜消费量增大，蔬菜交易扩大，零售行业、批发行业逐渐形成。市区小菜场市面兴旺。城内荐桥街小菜场为最大，场内及街之两旁陈于菜担。杭城南侧自大学士牌楼一路起，清河坊、官巷口、众安桥、孩儿巷、小学前、仁和仓桥；东侧新官司桥、望江门直街、石牌楼、横河桥、东街路、菜市桥、盐桥一带；西侧藩司前、闹市口等处，设小菜场10余所。众多菜贩沿街兜售叫卖之声不绝于耳。城外江干之海月桥一路，湖墅之卖鱼桥一路，系人烟稠密、车马辐辏之地，所有菜摊置于街旁，自由买卖。

抗日战争时期，杭州人口从民国二十四年568 000余人减至380 000人，土地荒芜，蔬菜广种薄收，市民生活"糠菜半年粮"。小菜场处于自流状态，战前的18所小菜场失修破损严重，蔬菜行一度歇业。抗日战争胜利后杭州逐渐安定，民国三十六年，逃荒者纷纷回杭，带入蔬菜良种良法。是年人口增至434 000余人，设八区、178保、2 975甲、97 634户。蔬菜生产开始恢复，蔬菜种类有所增加。陆续恢复茅廊巷、龙翔桥等小菜场，菜贩上场、农民摆摊、放担买卖。蔬菜行逐渐复业，且陆续有新户开业，至民国三十八年达10余家。

第四节 中华人民共和国成立后

1949年5月3日，杭州解放。据《杭州概况调查》记载，是年全市蔬菜播种面积30.89万亩、果用瓜0.62万亩、荸荠3.95万亩。东北郊"田畴相望，沟渠纵横"，"蔬菜区占地16 500～20 000亩"，占市郊耕地151 100亩的10.9%～13.2%；竹林3 200亩，占林地10 000亩的32%，产笋甚多。据《笕桥公社历史统计资料》记载，笕桥、丁桥、新塘、景芳、青锋、石桥及东升管理区蔬菜种植面积16 200亩，生产蔬菜32 400吨，亩产2 000千克。

供应城市人口47.38万人，人均占有菜地3.4厘，蔬菜人均占有量370克/天。市区供应蔬菜的小菜场由抗战前的15个增加到24个。蔬菜自给有余，茄子、黄瓜、南瓜、瓠瓜等果菜，第一、第二档果（见新菜）多销上海，被称为"上海小菜园"。

自20世纪50年代开始，政府重视蔬菜产销工作，动员群众，政府补助，开展兴修水利，推广良种，改进耕作技术，防治害虫，以提高蔬菜产量。据《杭州郊区一九五〇年农业生产工作总结》记载，1950年青菜、茄子亩产由1949年600~750千克增到850~1000千克，冬瓜、南瓜增产1倍以上。据《江干区五一年农业生产工作总结》记载，该区新民乡（现望江、近江一带），1951年有纯菜地4114亩，冬麻收后种菜2200亩，产菜33925吨。冬瓜和萝卜是传统最大众产品，菜农称"冬瓜元帅萝卜将"，由于生产的盲目性，1950年冬瓜过剩，1951年萝卜滞销。

1953—1957年，蔬菜生产发展较快，城市供应逐步增加。全市蔬菜播种面积从38.22万亩增到48.02万亩。市郊蔬菜产区，1953年农村建立互助组，1954年建立农业生产合作社。贯彻"郊区农业生产应为城市服务"的方针，推行"计划生产"。据《杭州市蔬菜生产初步调查报告》，1953年下半年和1954年上半年，市郊积极发展蔬菜生产，蔬菜主要分布在沿江边、近城地区。近郊蔬菜品种多，出产高；远郊夏季产茄瓜，冬季出萝卜。蔬菜经营方式有四种：通过郊区各合作社推销处转给小贩、企业事业单位及外埠；农民委托运输机构代运到外埠；通过私营蔬菜、地货行售给小贩及外地客商；由农民或小贩挑到城区叫卖。由于郊区多数菜地粮麻菜混作、轮作，蔬菜出产不匀，淡旺季矛盾突出。

中华人民共和国成立不久，在这重要时期蔬菜产销关系到两个"千家万户"，关系到社会和政治。市委市政府高度重视，及时作出决策部署。

1955年市委提出"满足城市人民需要，进一步改善农民生活，巩固工农联盟"的指示与"郊区为城市服务"的方针，增加花色品种，缩减滞销蔬菜，改进栽培技术，提高产量和品质，订立结合合同，改进产销关系，整顿蔬菜市场的混乱现象。市供销社制定《关于签订报批权限的规定》和《关于统一蔬菜业务经营管理的规定》。同年12月12日，市委在《杭州市郊区农业生产规划初步方案》中，要求"郊区农业生产今后应以大力发展提高蔬菜为重点"。并在市郊规划蔬菜、络麻、水稻、茶叶四大生产区域，蔬菜又分为常年和季节两个区域。是年，市郊蔬菜播种面积7774.90亩，占农作物播种面积的27.2%。

1956年，贯彻国务院转发的全国大中城市工矿区蔬菜工作会议"总结报告"精神,"发展生产,保证供应,稳定价格",执行"以当地生产为主,外来调剂为辅"的方针和"产大于销"的原则。杭州市人民委员会于10月26日发出《关于改进蔬菜产销工作的指示》,要求"除了改进耕作技术,增加蔬菜品种以外,还应做好蔬菜的储藏和加工复制工作",以"调剂蔬菜淡旺季的供应量"。确定"蔬菜供应主要由农民与小贩直接经营",供销社向外地调运蔬菜,根据"按质论价"的原则,定价销售。是年,笕桥萝卜大面积丰收,以致销售困难,笕桥乡人民委员会为推销萝卜专门向市人民委员会提出报告,市人民委员会给予笕桥乡人民委员会"外销、贮藏、加工"等指导性意见。1957年,根据国务院组织召开的13省市蔬菜会议提出的"要有足够面积和安全系数""对菜农实行口粮供应政策","在蔬菜经营上实行国家财政补贴"的精神,发展蔬菜生产。市郊常年种菜面积达到22 000亩,蔬菜产量从1953年的104 500吨增到182 000吨,城乡吃菜人口从104万人增到120万人,人均占有量为400克/天。

1958年"大跃进"时期,紧缩机构,下放干部,调动劳力,大办钢铁,蔬菜管理干部和劳力减少。江干纯菜区景芳耕作区1 007个男劳力中,有653个被调出,近半数土地弃耕。蔬菜上市减少,价格比1957年高1倍以上,蔬菜产销实行"统购包销"。到1959年4月,居民漏夜排队购买蔬菜,仍供不应求。群众戏言,"外面敲的跃进鼓,家中嚼的菜汤卤"。

遵照中共中央、国务院1958年12月27日《关于进一步加强蔬菜生产和供应工作的指示》,1959年1月14日,杭州市农水局发出《杭州市1959年蔬菜生产意见》,贯彻农业部组织召开的北京蔬菜工作现场会精神,实施蔬菜生产的"十字经济"即"水、肥、土、种、密、套、排、防、化、贮",兴修水利、增加肥料、改良土壤、推广良种、合理密植、实行套种、排开播种、防治病虫、应用机电、贮藏保存。同年8月20日,杭州市人民委员会发出《关于发展蔬菜生产的指示》,贯彻中央"就地生产,就地供应,划片包干,保证自给"的原则,提出近郊区农业生产"以蔬菜为纲",按每人每天一斤鲜菜和每人四至五厘地的标准,建立商品性蔬菜基地,并对城镇"划分地区,包干供应"。远郊区以食堂为单位固定适当数量的蔬菜基地,保证自给。还要求"各机关、企业、学校、团体,凡有条件的都应积极利用空闲土地种植蔬菜"。规定对菜区肥料优先照顾,菜农口粮保证供应。是年,全市蔬菜播种面积达到51.86万亩,比1949年增67.9%,市郊建立商品蔬菜基地28 000亩,上市蔬菜101 000吨,平均亩产3 607千克,比1949年分别增加72.8%、211.7%和80.4%。市区69万居民,人均菜地4.1厘,人均占有蔬菜300克/天,比1949年分别增20.6%、45.6%和76.5%。建有蔬菜批发市场

7个，从业220人；零售网点从业2 181人。

20世纪60年代初，自然灾害频繁，食品供应紧张。1960年，根据中共中央国务院"关于当前蔬菜工作的指示"，"所有的城市和农村的党委和人民委员会，都要抓春菜生产"。全市贯彻省委"象抓粮食生产一样地抓蔬菜生产"的指示，思想发动，政治挂帅，领导分片，任务包干。菜区实行队为基础，二级所有，四个固定（面积、劳力、农具、肥料），三边操作（边收边种边管）。市郊常年性蔬菜基地发展到4万亩，萧山城关镇、富春江水电站、闲林埠钢铁厂、半山钢铁厂等四个重点工矿区蔬菜基地达8 005亩，特别在秋季，城区机关、团体、学校、居民人人动手，户户种菜，利用河边、路边、宅旁隙地种青菜，仅10月、11月城区种菜达1万亩次以上。虽如此，但蔬菜仍然供不应求，居民时而凭"蔬菜卡"购买。1961年4月21日，市农业局发出"进一步发动城区人民多种种好南瓜"的通知，"响应省、市委关于'城区大种瓜菜，努力实现用粮低标准瓜菜代，力争生产自给'的号召"，人人动手，大种南瓜。自清明后半个月，城区栽南瓜600万株以上。到5月底，全市实种基地蔬菜41 500亩，比上年同期增长26％。农村食堂和城镇居民、机关、学校、团体的自给性菜地复种面积达10万亩次，城区零星杂地大种十边（沟边路边等）瓜菜5 000亩次至6 000亩次。3月下旬至4月上旬日均上市蔬菜500吨以上，人均每天625克。淡季的4月下旬至5月上旬，人均供菜460克/天。同年，贯彻党中央"以粮为纲，粮畜并举，全面发展，综合经营"的方针。菜区重视粮食生产，到9月25日，市郊蔬菜基地计划41 000亩，实种35 000亩，占计划85.4％，大部基地未能固定，多数菜区实行粮菜混作或轮作，蔬菜供应仍未根本好转。市人委于1962年1月17日，发出《关于进一步改进市区商品供应工作的通知》，鲜菜按人分配，凭购货证供应，蔬菜罐头按劳分配，凭购货券购买。3月15日，江干区人民委员会发出《关于安排春、夏季蔬菜生产计划的批复》，要求固定该区38 000亩商品蔬菜基地，不得套种粮食或其他作物，满足80万市民每人每天供菜500克以上、淡季不少于250克的需要。是年，商品性蔬菜总产量和单位面积产量创历史最高记录，市郊42 000亩商品性蔬菜基地总产208 100吨，亩产4 954.8千克，老菜区——乌龙公社四季青一带7 500亩基地产菜52 000多吨，亩产6 933千克，按75万城市人口计，人均占有量每天750克以上，而实际食用156 800吨，占生产量的75％，人均每天575克，供过于求。1962年3月始，全市蔬菜敞开供应。下半年，城市人口压缩，各种副食品供应增加，蔬菜销售量相对减少。根据"减远郊，留近郊，减分散，留集中"的原则和"稳定数量，增加品种，提高质量，均匀上市，保证供应"的要求，调整蔬菜基地，实行奖励制度。1963年6月19日，杭州市商业局和农业局提出"关于缩减商品蔬菜基地面积的联合报告"。蔬菜基地从43 000亩调减为32 000亩。并贯彻国务院批转的《全国物价委员会、商业部关于改进蔬菜工作、合理安排蔬菜价格的报告》，市人委批转市物价委员会"关于一九六三年蔬菜价格安排意见的报告"，实行按质分等论价。同年，市人委发出《关于江干地区蔬菜收购继续实行工业品奖售的批示》，由江干区供销社、市蔬菜公司和生产队订立购销结合合同，实行按质分等论价，统一包销，发给菜农27种工业品供应的"奖售券"，其待遇基本和居民相同。根据国家规定的定量标准供应粮食，其标准与邻近产粮区相近。按计划分配生产资料。"对按计划种植、交售品种多、质量好、上市均衡、而且超售蔬菜的生产队，可以适当奖售一部分粮食"。

1964年4月，杭州市蔬菜基地调整为26 000亩，改"统购包销"为"大管小活"。下半年，根据"按需定产，产稍大于销"的原则和每日蔬菜上市200吨左右的要求，市郊常年性商品蔬菜基地调整为17 000亩。农商部门根据五定（定面积、品种、产量、时间、价格，下同）要求，从秋菜开始，签订产销合同。蔬菜供求基本平衡，至1967年人均供菜250克左右，1968年上升到310克（图1-4）。1969年3—10月，蔬菜购销实行"批零对口，计划送货"办法，9月学习上海和南京经验，实行计划生产、计划上市、计划价格、计划分配的办法。货源分配较平衡，但"大锅饭"思想抬头。是年，全市蔬菜播种面积18.77万亩，比1959年减63.85%。市郊常年性基地1.4万亩，季节性菜地1.6万亩，产菜139 321.6吨，比1959年面积减21.4%（季节性菜地折半计算）、产量增38.6%。市区74万人口，人均每天蔬菜占有量515克，分别比1959年增7.2%和71.7%。市区批发网点5个，批发从业人员350人，零售从业人员2 787人，分别比1959年减28.6%、增59.1%和27.8%。

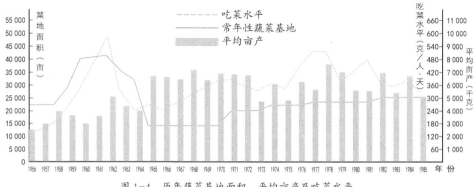

图1-4 历年蔬菜基地面积、平均亩产及吃菜水平

20世纪70年代初，菜区片面执行"以粮为纲，全面发展"政策，1970年全市蔬菜播种面积减至15.57万亩，比1969年减少17.0％。是年，成立市蔬菜产销工作领导小组及办公室、郊区蔬菜产销工作领导小组及办公室，加强蔬菜产销的计划性，批判"自由种植""自由上市""看价种菜"的现象，导致蔬菜流通渠道不畅，早晨6时后市中心各菜场就无菜可售（龙翔桥菜场只剩标志牌不见菜），贸易市场在城郊接合部自发出现。"菜农不吃商品粮"引起菜农口粮紧张，粮菜争地，城里闹菜荒，市蔬菜公司自1970年起连续7年亏损。

1971年，贯彻毛主席"发展经济，保障供给"的指示，批判"菜农不吃商品粮"的口号。市委派出蔬菜问题调查组进行专题调研，后发出文件重新强调近郊以菜为主的生产方针，调高菜农口粮标准，对菜区社队实行"三定五保"（定购销、价格、口粮，保面积、品种、数量、质量、时间，下同）政策，核定蔬菜基地，调动菜农积极性。是年市郊增加蔬菜基地6 000亩。8月28日市革委会批转"关于茅廊巷合作菜场社会主义改造试点的情况"，把合作商店改造为国营商店，批判"利润挂帅""业务第一""奖金挂帅""物质刺激""三自一包""四大自由"，抓阶级斗争，开展"一打三反"运动，"清理阶级队伍"。贯彻毛主席的一系列指示，开展"农业学大寨"，"抓革命、促生产、促工作、促战备"运动，按照"水利是农业的命脉""种菜也要多品种"要求，大搞菜田基本建设，增加蔬菜品种。1972年，蔬菜产销趋向稳定，执行省核定蔬菜加权平均收购价52元／吨。

1973年7月24日，杭州市委召开蔬菜产销情况调查汇报会，重申"公社党委副书记负责抓蔬菜生产"的决定。是年，据杭州统计资料记载，全市蔬菜播种面积18.86万亩、产量378 619吨；果用瓜0.55万亩、产量6 014吨；荸荠0.62万亩、产量7 139吨。1975年，贯彻省农林局植保植检站提出《"两查两定"药治病虫办法》，执行"预防为主，综合防治"策略。是年10月，成立市革委会副食品产销领导小组。学习北京市经验，国家对菜农实行"三定"，种菜社队向国家做到"五保"。落实近郊"以生产蔬菜为主，同时生产其他副食品"的指示，市委将三个重点蔬菜生产公社（占全部蔬菜种植面积80％以上）由郊区划归江干区领导。1976年，市革委会发出关于增加蔬菜基地面积的通知，落实中央关于近郊农业生产"应当以生产蔬菜为主"的方针，在江干区增加蔬菜基地1 500亩，并规定，被征菜地"应由粮地或麻地中补足"。针对西瓜供不应求的实际情况，同年，杭州市革委会发出《关于建立杭州市西瓜生产基地的意见》，要求在萧山县1977—1978年落实8 000亩西瓜基地。

1977年，根据中共中央《农业发展纲要》"城市郊区和工矿区附近的合作社和国营农场，应当按国家的计划种蔬菜，充分地保证城市和工矿区的蔬菜供应"精神，执行毛主席"城市的蔬菜供应，主要是搞计划供应"和"在城市郊

图1-5　杭州市郊蔬菜基地

区，要多产蔬菜"的指示。主菜区建成自立门户、上引下排的菜地排灌系统，利于蔬菜生产，尔后逐步完善见图1-5。下半年通过调整，确定清泰门、艮山门、弄口三个鲜菜批发部和采购供应部与生产队签订上市、贮藏单项合同，零售菜场从业人员1 700人。农商矛盾时而出现，菜农反映，"少时客气菜，多时淘气菜"。1978年乡镇企业发展，企业利润支援蔬菜生产，加上政策落实，气候适宜，市郊基地产菜214 500吨，比1977年增35.8%，"三淡"不淡。蔬菜零售混合价85.6元／吨，比1977年降1.84%。杭州市蔬菜公司扭亏为盈，盈147 882元。1979年，根据中共中央〔1979〕4号文件，"城市郊区应以种植蔬菜水果、饲养畜禽和发展水产为主"。菜区生产量增加，而市蔬菜公司经营量减少。究其原因，一是肉、鱼、蛋等荤菜供应增多，对蔬菜需求量减少；二是集市贸易开放后，进城的零售菜担增多，公司菜场的蔬菜销售量减少；三是外地蔬菜供应情况好转，该市外调蔬菜减少。是年，市调整物价工资领导小组的杭调物〔1979〕2号文件指出，蔬菜"收购价确定偏低的，经过批准可以适当调整，但销价不动，要求商业部门改善经营管理，解决烂菜问题，在此基础上再有亏损，作政策性亏损处理，财政认帐"。1979年虽秋冬菜受灾，市郊基地产菜仍有193 000吨，比过去正常年增16%左右，压缩700多亩夏菜和2 000多亩秋冬菜的大路品种面积，扩大花色细菜。

乡镇企业的发展，在企业利润支援蔬菜生产的同时，也出现蔬菜在郊区农民心目中地位下降以及务工与务农争劳力现象。四季青、笕桥、彭埠三个种菜公社蔬菜产值占总产值比重1979年、1980年分别为27.2%、20%，务农劳力一般占总劳力一半，出现菜农"三等"现象："土地等征用，社员等做工，干部等调动"。

20世纪80年代初，杭州市革命委员会加强对蔬菜工作的领导，发出一系列关于蔬菜产销管理的指示。江干区革命委员会下发《关于下达一九八一年农业生产计划的通知》，要求菜队严格执行国家计划，推广生产责任制，抓好当家品种，搞好花色蔬菜，开展科学种菜，搞好排灌水系配套，改造低洼地，增积土杂肥，改良土壤，搞好园田化，办好种子队，做好种子提纯复壮，加强病虫防治，大搞间作套种，攻克"三淡"。1980年6月14日，市革委会向省政府上报《关于国家建设征用土地有关安置补偿的暂行规定》，确定近郊13个大队平均每人有2分7厘左右地，规定各项建设"蔬菜基地原则上不用"。同年9月30日，市革委会给市工商行政管理局《关于同意在市区再增设五个农副产品市场的批复》指出，"我市自去年五月份以来陆续开放了二十个农副产品市场，今拟增设5个农副产品市场"。是年，据杭州统计资料记载，全市蔬菜播种面积22.3万亩、产量659 812吨；果用瓜1.93万亩、产量21 857吨；荸荠0.93万亩、产量10 486吨（表1-3）。

表1-3　杭州市1949—1995年蔬菜播种面积统计　　　　　单位：万亩

年份	普通蔬菜	果用瓜	荸荠
1949	30.89	0.62	3.95
1950	33.38	0.70	5.76
1951	35.61	0.73	6.01
1952	37.01	0.85	6.20
1953	38.22	1.21	6.85
1954	40.17	0.71	0.68
1955	38.88	0.87	4.10
1956	41.66	0.37	5.69
1957	48.02	0.83	6.41
1958	54.29	0.32	4.08
1959	51.86	0.66	3.86
1960	52.85	0.92	2.25
1961	25.98	0.57	3.26
1962	21.93	0.61	3.35
1963	21.43	1.32	3.64
1964	18.02	1.05	3.35
1965	19.19	1.00	2.29
1966	20.09	0.39	1.74
1967	20.51	0.53	1.70
1968	14.51	0.20	0.50

年份	普通蔬菜	果用瓜	荸荠
1969	18.77	0.50	1.33
1970	15.57	0.58	0.91
1971	16.43	0.46	0.93
1972	20.52	0.88	0.68
1973	18.86	0.55	0.62
1974	20.10	0.54	0.46
1975	19.62	0.40	0.45
1976	19.98	0.84	0.43
1977	21.07	1.63	0.60
1978	22.08	1.40	0.69
1979	20.95	1.87	0.84
1980	22.30	1.93	0.93
1981	36.91	2.10	1.02
1982	37.01	2.29	1.19
1983	40.98	1.71	1.45
1984	44.48	2.43	1.48
1985	53.07	4.78	3.20
1986	60.45	6.86	2.39
1987	62.92	8.52	2.42
1988	66.96	7.77	2.34
1989	65.51	8.31	1.94
1990	70.02	—	—
1991	71.07	—	—
1992	75.30	—	—
1993	79.65	—	—
1994	81.60	—	—
1995	83.43	7.89	0.71

注：1.按历史统计资料，只统计普通蔬菜、果用瓜和荸荠；
2.1990—1994年果用瓜和荸荠面积未记录。

1981年，根据省政府《关于认真解决城市人民吃菜问题的通知》，要求城市党政领导"把解决好城市人民吃菜问题，列入重要议事日程"；"蔬菜社队应在搞好蔬菜生产的前提下，发展副业生产，以工保菜，以副促菜"；"按照以需定产，产稍大于销"的原则和"每个城镇人口一般需要二厘半菜田"的标准，安排好菜田面积；落实"蔬菜基地一定要集中成片，建立以种菜为主的专业社队"和"对粮菜混种社队和分散的菜田，要在今年加以调整"的指示，加强全市蔬菜基地建设。1月，针对当时"劳力外包工，菜地荒草多"和"生产旺淡不均，供应时好时差，数量不足，品种单调，群众买菜难"的问题，市革委会在《杭州市城市总体规划说明》中提出设立"保护蔬菜区"。7月23日，市革委会给市工商局《关于同意在市区增设农副产品市场批复》，同意"在市区增设10个农副产品市场"。是年，菜区94.8%生产队建立生产责任制。

根据国务院（1981年）151号文件"要千方百计地保证蔬菜主要品种的正常供应"的指示和国务院（81）第86号批转农业部、商业部"关于加强大中城市和工矿区蔬菜生产及经营工作的报告的通知"，全市各地普遍加强蔬菜产销管理。1981年7月20日，萧山县政府发出《关于认真解决城镇人民吃菜问题的通知》，确定副县长分管蔬菜，经营亏损财政认账，生产资料、基本建设费、科研费列入计划。菜农口粮按"老三定"标准，食油、豆制品、燃料按居民标准供应。

根据时任中共中央政治局常委陈云同志"蔬菜和其他副食品的供应问题，其意义绝不在建设工厂之下，应该放在与建设工厂同等重要的地位"的指示，1982年，杭州市委发出《关于成立市蔬菜领导小组的通知》，1位副书记和2位副市长等组成蔬菜领导小组，统一领导全市的蔬菜生产和供应工作（图1-6）。对蔬菜产销体制进行改革，在农商签订蔬菜产销合同，根据"三定五保"，实行奖罚制度。江干区按合同积极生产蔬菜，落实种植面积、蔬菜品种，根据季节安排各生产队蔬菜上市数量、质量和时间。

1982年初，杭州市农业局配备蔬菜专业人员，调研全市蔬菜生产情况。是年8月，市政府发出《关于市农业局建立蔬菜科、蔬菜科研站以及改变江干蔬菜试验场领导关系的通知》，以加强市级部门对全市蔬菜工作的行政管理和技术指导。是年，江干区蔬菜试验场划归市农业局领导。是年8月9日，市计委发出《关于江干区增加蔬菜基地减粮麻任务的通知》，在江干区笕桥、彭埠镇的15个大队增加蔬菜基地3 500亩，均为纯菜区。扩大13个纯菜大队，建立25个大队的纯菜区。江干区成为杭州市的主菜区，蔬菜工作成为江干区政府的重要工作。同年8月17日，根据《国务院批转商业部关于九个城市蔬菜座谈

图1-6　1982年杭州市委成立蔬菜机构文件

会纪要的通知》和《浙江省关于保护蔬菜基地暂行规定》的精神，市政府发出《关于建立江干蔬菜保护区和严格控制各项建设征用菜地的通知》，结合该市城市总体规划，规定一级保护区，严加保护，二级保护区，从严控制，执行"先补后用"的原则，有计划地开辟新菜地，补足被征用而减少的菜地面积、每年国家建设征用菜地控制在300亩以内。同月，市政府发给江干区政府《关于同意蔬菜基地建设项目的批复》，同意拨款133万元，用于改造低洼地，建排灌渠道，围垦江涂。是年，全市城镇吃菜人口144万人，其中流动人口15万人，蔬菜基地36 770亩，人均2.55厘，上市蔬菜22万吨，亩产5 983千克，消费水平（亦称吃菜水平，下同）420克／人·日。市郊从事蔬菜生产有6个公社59个大队468个生产队（77个蔬菜专业队，391个粮菜混种队）46 630个正半劳力，劳均负担菜地0.63亩（季节性菜地折半计算）。江干区建立和健全生产指挥系统，建立区蔬菜产销工作领导小组及办公室，40个以蔬菜生产为主的大队建立"一长两员"（队长、植保员、技术员，下同）工作班子。是年3月17日省人大常委会颁布的《保护蔬菜基地的暂行规定》，杭州市积极执行，至9月3日，收回19个工厂企业单位非法租用的耕地115.2亩，到翌年5月，收回非清占用的耕地100余亩。菜区普遍推行蔬菜产销合同制，在"四统一"前提下，推动单项品种专业管理制度，落实以"小段包工，定额管理"为主的生产责任制。推行蔬菜"双三保"产销合同，实行"冬春秋"三个淡季蔬菜价外补贴，市郊菜区40个大队与市蔬菜公司三个批发部签订蔬菜产销合同，以保障市区蔬菜供应。杭州市蔬菜公司历年蔬菜经营情况见表1-4。

表1-4 杭州市蔬菜公司历年蔬菜经营情况统计

年份	常年性基地面积（万亩）	季节性基地面积（万亩）	基地收购量（吨）	调入量（吨）	流入量（吨）	菜场供应量（吨）	人口（万人）	吃菜水平（克／人·天）	加工量（吨）	饲料量（吨）	调销市外（吨）
1956	2.20	—	53 778	1 951	50 000	29 568	62	131	1 799	783	29 312
1957	2.20	—	62 934	1 390	12 066	35 668	62	158	2 634	2 631	33 935
1958	2.20	—	87 049	8 397	4 071	47 238	62	209	6 355	1 994	40 062
1959	2.80	—	100 526	19 651	3 224	70 610	69	280	12 774	—	32 714
1960	4.00	—	118 324	10 584	635	98 243	46	585	120 027	—	9 685
1961	4.10	—	143 786	9 430	836	131 586	77	468	9 606	—	6 199
1962	3.50	—	208 091	8 370	463	156 780	74	580	7 325	7 848	41 886
1963	3.20	—	150 860	3 250	4 502	89 295	74	331	4 966	8 710	52 574
1964	1.40	—	126 513	2 187	10 370	65 296	74	242	45 304	7 220	60 076

（续表）

年份	常年性基地面积（万亩）	季节性基地面积（万亩）	基地收购量（吨）	调入量（吨）	流入量（吨）	菜场供应量（吨）	人口（万人）	吃菜水平（克/人·天）	加工量（吨）	饲料量（吨）	调销市外（吨）
1965	1.40	1.6	145 440	3 618	13 816	70 944	74	263	2 166	10 443	73 555
1966	1.40	1.6	144 511	4 136	10 482	66 205	74	245	12 617	11 658	65 365
1967	1.40	1.6	141 338	3 807	8 999	73 588	74	272	12 293	13 080	55 639
1968	1.40	1.6	156 211	4 120	9 245	83 284	74	308	13 929	12 680	58 713
1969	1.40	1.6	139 322	9 881	7 881	92 973	74	344	13 743	5 737	43 973
1970	1.40	1.6	15 006	8 751	4 291	96 489	74	357	13 403	9 329	43 117
1971	2.00	1.0	169 789	7 846	1 838	99 984	70	391	13 820	26 150	38 599
1972	2.00	1.0	167 191	14 144	1 069	94 214	71	364	13 303	30 395	42 786
1973	2.20	1.0	117 449	22 031	820	74 647	73	280	1 146	8 491	29 996
1974	2.20	1.0	163 367	15 040	615	98 882	73	371	13 527	18 682	45 521
1975	2.20	1.0	128 633	14 202	728	94 953	73	356	14 044	5 426	12 762
1976	2.35	1.0	167 651	18 096	570	120 374	73	452	15 435	11 815	33 483
1977	2.35	1.0	158 216	22 465	712	140 420	76	506	12 037	4 688	22 446
1978	2.35	1.0	214 442	19 855	140	145 390	76	524	15 230	25 730	47 615
1979	2.35	1.0	193 035	14 705	1 587	114 165	78	401	17 815	32 558	44 743
1980	2.35	0.85	153 126	25 340	3 382	111 006	88	346	20 512	13 234	35 863
1981	2.35	0.85	152 823	42 526	3 584	122 450	90	373	14 818	13 229	46 213
1982	2.50	0.85	200 282	34 033	2 571	130 875	91	394	20 447	35 745	47 500
1983	2.50	0.85	155 781	26 280	3 270	120 513	93	355	16 080	19 372	27 494
1984	2.50	0.85	195 525	—	18 826	106 330	95	307	16 828	36 400	27 115
1985	2.50	0.85	137 169	—	24 273	22 701	102	61	2 898	8 586	22 701
1986	2.50	0.85	5	1	1	5	102	0	0	0	2
1987	2.50	0.85	6	2	2	6	103	0	0	1	2
1988	2.50	0.85	5	1	3	7	105	0	0	0	2
1989	3.15	0.25	6	1	3	7	107	0	2 266	11 151	7 307

注：1. 本表数据指市区，来源市蔬菜公司。人口指市区居民人数；
　　2. 吃菜水平指人均每天按市蔬菜公司所属菜场供应的蔬菜量计算，蔬菜产销放开后数据特小，市民主要靠自由采购的蔬菜食用，其数据未计入；
　　3. 按四舍五入原则，0指小数点后数不足5；
　　4. "—"指未查阅到相关数据。

　　1983年，市农业局建立蔬菜科，组织全市农业部门开展蔬菜生产管理，与商业部门协调推进杭州市的蔬菜产销，并于当年及以后每年向市政府和省农业厅报告蔬菜工作。在各方的共同努力下，各区、县农业部门陆续配备专业人员、管理所属辖区全部蔬菜生产（之前有的县基地蔬菜归商业部门管理，非基地蔬菜归农业部门管理），全市蔬菜产销朝着“保障城镇供应、增加农民收益”的方向发展。

是年，市政府发出105号文件，规定“蔬菜基地的蔬菜，不论是管的品种，还是放的品种，社队不准私分、自卖，不准外销”，批评少数生产者“一切向钱看，私分、高价出售蔬菜”。同年11月1日，根据市政府指示精神，江干区政府发出《关于下达一九八四年蔬菜生产计划的通知》，要求“淡季每亩基地每天上市不得少于14千克”。是年，杭州市郊29 250亩蔬菜基地，平均每亩上市蔬菜5 326千克，比宁波、温州、绍兴、嘉兴、衢州、湖州、金华市平均2 575.5千克增106.8%，市区基地蔬菜人均占有量470克／天，比全国35个城市平均440克/天增6.8%，人均消费（亦称人均食用，下同）335克／天，比全国35个城市平均430克低22.1%。

1984年建立杭州市蔬菜科学研究站，组织科技人员按照杭州实际开展蔬菜科学研究和技术推广。1986年，杭州市委副书记沈跃跃带队赴以色列考察后，引进成套智能温室，置于市蔬菜科学研究站，为华东地区最先进的蔬菜智能温室，向全市蔬菜生产作示范（图1-7）。

杭州进一步落实中共中央关于改革开放精神，实行自由上市，自由交易，随行就市，按质论价。1984年12月25日起，杭州蔬菜产销由“管八放二”改为“管六放四”。是年12月30日，江干区蔬菜生产“改革计划体制，缩小指令性，扩大指导性”，全区基地蔬菜下达指导性计划。

图1-7　以色列引进的成套智能温室

根据中共中央1985年1号文件，"放开以后，国营商业要积极经营，参与市场调节。同时，一定要采取切实措施，保障城市消费者的利益"。根据商业部（1985）8号文件精神：国营蔬菜公司要积极经营，调剂余缺，发挥国营蔬菜公司的主导作用。市政府要求蔬菜产销体制改革以后，国营商业继续发挥主渠道作用。1985年3月15日蔬菜产销全面放开，促进了蔬菜质量提高，淡旺趋缓，买卖方便。同时，也带来蔬菜外流，菜价上涨。市贸易办公室6月8日在上城区燕子弄菜场召开全市零售菜场现场会，推广经营责任制。同年12月15日，市委市政府作出"关于进一步发展农村商品生产决定"，指出"要采取切实有效的措施，确保市区近郊的蔬菜基地面积"，同时要求积极开发二线、三线基地，各县城镇也要"建立蔬菜基地"；"国家对市区蔬菜经营的财政补贴，从1986年起，每年维持300万元，一定三年不变"；"各县对城镇居民供应的蔬菜经营，也要在县财政中给予一定的固定补助"。是年，近郊蔬菜常年性基地25 000亩，季节性基地8 500亩，远郊基地1 000亩；蔬菜产量近郊191 000吨，远郊1 500吨。其中大路菜近郊45 000亩次，产量77 300吨，细菜39 300亩次，产量59 900吨；远郊2 000亩，2 500吨。农贸市场蔬菜经营45 716.6吨。供应人口115万人，用于蔬菜补贴，地产菜757.5万元，外进菜555.6万元，生产补贴929万元，菜地基金220万元，以工补菜260万元。

20世纪80年代中后期是杭州市蔬菜产销体制改革的关键时期，市政府多次发文，全面把控整个形势的走向。

根据国务院副总理田纪云同志1986年2月19日在"15个城市蔬菜工作会议"上指示：蔬菜生产要贯彻"以近郊为主，远郊为辅，外埠调剂，保证供应"的方针，蔬菜经营"要坚持国营、集体、个体一齐上的方针"，"善于运用经济手段和行政手段，指导蔬菜生产和经营"。并指出"要从政策上支持科学种菜，提高蔬菜的产量质量。"是年，基地上市蔬菜17万吨，比上年增20.56%。市蔬菜公司经营蔬菜7 412.5吨，比上年增77.65%；经营比重43.6%，比上年增47.35%。向该市居民供应及调出市外和加工蔬菜69 895吨，比上年增74.26%。全年蔬菜混合平均收购价167.8元／吨，比上年增0.36%，混合平均零售价293.0元／吨，比上年增26.18%。亩产蔬菜5 500千克，比上年增7.8%，亩产值1 198元，比上年增8.4%。

与此同时，杭州市积极推广高山蔬菜。仅1985—1987年，每年至少在6个县的8个乡种植高山蔬菜2 000亩，生产商品蔬菜2 500吨。1988年3月25日，丁可珍副市长在市农业局《高山蔬菜推广总结》上批示："高山蔬菜推广工作是有成绩的，致富了山区，丰富了市场。"

1988年，贯彻农业部提出的"菜篮子"工程建设意见和"全省蔬菜工作会议"精神，抓好菜园子，丰富菜篮子。规定基地必须种菜，以保蔬菜面积，采取国家补助，乡村"以工建农"和群众劳动积累等多方聚财，增加农业投入，购置园艺设施，筑路清沟积肥。推广保护地栽培和无公害蔬菜等新技术，促进蔬菜早发棵、早开花、早结果、早上市。推行购销合同制，保证市场蔬菜供应。是年3月26日，市政府发出《关于进一步搞好蔬菜产销工作若干问题的通知》。要求"继续稳定和建设好蔬菜生产基地，进一步完善蔬菜家庭联产承包责任制，大力推广科学种菜，切实加强对蔬菜生产的计划指导，积极推行蔬菜产销合同定购制，充分发挥国营蔬菜经营部门的主渠道作用，努力稳定价格，改进、完善零售菜场的分配制度，继续执行对国营公司经营蔬菜的财政补贴政策，切实加强对蔬菜工作的领导。"同年5月，根据时任国务院总理李鹏同志在"全国十城市蔬菜产销体制改革经验交流会"上的指示，进一步改善城市人民"菜篮子"，杭州市进行一系列改革，取得良好效果。是年，《当代中国·蔬菜》评价："为改革蔬菜产销体制，杭州等通过试点，摸索出了农民自产自销，农商联营，大管小活等多种形式。调整了品种结构，增加了细菜种类，提高了质量，尤其是淡季，多渠道经营，活跃了市场，方便了群众，拉开了品种差价和质量差价，早上市，减少了由于流通不畅，旺季烂菜等的损失。"

1989年10月5日，杭州市政府发出《关于蔬菜产销工作若干问题的通知》，要求"完善和发展以近郊为主的多层次的蔬菜商品基地，努力保持蔬菜价格基本稳定，坚持实行合同定购制，有计划有重点地引导菜农发展适度规模经营，切实抓好菜区园田基础设施建设，推广科学种菜，发挥国营商业主导作用，努力稳定蔬菜市场，切实加强对蔬菜工作的领导"。是年，据杭州统计资料记载，全市蔬菜播种面积65.51万亩，产量1 099 098吨；果用瓜8.31万亩，产量119 443吨；荸荠1.94万亩，产量24 005吨。

20世纪90年代，杭州市委市政府组织完善蔬菜产销体制，划定蔬菜基地保护区，建设新一轮"菜篮子"工程（图1-8）。主菜区——江干区积极贯彻市委市政府的指示，完善家庭联产承包责任制，实行指导性计划与保淡指令性计划相结合，建立一批稳产、高产、丰产地。放开市场，放开价格，调动生产者、经营者的积极性。随着城市建设东延，开辟新菜区。1990年遭受15号台风等自然灾害，菜区人民积极抗灾，蔬菜仍获增产。是年全市46 160亩蔬菜基地生产蔬菜286 698吨，亩产量6 211千克，供应城镇人口201.7万人，蔬菜人均占有量389克/人·天（表1-5）。

图1-8　20世纪90年代杭州市"菜篮子"工程基地

表1-5　杭州市1990年常年性基地蔬菜生产情况

项目	常年性基地（亩）	总产量（吨）	亩产量（千克）	总产值（万元）	亩产值（元）	城镇吃菜人口（万人）	蔬菜人均占有量（克/天）
合计	46 160	286 698	6 211	9 594	2 078	201.7	389
江干区	30 000	200 000	6 667	6 300	2 100	120.0	
拱墅区	1 300	3 436	2 643	139	1 068	23.6	378
西湖区	200	300	1 500	30	1 500	4.0	
萧山市	3 675	24 621	6 700	989	2 691	8.0	843
余杭县	2 325	12 788	5 500	537	2 310	16.5	210
临安县	1 845	6 500	3 523	290	1 572	4.2	424
富阳县	1 450	7 396	5 100	215	1 479	6.6	307
桐庐县	2 000	13 000	6 500	520	2 600	6.0	594
建德县	1 870	13 096	7 000	410	2 191	8.5	420
淳安县	1 495	5 561	3 800	164	1 100	4.3	354

注：1. 各地农业部门蔬菜工作人员提供数据；

2. 江干拱墅西湖区城镇吃菜人口（含乡镇）147.6万人，蔬菜生产量203 736吨，总体蔬菜人均占有量378克/人·天；

3. 萧山市蔬菜人均占有量较大，系蔬菜销往外地。

　　1990—1995年，江干区新建机埠、水闸9座，石驳河道5 280米，造桥26座，新建渠沟135 792米、水泥道路889米、泥石路917米，并改造菜地，形成菜地成园、道路成网、沟渠成行、设施配套、能排能灌。并发展保护地栽培，添置镀锌钢管大棚3 700套。到1995年底，江干区拥有塑料薄膜钢管大棚6 500套，毛竹大棚2万套，面积1万亩，成为冬春保险基地；推广遮阳网覆盖技术，遮阳网拥有量达到480万平方米，覆盖7 000亩，在抗御高温、暴雨中发挥重要作用。1991年上半年，连续35天低温阴雨，下半年发生秋旱，全市4.57万亩蔬菜基地仍产菜29.05万吨，比上年同期增5.6％。

计划外的菜区快速发展。地处杭州市郊的余杭县九堡镇和下沙乡农民有种菜习惯和经验，1990年已有常年菜地7 388亩，季节性菜地13 248亩，其中"下沙韭菜"5 733亩。所产蔬菜45％销杭州市区，30％销上海等，10％销临平等县内城镇，10％用于加工等，5％自食。九堡镇有100余人常年从事蔬菜贩运，有30～40人在临平等地常年设摊售菜。下沙生产的番茄每年销杭州罐头厂2万千克左右，大青豆空运销香港。

1992年在市场经济推动下，菜农经济意识增强，大路菜种植面积减少，价格高产量低的细菜增加，使总产量略降，但产值增加。全市45 705亩蔬菜基地产菜28.49万吨，比上年下降1.9％，蔬菜产值达1.22亿元，比上年增18.5％。

1993年受"梅雨"影响，下半年蔬菜供应偏紧，8月下旬小白菜成交价涨至6元／千克。12月市政府决定成立杭州市"菜篮子"工程建设领导小组，到1994年3月，两次专门研究蔬菜产销工作，有17人次副市长级以上领导到菜区视察和解决问题。与此同时，市委市政府发出《关于加快"菜篮子"工程建设的意见》，随后市政府又制定《杭州市蔬菜基地建设保护条例》，以法保护蔬菜基地。在江干区丁桥镇增加5 000亩蔬菜基地，并落实蔬菜生产指导性计划。省市政府拨专款50万元，在市郊乔司农场建立二线蔬菜基地500亩，种植冬瓜、大白菜、包心菜、萝卜、长梗白菜等。是年，杭州市及各区、县（市）政府财政拨款2 576万元，用于菜地建设。另外，省政府拨款200万元和市政府拨款100万元，作为蔬菜生产风险基金。市财政还拨出300万元，用于商业部门对蔬菜经营亏损的补助。1994年"春淡"期间，蔬菜供应充足，市区12 585亩结球甘蓝、莴苣等四种蔬菜上市1 580吨。3月11日至4月20日蔬菜日上市量达到506吨，人均372.1克／天，3月中旬至4月上旬青菜价格比1993年12月降75％，属历史上淡季蔬菜上市最多的年份之一。

1995年，全市蔬菜播种面积83.43万亩次，总产量达1 549 661吨，另有果用瓜7.89万亩次、黄花菜300亩、荸荠7 100亩，其中50 226亩蔬菜基地总产量306 684吨，亩产达到6 106千克，冬、春、秋三个淡季平稳度过，蔬菜量足价低。市、县（市、区）政府组织蔬菜工作者，以改革的思路、高标准、高起点建设新一轮"菜篮子"工程，逐步形成"菜篮子"生产、流通新格局。全年市、县（市、区）两级政府共投入菜地建设资金1 800万元，菜区和菜农自筹1 000万元，建设和巩固蔬菜基地。并在杭州近郊划定和重申蔬菜保护区，在远郊开辟沟渠配套、园艺设施配套、技术先进的高产稳产"菜园子"，全市逐步形成近郊为主、中远郊为辅、短线补充、外埠调剂的"菜篮子"工程新格局。同时，加快"菜篮子"市场建设，建设和改造一批蔬菜批发市场，建立以批发市场为中心、农贸市场与零售商业相结合的市场网络。国营、集体菜场恢复经营"菜篮子"商品，发挥国有菜场搞活流通、平抑菜价的主导作用，深化"菜篮子"产供销一体化路子，鼓励和支持生产者自办、合办、联办组织，"直供、直挂、直销"蔬菜，减少中间环节，平抑菜价。

至1995年，杭州蔬菜产销与全国蔬菜大流通匹配，蔬菜交易市场开辟货源，南、北蔬菜进杭城，多余蔬菜出杭城，成交活跃，仅杭州笕桥蔬菜批发交易市场，1995年蔬菜成交量达155 000吨，平均日成交额1万元左右。

除常年性蔬菜基地外，农业产业结构的调整，靠近杭城的萧山、余杭部分地区和临安昌北山区积极发展蔬菜生产，以丰富城镇菜篮子，增加农民收入。种植的蔬菜可归纳为4大类：普通蔬菜、水生蔬菜、高山蔬菜和竹笋，1993年这些蔬菜种植面积19.23万亩，产量23.66万吨，其中销杭城7.19万吨，占其产量的30％，其他的销上海、南京、绍兴等及产地本县（市）。

与此同时，蔬菜产业发展由单一数量型向数量质量效益型转变，实行数量和质量同步推进。

在抓蔬菜质量方面，1992年，按照国务院"发展高产、优质、高效农业的决定"，以蔬菜为先导的农产品质量安全工作起步。1998年杭州市在全国率先实施"放心菜"工程，"放心菜"工程领导小组（杭州市区"放心菜"工程领导小组，下同）及其办公室建基地做示范、定制度立规矩、做参谋抓协调，管理蔬菜产销诸环节。2001年，高温时节易暴发病虫，"放心菜"工程办公室提出应对的指导性意见，7月10日仇保兴市长作出批示，11日安志云副市长作出批示（图1-9）。数年，杭州市"放心菜"工程建设取得显著成绩，其经验逐步向其他农产品推广。

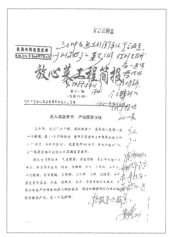

图1-9　杭州市长对蔬菜质量安全批示

2001年启动以蔬菜为主的"无公害食品行动"计划。2008年杭州市在全国率先开展农产品质量安全追溯管理，杭州市成立以何关新副市长为组长、17个部门领导参加的杭州市食用农产品质量安全追溯管理领导小组，创建"杭州模式"追溯管理体系。蔬菜等5大产品推行质量安全追溯管理。2003—2008年，生产基地蔬菜监测合格率从95.00％提高到99.10％。2004年9月，全省抽查基地生产和市场销售的蔬菜，杭州蔬菜合格率达到98.0％，为全省第一。农业部在全国安全食用农产品会上，表彰杭州等蔬菜合格率最高的7个城市。2008年，蔬菜监测合格率比实施例行监测制度前的2002年提高7.4个百分点，比实施"放心菜"工程前的1998年提高47.4个百分点。是年农业部对全国37个副省级以上城市的蔬菜质量安全例行监测，杭州市生产基地蔬菜平均合格率100％。以产品优质为基础，蔬菜产业开始向标准、品牌、文化、生态、旅游等方向发展。

2010年，杭州市成为首批商务部推行肉类蔬菜流通追溯体系试点城市之一。市政府严格按照试点要求，在"杭州模式"追溯管理体系的基础上，快速行动，精心设计，全市动员，全面实施；成立由分管副市长为组长的试点工作领导小组，市贸易局成立实施小组负责项目的具体实施；将此项工作列入2011年政府实事项目，纳入绩效考核。2011年，杭州肉菜流通追溯体系初步建设完成。应商务部特别邀请，副市长张建庭代表首批试点城市赴京在2011年全国肉类蔬菜流通追溯体系建设试点工作会议介绍经验。商务部负责人建议将杭州经验向其他试点城市推行。8个试点城市的代表先后到杭参观肉类蔬菜流通追溯体系成果。2019年9月开始升级改造，实施全新"主体追溯"新模式，将支付二维码和追溯码合二为一，市民在进行电子支付时完成追溯过程管理，做到来源可追踪、去向可查证、责任可追究，保障市民的"菜篮子"食品安全。全市已有155家农贸市场纳入肉菜追溯体系新系统，累计溯源查询达765万余次。2020年6月28日杭州市商务局召开肉菜流通追溯体系升级推进会，总结经验，向全市推广。

2010年，根据国务院办公厅《关于统筹推进新一轮"菜篮子"工程建设的意见》（国办发〔2010〕18号），要求"菜篮子"市长负责制进一步落实，杭州市再次提出新一轮"菜篮子"工程建设。2011年，出台《杭州市人民政府关于推进"十二五"期间"菜篮子"工程建设的实施意见》，成立由市长任组长，分管农业、贸易的副市长为副组长，市级有关部门和各区（市、县）政府负责人为成员的"菜篮子"工程建设领导小组。市级财政安排1亿多元资金用于扶持"菜篮子"工程建设，其中用于基地建设4 600万元。全市立项建设市级"菜篮子"基地198个，新建叶菜生产功能区、高山蔬菜基地、常年性蔬菜基地、食用菌产业基地、森林蔬菜基地和畜牧水产基地，使基地的保障供应能力、抗灾减灾能力、应急生产能力大幅增强，"菜篮子"产品自给能力稳步提升。2011年主城区蔬菜自给率52%以上，其中叶菜自给率达到72%以上。2013年，根据时任国务院总理温家宝同志要坚持"菜篮子"市长负责制的要求，杭州市全面加强"菜篮子"工程建设，全市蔬菜复种面积142.4万亩，总产量298.4万吨，总产值58.5亿元。市级"菜篮子"基地向市场供应新鲜蔬菜24.9万吨，竹笋2.4万吨，食用菌0.6万吨。2015年杭州市级菜篮子基地向市场供应新鲜蔬菜28.5万吨，主城区蔬菜自给率达到60%，叶菜自给率达到80%。冬、春、秋三个淡季平稳度过，蔬菜量足价低。是年，在杭州主城区开展以蔬菜为主的直供直销，市级"菜篮子"规模基地42家，平均每天直供直销量184吨，其中市级规模蔬菜基地向102个网点直供、直销或配送（配送到单位51家，直供到超市30家，设立直销摊位16个，设基地产品专卖店5家）。直供直销模式多样：一是与超市配送中心或门店进行农超对接的直供模式；二是在农贸市场设立直销摊位和开设基地产品连锁经营专卖店的直销模式；三是向餐饮酒店、团体单位、学校食堂提供基地农产品的配送模式；四是配送的同时直接承包单位食堂餐饮业务的兼营模式；五是"大篷车"进社区的流动直销模式；六是通过"网上宅配""私人菜园会所"等会员制的直送模式。与此同时，建立大宗蔬菜的经营周转储备制度，根据蔬菜产销季节及气候特点，在淡季、灾期保持市区大宗蔬菜日均300~400吨的经营周转储备能力，确保大宗蔬菜供应量充足，价格基本稳定，满足市场的消费需求。杭州市蔬菜业总的形势是：基地从城镇近郊向中远郊及周边农区转移，逐步形成新一轮的蔬菜产区，生产设施不断增加，抗灾能力日益增强；科学技术得以推广，种菜水平逐步提高；与全国大市场接轨，实现蔬菜大流通（图1-10），淡旺矛盾缓和，菜农收益增加，城镇人口骤增，蔬菜产、销两旺，蔬菜品种与质量同步提高。并且在具国际意义的G20峰会（2016年9月4—5日在杭州举办20国集团领导人第十一次峰会，也称杭州G20峰会，下同）中彰显杭州蔬菜的保供能力和整体优势，具体地说：

一是数量：杭州蔬菜从生产、供应到烹饪，从数量、质量到安全已达到国际水平。按峰会要求，规定期间全市14家市级"菜篮子"基地承担青菜、油麦菜、广东菜心、苋菜、本芹、苦瓜、小葱、普通黄瓜、水果黄瓜、普通番茄、樱桃番茄、小尖椒、茄子、新鲜荷叶、莲藕、黄秋葵、黄金南瓜、杏鲍菇等18种蔬菜的供应任务，占25种当地食材的72%。从8月27日至9月5日，累计供应蔬菜69.1吨，占当地食材总供应量40.7%，居六类当地食材的首位，圆满完成保供任务。

图 1-10　杭州市蔬菜大流通——蔬菜批发市场

　　二是质量：实行最高标准、最严生产、最细管理，做到少用药、早停药，把好源头准出关，确保蔬菜质量安全"万无一失"。定制统一规格包装器皿。采摘时间安排在晚上至凌晨气温较低时段，减少蔬菜呼吸损耗。采收后实行冷库预冷、泡沫箱保温、冰瓶降温、冷藏车运输等全程冷链措施，最大限度保持蔬菜新鲜。在峰会前最后一次应急演练中，基地蔬菜农残零检出。基地蔬菜的质量安全管控措施得到峰会食材总仓、市市场管理局、市公安局等单位一致肯定。在实际供应中，这个优势始终得以保持，成为峰会餐桌上的一大亮点。

第二章　体制与政策

第一节　概况（沿革）

南宋建都杭州时，设"菜蔬局"。

民国时期，农区实行保甲制。农民以户为单位，自行种植、销售蔬菜，商贩和农民在政府划定的场所和范围自由销售蔬菜，或自由贩运蔬菜。

民国元年，废杭州府，仁和、钱塘两县合并，置杭县，为省会所在地。人们自由种植、自由销售蔬菜。民国十六年，划杭县城区和西湖、会堡、湖墅、皋塘、江干，建立杭州市，设市政厅。6月10日，市政厅提出"增加菜场"。是月，市政厅改称市政府，厅长改称市长。

市区小菜场由市政府工务科、卫生科管理。民国十六年，市长主持市政，把"小菜场限宜设置，并检查各种饮食品及其原料，以重卫生"列为要务之一。是年，茅廊巷小菜场竣工。民国十七年，龙翔桥小菜场建成。抗日战争胜利后，小菜场由市政府卫生科管理。市卫生科进行确定项目，编制计划，选择场址，筹划资金，勘查设计，安排施工，建设小菜场。并招商登记，发放营业执照，安排摊位，以便小菜场开业。

据市工商业联合会《各同业公会的演变历史汇编》记载，民国十八年即有小菜地货同业公会组织，理事长周绰云。抗日战争时，公会工作一度停顿。抗战胜利后，由周冠雄为领导，曾拟组织小菜地货同业公会，但因会员太少，遂并入水果业公会，至杭州解放，理事长为沈炳生。

市区设蔬菜行，在行业中设蔬菜同业公会，管理蔬菜行的事务。蔬菜同业公会担负组织、协调、管理、服务等职责，负责行业的日常工作，组织贯彻市政有关法规、法令，督促纳税，为新户开业，贷款签署征询性意见，协调行业经营，解决行业纠纷等。

1945年，市政府颁发《小菜场管理规则》。首次对小菜场经营有关事宜作出规定，即对市区小菜场进行规划建筑及公开招商，规定凡承租小菜场摊位者须向市政府（卫生部门）领取"小菜场贩摊申请书"，经核准后发给营业执照，进场按指定位置设摊营业，缴纳租金，市立菜场按月向财政科缴纳租金。在营业和卫生管理方面，派卫生警察于每日开市前将荤素菜逐一查讫才准销售，散市后即由清道夫打扫环境，保持场内清洁。对无固定摊位的公共摊贩场（菜贩聚集地），公安局警士每场2至4人，每日上午进行督察，要求按号进入。

杭州解放后，1949年5月24日，市人民政府成立。是年，建立上城、中城、下城、西湖、江干、艮山、笕桥、拱墅8个区人民政府，杭县划属杭州市领导（后经多次变动，于1957年10月复归）。8月，上城、中城、下城、江干、拱墅区人民政府改为区公所（后改回区人民政府）。12月1日，杭州市人民政府决定取消保甲制度，市区建立居民委员会，郊区建立乡人民政府、行政村。未设专门蔬菜基地，蔬菜生产列入农业生产范畴。1950年，江干区公所组织望江、新民两乡生产渡荒，种菜种粮，服务居民。

1951年，成立杭州市人民政府委员会（设市长）。郊区由点到面开展土地改革运动，使万余户无地少地的农民获得土地。1952年开展合作化运动，郊区蔬菜生产由农业生产合作社组织进行。

1955年6月，市人民政府改称市人民委员会（市人委，下同）。市供销社向市人委汇报"三年来杭州市蔬菜的生产、供应与价格执行简况"。是年，郊区执行"坚持收缩"的方针，对农村合作社进行整顿。合作社从182个减少到160个。到12月，郊区基本实现农业合作化，入社农户占总数的84.7%。是年11月，市委修订私营工商业社会主义改造规划。12月10日，经市人委同意，对蔬菜商贩实行社会主义改造，市供销社建立蔬菜采购批发站，管理市区蔬菜批发业务。至1956年，社会主义改造基本完成。市区以经营蔬菜为主的私营蔬菜商户有12家，从业人员54人，其中职员38人，资方14人，家庭工2人。

1956年4月，撤销艮山、笕桥、上塘3个区的建制，将原31个乡调整为11个乡，分别划归西湖、江干、拱墅区。市郊办管理龙井、古荡、瓜山、石桥、东新、笕桥、丁桥、九堡、七堡、新塘、沿山等乡及浙江大学农学院（后为浙江农业大学，1998年四校合并并组建浙江大学，下同）、杭州蔬菜场（蔬菜试验场）、半山农牧场等蔬菜生产。是年，蔬菜供应工作由商业部门管理，市商业局作出《杭州市1956年中秋、国庆节供应工作总结》（含蔬菜）的同时，向市人民委员会提出《关于新建若干小菜场问题报请核批》，得到批准。是年，市人委发文《关于改进蔬菜产销工作的指示》，加强管理蔬菜产销。1957年2月，郊区250个初级社升级合并为130多个高级社。5月，撤销中城区建制，所属街道分别属上城、下城区。市郊委召开郊区乡社骨干会

议，杭江蔬菜社副社长陈玉珍在会上介绍经验。

1958年，撤销杭县建制，除瓶窑镇、长命乡划归余杭县外，其余35个乡镇和余杭县的闲林乡划归杭州市管辖，分别设立临平、上泗、三墩、塘栖4个区。萧山、富阳两县划属杭州市。8月，农村掀起人民公社化运动。9月，全市撤销区、乡建制，建立政社合一的人民公社。

是年，实行计划经济。市郊办提出《郊区1958年农业生产分乡计划指标（草案）》和《杭州市郊区一九五八年技术作物计划》，计划内含蔬菜的地区有：江干农村及古荡、笕桥、东新、龙井、九堡、七堡、丁桥、石桥、瓜山、新塘等公社。是年，菜场由各区商业部门管理，管理重点是蔬菜供应。

1959年，杭州市委决定全市蔬菜生产由市农林水利局管理。建立半山、拱墅2个人民公社联社（1960年合并定名钱塘人民公社联社，驻临平镇，原拱墅联社的4个街道划出，恢复拱墅区）。4月，贯彻中央八届七中全会精神，确定农村整社工作主要是解决权力下放、算账、包产问题。是年，市农林水利局组织笕桥（13人）、四季青（8人）、西湖公社（1人）和九堡公社（1人）到上海参观，学习外地蔬菜生产经验，形成《关于参观上海蔬菜的总结报告》。是年，市人委发出《关于发展蔬菜生产的指示》。

20世纪60年代初，各级政府加强对蔬菜产销的管理。管理机构的基本构架见图2-1，时有变动。

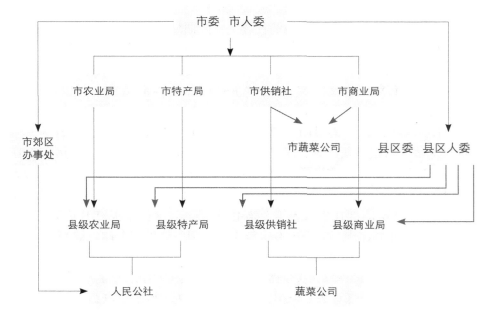

图2-1　杭州市蔬菜产销管理机构示意图

1960年，贯彻中央"十二条"，明确"三级所有，队为基础"的人民公社制度。上城、下城、西湖、拱墅、江干5个城区分别成立城市人民公社（1961年3月撤销，恢复原区建置）。富阳、桐庐县合并为桐庐县；临安、昌化县合并为临安县，均划属杭州市。市委号召城区机关，团体、学校、广大居民群众，人人动手，户户种菜。蔬菜生产由市农业局、市特产局共同管理。市农业局发出《关于城区大种蔬菜情况与意见》，并在《六〇年蔬菜生产情况和六一年意见》中提出商品蔬菜基地每人五厘和每天吃菜不少于0.5千克的指标；市特产局提出《关于当前畜牧、蔬菜、水产生产情况和第四季度工作意见》。当时全市有蔬菜基地4万亩，分布在江干（笕桥）、拱墅、西湖等区域。此外，萧山城关镇、新安江水电站、闲钢、半钢等四个重点工矿区也建立专用菜地。

1961年，贯彻中央"六十条"，将全市所属农村原61个人民公社调整为220个农村人民公社和14个镇人民公社。撤销钱塘人民公社联社，并调整行政区划，改置余杭县，属杭州市。分划桐庐县，以原富阳、新登两县地及分水之贤清公社重置富阳县，属杭州市。市委注重蔬菜生产，在解决粮食问题时提出，安排城乡人民生活，坚持"低标准，瓜菜代"的措施，并由市农业局党组向市委作出《关于当前蔬菜生产情况的报告》。尔后，市农业局与市商业局向市人委提交了《关于蔬菜生产联合报告》。这一年市农业局单独或联合有关部门向市人委提交的关于蔬菜生产专题报告就有4个。全市其他部门也积极支援蔬菜生产，蔬菜专用物资——化肥、人粪、农药、玻璃、毛竹、木材等得到有效供给。是年，市农业局向上城、下城、西湖、拱墅、江干城市人民公社、萧山、桐庐、临安、余杭及市郊发出《关于"进一步发动城区人民多种种好南瓜"的通知》，市财贸部、市供销社负责蔬菜供应及价格管理。1961年1月13日，市财贸部在《目前的商品供应方法和今后意见》（初稿）提出，由各区设定蔬菜卡，其样本为：由市蔬菜果品公司签章，名为"杭州市城区居民蔬菜供应卡"。是年，市供销社党组向市人委作《关于市郊蔬菜地区推行购销合同的情况报告》和《关于加强蔬菜价格管理工作的报告》，市人委于1961年15日向市供销合作社、市蔬菜公司、各区人委、各蔬菜公司批转了《关于加强蔬菜价格管理工作的报告》。同时，抄送浙江省人委、杭州市委各部委、各区委、各县人委、市计委、商业、粮食、农业局、市场物价管理委员会、摊贩管理委员会。

1962年，杭州暂时经济困难，商品供应不足、市区73种商品先后实行凭票（证券）供应。市委决定，加强党的领导，发展农业生产。有关部门各司其责，市农业局制订农业生产五年规划（含蔬菜），并于同年组织检查蔬菜

生产及技术推广工作；江干区人委制订春、夏季蔬菜生产计划，报请市人委批准后实施；市供销社作出《关于改进蔬菜供应办法的请示报告》；市蔬菜果品公司作出《关于蔬菜生产、经营情况的汇报》。

1963年，建德、淳安两县划属杭州市。由副市长周凤鸣主持，市人委召开了专门研究蔬菜产销问题的会议。其中心议题是：蔬菜要多品种；农商委要有合同和计划；改善购销环节；国家控制33个品种，其他允许农民自销；小菜场问题；蔬菜基地建设等。是年，市商业局和市农业局向市人委提交《关于缩减商品蔬菜基地面积的联合报告》；市物委向市人委提交《关于一九六三年蔬菜价格安排意见的报告》；市商业局和江干区人委向市人委提交《关于江干地区蔬菜收购继续实行商品奖售的请示》；江干区人委发出了《关于今冬明春生产意见》。

1964年，蔬菜管理机构基本理顺。市计委管理基地，市农业局管理生产，市商业局管理供应，蔬菜生产所用物资分配由农业局和供销社共同管理。是年，市计委作出《关于调整常年商品蔬菜基地面积的通知》；市农业局作出《关于蔬菜生产情况》；市商业局作出《一九六三年市场情况和计划执行情况》（含蔬菜）。1965年，市农业局、市供销社作出《关于一九六五年粮菜化肥分配计划的通知》，1966年，又联合作出蔬菜秧窖用薄膜分配方案。1966年下半年，"文化大革命"开始，各管理机构混乱，市农业局曾一度停止对蔬菜生产的管理。1967年12月，市革命委员会成立。

20世纪70年代，蔬菜管理机构变动。1973年2月，杭州市委市革委会调整组织机构，撤销生产指挥组，恢复市委市革委会办公室、市计划委员会、市财贸办公室、市农村办公室和市工商局等。8月，成立市对外贸易局、市对外贸易公司。1975年蔬菜生产和经营机构基本完善（图2-2）。粉碎"四人帮"后，1977年12月，市委决定恢复市科学技术委员会。这些机构按其职能对蔬菜进行管理，蔬菜的生产、流通、消费和科技工作日趋规范。1978年8月，建立半山区（后半山、拱墅、西湖区调整为拱墅、西湖区）。1979年3月，市委决定在上城、下城、拱墅和西湖区设立13个农副产品市场；由市财贸办公室和市农村办公室管理蔬菜产销政策，市计划委员会管理蔬菜基地。市商业局下属的市蔬菜公司承担蔬菜购销工作，编制年度生产计划发给江干、拱墅、西湖区，各区按年度计划，确定各种蔬菜的种植面积、上市数量、上市时间（按旬、月、季、年），并落实到镇乡人民公社，公社按计划具体落实到生产大队（图2-2）和生产小队（简称生产队，下同），一般以生产队为单位，按计划种植。农商管理部门组织力量，以夏菜、秋冬菜为主，定期检查蔬菜计划落实情况。工作人员对每块菜地建立年度、季度和蔬菜品

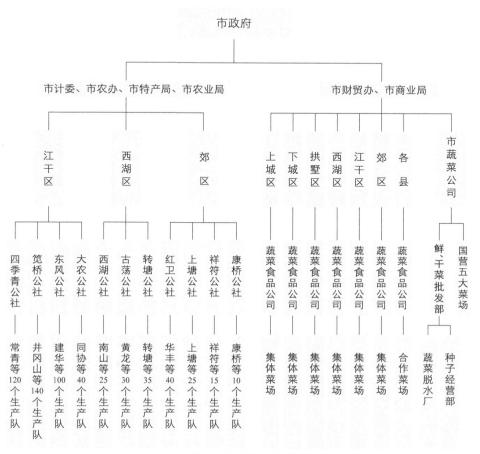

图 2-2 1975 年杭州市区蔬菜生产和经营机构示意图

种、面积、产量档案，称之谓菜地"户口"清册。市蔬菜公司派出专职联络员，负责指导、检查蔬菜生产计划的落实情况，协助生产队搞好蔬菜的生产和销售。生产队向对口蔬菜批发部结算蔬菜销售帐目，生产者不得自行销售蔬菜。

当时蔬菜基地分布在12个公社、120多个生产大队、650多个生产队。菜区以公社为单位配备1名蔬菜辅导员，以生产大队为单位，配备蔬菜技术员、植保员、推销联络员和蔬菜种子队，称"三员一队"。同时，菜区建有蔬菜试验场、蔬菜病虫测报站、农资公司、种子公司和蔬菜加工厂，参与蔬菜产销工作。

1982年4月，杭州市委发出《关于成立市蔬菜领导小组的通知》，统一领导全市的蔬菜生产和供应工作，领导小组由高峰、许行贯、顾维良、乔尚松和杜玉树组成，下设办公室。是年，杭州市蔬菜领导小组办公室提出《关于蔬菜产销体制改革的方案》。同年8月，市政府发出《关于市农业局建立蔬菜科、蔬菜科研站以及改变江干蔬菜试验场领导关系的通知》，是年市农业局蔬菜业务归属特产科，1983年建立蔬菜科，其职责是对全市蔬菜生产行政管理与技术推广，局其他科室根据各自职能加强对蔬菜工作的支持，形成合力，以市郊菜区为重点，指导区、县（市）开展蔬菜生产现代化建设。1982年管理基地蔬菜生产的单位有杭州市农业局、江干区农水局、西湖区农业局、半山（拱墅）区农业局、余杭县财贸办、萧山县蔬菜公司、临安县果品公司、富阳县蔬菜公司、桐庐县蔬菜公司、建德县蔬菜办公室、淳安县排岭镇政府。非基地蔬菜生产由农业局管理。随后各地加强对蔬菜工作的领导，逐步完善蔬菜产销体制，农业部门管理基地和非基地的蔬菜生产，全市蔬菜生产、流通和烹饪的管理进一步规范。

至20世纪90年代，市政府发出一系列关于蔬菜工作的指示，明确农、商和相关部门对蔬菜的管理职责，蔬菜产销机制日趋完善。杭州市蔬菜工作的管理格局是：市农业局主管蔬菜生产，市第二商业局主管蔬菜贸易，市卫生局主管蔬菜餐饮，市农办管理蔬菜基地，市贸易办公室协调商业系统的蔬菜管理工作，市科技局管理蔬菜科技，市工商局管理蔬菜市场，市质监局管理蔬菜质量标准，市供销社管理蔬菜生产资料供应，时有变动或调整。各区、县（市）相应机构，与杭州市对口承担相应职责。乡镇政府和街道办事处的管理职能一般在农办，村民委员会负责蔬菜管理的一般是农业副村长，其他部门和岗位人员协助，乡级和村级的蔬菜工作往往是"谁能安排出时间谁做"，各个岗位的人员都有可能做蔬菜方面工作（图2-3）。除上述对蔬菜管理承担相对主要责任的部门外，涉及蔬菜工作的还有：市法制办管理蔬菜法规，市城管办管理蔬菜商贩，市公安局查处涉菜案件，市法院审判涉菜案件等。大型蔬菜生产经营企业，由乡级或县级或市级部门直接管理。蔬菜产销放开后，政府管理职能减少、服务功能增加。

1993年12月，成立杭州市"菜篮子"工程建设领导小组，由市长任组长，1位市委副书记、3位副市长及有关部门领导参加。1994年2月领导小组专门研究蔬菜"春淡"问题。到1994年3月，在短短四五个月的时间里，副市长级以上领导到菜区视察和解决问题达17人次。与此同时，市委市政府发出《关于加快"菜篮子"工程建设的意见》。

1999年，成立杭州市区"放心菜"工程领导小组，副市长安志云任组长，市农业局、市质监局、市工商局、市贸易局、市卫生局等部门负责人为成员，办公室设在市农业局。江干、建德等区（县、市）也成立"放心菜"工程

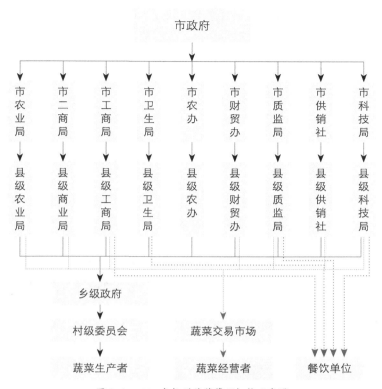

图 2-3　1990 年杭州蔬菜管理机构示意图

领导小组及办公室。

1999年9月，根据全国10大城市第十二次"菜篮子"工程产销体制改革交流会精神，杭州市进一步完善蔬菜产销体制。

2003年，成立杭州市农产品质量安全管理工作领导小组，下属生产办公室设在市农业局。

2008年，成立杭州市农产品质量安全追溯管理工作领导小组，何关新、张建庭两位副市长为正副组长，市级17个部门负责人为成员，办公室设在市农业局。市农业局成立杭州市农产品质量安全追溯管理农业工作组，以程春建局长为组长、张振华、赵敏、严建立3位副局长为副组长，质监、农作、畜牧、经作、渔业等5个业务处长为组员。各区、县（市）成立与市对应的机构。尔后，市农业局增设农产品质量监管处和资源生态处，以加强蔬菜质量安全和蔬菜生态环境的管理。

从20世纪80年代以来，市农业局内设蔬菜管理机构先后为特产科—蔬菜科—园艺科—园艺处—农作物处。市农业局从80年代初恢复管理蔬菜生

产到90年代成为全市蔬菜生产主管部门、21世纪成为市政府蔬菜工作临时机构（杭州市区"放心菜"工程领导小组办公室、杭州市农产品质量安全追溯管理工作领导小组办公室等）设置处。杭州市农业系统从80年代初蔬菜工作人员缺少、政令不畅到90年代具有强有力的蔬菜行政管理体系和蔬菜科技队伍，蔬菜生产管理向智能化方向发展。

2011年，成立杭州市"菜篮子"工程建设领导小组，由市长任组长，分管农业、贸易的副市长任副组长，市级有关部门和各县（市、区）政府负责人为成员，办公室设在市农业局。各县（市、区）相继成立"菜篮子"工程建设领导小组及办公室。

2017年，根据国务院办公厅《"菜篮子"市长负责制考核办法》（国办发〔2017〕1号）和农业部《"菜篮子"市长负责制考核办法实施细则》（农市发〔2017〕1号），杭州市在五个方面加强"菜篮子"工程的建设，"菜篮子"产品生产能力、市场流通能力、质量安全监管能力、调控保障能力和市民满意度得以进一步提升（图2-4）。2019年，杭州市机构改革，在市政府统一领导下，市农业农村局、市林业水利局、市商务局、市卫生健康委员会、市科学技术局、市财政局等部门与兄弟单位协同，相关县（市、区）设对应机构，全面管理蔬菜的生产、流通和餐饮。

图2-4　批发市场检测守护杭州"大门"

第二节　管理体制

自古，农民种菜，自产自食。随着社会发展和商品经济的出现，农民所产蔬菜开始出售。南宋时期，杭州蔬菜产销两旺。民国十六年，当时的杭州市政府着手建立小菜场。农民所产蔬菜主要销售方式有三：一是通过摊贩进入该市小菜场，二是自己沿街叫卖，三是独立或联合或通过商贩，运往上海等菜市场。均为自主种植，自由销售。

中华人民共和国成立后，蔬菜的生产和购销逐步纳入国家计划经济。改革开放后，蔬菜产销放开。

一、生产体制

杭州蔬菜生产体制的演变，大体可以分为三个阶段：

第一阶段是中华人民共和国成立初期至农业合作化时期（1949—1957年）。以村为行政单位，以个体农民为生产户，地块分散，种植单纯，操作粗放，生产水平较低。1953年，政府组织菜农走合作化道路，形成集体生产，劳动工具调剂使用，农活互帮，集体优越性得以体现。随后市、区成立农业技术推广站，总结传统经验，推广先进技术，蔬菜生产发展较快。1956年，为保障市区居民消费，市政府决定建立蔬菜基地，蔬菜生产纳入国家计划轨道。

第二阶段是"大跃进"至"文化大革命"时期（1958—1978年）。1958年，市郊蔬菜生产"大跃进"，后进入"人民公社"，扩大集体生产规模，以生产小队为基本单位，队长派工，集体出工，按日计分。市区、工矿区人口增加，蔬菜供应紧张。20世纪60年代，三年困难时期致农业歉收粮食供应紧张。市政府发出"关于蔬菜生产的指示"，根据人口多少和消费量调整蔬菜基地面积，要求郊区政府抓好蔬菜生产，以保障城市蔬菜供应和"瓜菜代粮"的需要。"文化大革命"期间，提出"菜农不吃商品粮"，市郊出现粮菜"三争"（争土地、争劳力、争肥料），蔬菜生产不够稳定。70年代，"集体劳动，评分计工""大锅饭"的弊端显现，菜农出工不出力，缺乏责任性和竞争性，收益也低。蔬菜主产地江干区政府把蔬菜生产作为政治任务，放在农业工作首位，全区形成较为健全的蔬菜生产指挥系统，农业部门负责具体抓蔬菜生产，各乡镇都设农办，全区42个村中有39个村设立"一长三员"（村长、植保员、技术员、联络员，下同）班子管理蔬菜。蔬菜产销基本管理模式是：每年市蔬菜公司与江干区农经委共同确定年度种植面积和品种计划，签订蔬菜购销合同。生产任务通过区—乡镇—村分解完成，营销任务通过市蔬菜公司—批发部—菜场分解完成。双方基本上都按合同开展工作，市区蔬菜产销总体稳定。农商有一定的矛盾：菜农认为商方压级压价，商方认为菜农提供的蔬菜"装底盖面"。因此双方定期和不定期地交换意见，以及时解决矛盾。

第三阶段是1978年底至今。杭州市政府贯彻党的十一届三中全会精神，市郊蔬菜生产先后实行"小段包工""定额承包""家庭联产承包"责任制，菜农种菜积极性提高。到1981年，市郊菜区94.8％生产队建立以"小段包工，定额管理"为主的多种形式生产责任制。按照市政府杭政（1983）62号《批转市蔬菜领导小组办公室"关于蔬菜产销改革工作的实施方案"》，市郊蔬菜基地面积保证种足蔬菜，"管"占总上市量80％左右的16个品种（其中省管15个、市管1个），下达指令性生产计划。1984年9月，执行市委市政府对市区蔬菜产销体制进一步改革的决定，基地生产实行以家庭联产承包为主的责任制，基地一定要种菜，并首先供应市区。10月，江干区政府和市供应服务局在彭埠乡试行联产承包责任制（彭埠乡常年性基地7 450亩，占市郊常年性基地29.8％，季节性基地2 500亩，占市郊季节性基地29.41％）。12月15日开始彭埠经验向全市推广。市政府发出杭政（1984）318号"关于改革蔬菜产销体制的通知"要求：一是将蔬菜生产由集体经营、统一分配体制改为以家庭承包为主的生产责任制。承包土地的对象以务农劳力为主，承包期一定五年不变；二是承包的蔬菜基地，必须种菜，不得荒芜。生产的蔬菜首先供应市区，多余的菜经区政府批准后，有组织、有计划地外调。国家对菜农所需的生产资料和生活资料仍按原标准供应，与家庭联产承包责任制挂钩，并制定相应的奖罚措施。12月15日开始，实行"管六放四"。对占地60％的10个品种下达指导性计划，乡、村负责将分品种面积落实到户，签订种植计划和分季上市计划合同，违反合同承担经济责任，占基地面积40％的其他品种，由承包户自行安排种植。21世纪逐步"放开"。

与此同时，政府在菜区经常开展蔬菜生产竞赛和履行合同的评比活动，以促进蔬菜的生产发展和市场供应。1987年，江干区四季青乡五福村被授予"省级文明单位"，四季青乡常青村、景芳村被授予"区级文明单位"；1989年2月23日，江干区政府表彰100名优秀菜农和50名蔬菜产销服务先进工作者，华丽珍副市长出席；1990年3月6日召开1989年度蔬菜产销工作表彰会，100名优秀菜农和50名蔬菜产销服务先进工作者受奖励，华丽珍副市长出席并颁发荣誉证书。

二、购销体制

清代，杭州市郊有些农民以务农为主，并合伙开行经营蔬菜。季节性经营蔬菜量较大的有牙贴（营业执照）。民国时期，蔬菜销售主要是菜贩和菜农在小菜场自行买卖，或在蔬菜行批量成交。蔬菜行内部建有蔬菜同业公会，其主要职责是贯彻市政府有关法规法令，为新户开户，管理蔬菜商贩，检查和督促商人纳税，解决行业纠纷等。市工商业联合会《各同业公会的演变历史汇编》记载，1929年有小菜地货同业公会之组织，各行（蔬菜）散布于太平门（庆春门），螺蛳门（清泰门）、草桥门（望江门）三处，代客买卖蔬菜，收取10％佣金，另外再收取1厘作为菜框使用费。抗日战争时期，公会工作一度停顿。抗战胜利后，拟组织小菜场地货业公会，因会员太少，遂并入水果业公会，至杭州解放。

中华人民共和国成立初，杭州市公安局对摊贩进行登记和管理，侧重于"交通"；市税务局对摊贩进行整顿，侧重于"税收"。整顿收效甚微，摊贩混乱现象依然。1950年市工商局贯彻市第四次各界人民代表会议精神，会同公安、税务两局共同进行整顿：一是就地整顿，二是适当集中，三是择地迁移，四是有对象地取缔，五是动员归店。至1950年10月底，市区菜场整顿工作基本完成。通过整顿，小菜场由混乱变成安定，由分散变成集中，由流动变成固定。在此基础上，以全市最大的龙翔桥菜场为典型，以点带面，成立24个菜市场管理委员会和353个小组。对携蔬菜上市投售，但不以贩菜为主业的，在市场内指定位置，由其自由出售。

为稳定物价、准确计量，对摊贩度量衡器"大进小出"的变相抬价现象，市摊管会和度量衡检定所均对其进行检定，并不定期抽查。在各区分会成立议价委员会及物价检查小组，实行统一议价及明码标价。并与部分摊贩订立公约，保证不抬价，不投机取巧。

1951年，由农民合伙的蔬菜行加入工商联，成为直属会员，划入水果业公会，1952年4月改组为临时工作委员会。

1955年，市区以经营蔬菜为主的行有12家，从业人员54人，资产值21 113元。蔬菜小贩1 113户、豆芽菜小贩93户。1956年贯彻中央对商贩进行社会主义改造的指示，组织他们走合作化道路，到年底改造基本结束。建立蔬菜合作小组，参加者886户，占总数79.60％；组成豆芽菜合作小组7个，参加者93户，占100％，分布在全市32个菜场，由市供销社蔬菜采购批发部统一管理。市区蔬菜批发业务取代批发行，在上城（含江干区一部分）、中城、下城、拱墅（含西湖区一部分）设立4个中心商店，并管理蔬菜

和豆芽菜的合作小组。

1958年，对摊贩进一步改造，在前两年已组成合作小组的基础上，组建合作菜场。各区建立合作商店总店，配备专职干部，负责思想政治工作和菜场业务管理。各菜场建立管理委员会，负责对各供应点的管理。是年，市区形成公有制性质的蔬菜零售行业，国合蔬菜批发部成为批发机构。蔬菜购销实行计划管理，按计划上市、计划收购、计划分配、计划价格方式运行。具体地说，一是统一蔬菜货源，由市蔬菜公司按照计划分配到各菜场；二是统一供应办法，平季和淡季的蔬菜供应，居民与集体伙食单位比例为5∶5和6∶4；紧俏商品全部上柜，不准私留私分、走"后门"；不准卖给小贩、不准供应外地单位等；三是统一牌价差率，不准更改价格，不准超出规定进销差率。市蔬菜公司设有零售管理部门，从事供应政策和价格政策检查，对违反政策及规定的菜场和职工，分别由市蔬菜公司作经济处罚、区蔬菜公司作行政处罚。

这样的"统购包销"体制一直沿续到20世纪70年代后期。"统购包销"在当时历史时期对保障全市蔬菜供应、稳定菜价起到积极作用。但上市蔬菜大起大落，淡旺明显；蔬菜质量"老、大、粗"，投售蔬菜"装底盖面"；从产地到柜台要经过多道环节，影响蔬菜质量。

1978年底开始，市政府贯彻党的十一届三中全会精神，蔬菜产销体制进行改革试点，后逐步完善。与生产体制改革相匹配，购销体制改革先后实行"大管小活""管放结合"，直至全面放开，促进蔬菜生产的发展，扩大蔬菜商品流通渠道，丰富城市蔬菜供应。

1982年，推行蔬菜产销合同制，在"四统一"前提下，推动单项品种专业管理制度。菜区40个大队与市蔬菜公司三个批发部签订合同，实行"冬春秋"三个淡季蔬菜价外补贴，推行蔬菜产和销"双三保"政策。

1983年贯彻市政府关于蔬菜产销"管好大品种，搞活小品种"政策，实行"管八放二"。1983年5月1日起实施市政府《批转市蔬菜领导小组办公室"关于蔬菜产销改革工作的实施方案"》〔杭政（1983）62号〕：一是"管"的蔬菜品种仍实行计划上市、计划收购、计划供应；"放"的品种进入市蔬菜公司设立的交易市场实行产销见面成交，卖方不分基地菜与外地菜，买方仅限市内供应给居民、集体伙食单位及加工企业；二是"管"的品种价格仍执行省定计划价格，实行按质论价挂牌收购；"放"的品种价格挂参考价，买卖双方自行定价、不限不保、上不封顶，下不保底。交易市场顺加5%购批差价不变；三是"放"的品种农民可以进市蔬菜公司交易市场交易，也可在市内直接销售、自己加工、运销市外。国有公司蔬菜经营亏损补贴，实行分品种、按比例、限数量的办法。该政策实行一个月后，对部分内容作了调整，成交参考价改为中心价，规定可以上下浮动40％～50％；"放"的品种都要进入市蔬菜公司的交易市场成交，不准菜农私分自卖；成交不了的蔬菜由蔬菜公司负责按当天最低成交价按质论价收购处理。据此，对占上市总量20％的花色细菜实行产销双方直接见面，进蔬菜批发交易市场交易。市蔬菜公司的艮山门、弄口、清泰门和采供部等四个鲜菜批发部门分别设立蔬菜交易市场，开展蔬菜小品种的成交业务。5月至12月，放开品种的成交量为14 755吨，占上市总量106 181吨的13.90％，成交金额266.63万元，占总额1 049.91万的25.4％。

　　1984年9月，按照市委市政府进一步改革蔬菜产销体制的决定，市区实行"管六放四"。10月，江干区政府和市供应服务局将试行联产承包责任制的彭埠乡与江干、下城两区的市场实行对口多渠道蔬菜流通试点。据1983年实绩，彭埠乡蔬菜产量54 864吨，上市量46 235吨，分别占市郊基地产量和上市量35.22％和45.53％。两区人口38万人，占市区人口40％，有蔬菜零售网点30个，其中国有4个、集体10个、供销社8个、合作小组4个、街道办3个、农工商办1个。彭埠建立乡蔬菜公司及蔬菜商场（成交市场），开展蔬菜交易业务，每日经营量5万千克以上。试点结果，两区的蔬菜需求基本满足，购销价格搞活，质量明显提高，烂菜损失减少。1984年12月10日至25日共计16天，两区人均日蔬菜供应量200克，加上农贸市场补充100克，达到300克水平；蔬菜成交价格绝大多数未上浮到50％的最高水平，叶菜的食用率增加二成。

　　总结彭埠试点经验后，改革在市区展开。市政府发出《关于改革蔬菜产销体制的通知》〔杭政（1984）318号〕，12月15日开始实行"管六放四"。《通知》要求：一是国有商业继续发挥主渠道作用，市蔬菜公司支持、参与、服务于生产，负责市区蔬菜的余缺调剂，管好价格。现有国有、集体菜场的网点和人员不能减少；二是江干区和市蔬菜公司共同负责做好蔬菜产销平衡工作；三是改变进货渠道，将原来计划分配改为多渠道进货，市蔬菜公司所属各批发部改为交易市场。菜场可以进交易市场采购，或向菜农直接采购，或收购菜农上市的蔬菜，或向外采购。承包户可以把菜送到交易市场成交，或直接卖给集体伙食单位、有证专业购销户、个体商贩，或进农贸市场自销；四是农方可以乡为单位自办交易市场，或以村为单位自办菜场，或与国合菜场联销。各乡可以成立蔬菜公司或农工商公司，协调全乡产销活动；五是属于"管"的10个品种成交价可按中心价上下浮动50％，成交多余的蔬菜以保护价收购，无食用价值的菜不予收购，属于"放"的品种价格随行就市。市场零售价，不论"管"或"放"的品种，均按实际进价加规定的进销差率执行。在淡季对某些品种规定最高零售价，其倒挂部分由国家补贴，列入政策性亏损。按此要求，市蔬菜公司拟定了《蔬菜购销体制改革实施意见》，经市委召开的蔬菜产销体制改革会议审议同意后实施。当年12月25日前后，市区遇连续冰冻和间歇性雨雪天气，7个交易市场蔬菜成交量日均24.15万千克、外地调入花色菜1.93万千克，农民直接上市交易7.5万千克（图2-5），市区日人均吃菜350克，市场蔬菜供应良好，成交价格多数未浮到50％的上限。

是年，自主成交的蔬菜量占市区消费总量的比例，从上年的20％扩大到40％。除商业部门开设蔬菜交易市场外，农方以乡为单位自办交易市场，改变国有蔬菜商业一统批发经营的模式，繁荣了蔬菜市场。但由于批发市场过多，又归农、商各方管理，蔬菜批发宏观调控和工作协调困难，蔬菜供应得不到保障，且有的"市场"经济效益不佳。为此，同年设立市区集贸市场，每天约有2万菜农进场卖菜，菜农采收蔬菜直接进城上市，价格随行就市，产销环节少，买方自由挑选商品，蔬菜买卖方便，品种多样，质量鲜嫩。

图2-5 菜农进城蔬菜丰富

三、科技管理体制

自古以来，民间不断对蔬菜品种和生产技术进行改良，使品种良化、技术改进。隋唐时期，人们经贯穿南北的京杭大运河把北方蔬菜良种和技术传入杭州。南宋时期，建都杭城，为适应皇室和官府人员饮食习惯，杭州人从蔬菜的生产到烹饪进行改进。

民国三十二年杭县、余杭县农业推广所开始兼管蔬菜。是年成立的桐庐、分水、新登、建德、寿昌、临安、昌化、於潜县农业推广所，也略对蔬菜进行管理。

中华人民共和国成立后，各县、区陆续建立新的农业技术推广所（站），杭州东郊的农业技术推广部门兼管蔬菜较多。中华人民共和国成立初期，蔬菜技术由农业行政部门统一管理。1949年，杭州市民政局设农业科管理市郊农业（蔬菜）工作。1953年，建立市人民委员会郊区办事处，由农业科负责市郊农业（蔬菜）管理和技术指导。1955年4月，执行市人委郊办（55）734号文件，建立笕桥区、上塘区和艮山区三个农业技术推广站，兼管江干、拱墅等地蔬菜技术推广。西湖区建立农业技术推广站，兼管西湖区蔬菜技术推广。同年8月，成立市蔬菜技术推广站，址在新塘乡三叉村东方红合作社，有蔬菜干部3人，负责市郊蔬菜技术指导和推广工作，隶属市人民委员会郊区办事处和市农林水利局双重领导。1957年，建立市种子工作站，后从事部分蔬菜种子工作。1958年市蔬菜技术推广站撤销，蔬菜生产技术由笕桥区农业技术推广站管理。1961年，建立市病虫观测站。1962年市蔬菜公司开设蔬菜种子批发部，从事蔬菜良种引进和种子经营。20世纪70年代中期，市辖7县各形成四级农技推广网络，设县农科所、公社农科站、大队农科队、生产队农科组，开展蔬菜科学实验、技术推广和农民培训。1977年成立市植保植检站。1978年，按照全国科学大会精神，加强蔬菜科技队伍建设和成果管理。1980年，建立市种子公司，逐步开展蔬菜良种引进和示范推广。是年，成立市土壤肥料站，逐步开展蔬菜土壤普查和施肥优化工作。1983年，成立市农业局系统优秀科技成果评选小组，负责农业系统的蔬菜科技成果评选工作（此前科技成果只交流不评奖）。1984年，市植保植检站改设市植保站和市植检站，逐步开展蔬菜病虫的测报、检疫和防治指导。是年，余杭、临安、富阳和桐庐县建立农业技术推广中心，后萧山、建德、淳安县相继建立农业技术推广中心，从事蔬菜的技术推广工作。1985年，全市国家编制从事蔬菜技术推广53人。1987年，成立杭州市农作物品种审定小组，设瓜菜（果蔬）专业组，负责全市蔬菜新品种初审和杭州蔬菜地方品种认定。1988年，遵照改革开放的总设计师邓小平提出的科学技术是第一生产力的指示，蔬菜科技机构得以增强和完善，相关行业从事蔬菜科技工作。80年代末，市农机管理站在江干区彭埠镇六堡村进行蔬菜大棚机耕示范，逐步开展蔬菜农机的应用和管理。到1990年，江干区建立蔬菜技

术推广中心，西湖、拱墅、滨江、萧山、余杭、临安、富阳、桐庐、建德、淳安县（市、区）建立农业技术推广中心，设蔬菜（园艺、果蔬、农作）站，杭州经济技术开发区配备蔬菜科技人员。市蔬菜公司设生产科，极大多数县（市、区）设蔬菜公司（果品公司）并配备技术人员。

1983年，全市公社（乡镇）从事果蔬工作有41人取得农民技术员合格证。1987年，全市农业系统蔬菜技术人员开始实行技术职务评聘制。1988年，执行中国科协、农业部、林业部和水利部联合颁发的农民技术人员职称评定和晋升试行通则，市农业局开展农民技术人员职称评定工作，市农业局直属单位首次聘任果蔬（含食用菌）农业技术职务19人，一批公社（乡镇）蔬菜工作者获得技术职称。1990年，经市农民技术职称评委会审核与推荐，省农民技术职称评委会评定，蔬菜科学试验示范推广取得卓著成绩的江干区四季青乡张咬齐被评定为高级农民技师。

杭州市郊主菜区各乡镇建立蔬菜良种场，配备蔬菜技术员；40多个村设农科队，配备蔬菜辅导员、植保员和蔬菜产销联络员，有的村还配农资管理员，称蔬菜生产四大员，开展蔬菜科研、生产、示范、推广工作。区蔬菜试验场、乡镇良种场、村农科队形成三级蔬菜科技网，实行技、农、贸相结合和产、供、销一体的管理体制。笕桥蔬菜良种场每年制种育苗，带动农民科学种菜。

21世纪，蔬菜科技管理体制日趋完善。蔬菜综合科技由科技系统评定，蔬菜生产科技由农业系统评定，蔬菜商业科技由商业系统评定，蔬菜烹饪科技由卫生系统评定，各报市科技局或省级对应厅。蔬菜生产科技有科技进步、科学研究、技术推广、丰收计划、星火计划、情报调研等方面的成果。评奖级别有县级、市级、省级、部级和国家级。浙江农业大学、浙江省农业科学研究院（简称省农科院，下同）、杭州市农业局设科技进步奖。杭州市农业科学研究院（简称市农科院，下同）的建立强化了杭州市蔬菜科技综合实力，由市农业局程春建局长首任（兼）市农科院院长，将蔬菜科研所、农作所、生态所等多学科形成合力，攻关"菜篮子"工程项目。

第三节　方针政策

一、蔬菜产销补贴政策

1957年，按照国务院召开的13省市蔬菜会议精神，确定"在蔬菜经营上实行国家财政补贴的政策"，杭州市人委市政府自20世纪50年代末期至90年代对国营蔬菜经营部门实行政策性亏损补贴，对农村生产蔬菜必需的生产资料予以财政补贴。1979年，杭州市调整物价工资领导小组提出蔬菜"收购价确定偏低的，经过批准可以适当调整，但销价不动，要商业部门改善经营管理，解决烂菜问题，在此基础上再有亏损，作政策性亏损处理，财政认帐"。

20世纪80年代，杭州市政府规定，凡征用蔬菜基地，征用者向国家财政交纳菜地征用费每亩7 000元，后提高到20 000元。这些资金主要用于蔬菜生产。1982年，经市政府批准，江干区在菜地建设资金中拨出专款，用于菜地建设。后基本每年拨出100万~500万元，用于菜地的水利设施、道路桥梁、低产田改造、园艺设施建设和科技推广。蔬菜生产所需的化肥、农药、塑料薄膜、玻璃、钢材、水泥等主要生产资料（图2-6），列入有关部门的计划，及时供应，并财政补贴。国家对小竹的牌议差价补贴，1986年为10万元。1984—1995年，市政府批准拨款2 400多万元用于菜地建设。

图2-6 享受政府补贴建造的园艺设施

二、菜农口粮及生活必需品政策

1957年，贯彻国务院召开的13省市蔬菜会议精神，"对菜农实行口粮供应政策"。按照陈云副主席在此会议上的讲话，"为了扩大菜地，公粮可改征代金，统购粮可以减免"。1960年执行党中央指示，"纯菜农的口粮，一般应当按照当地农村中较高标准安排供应"。1962年，贯彻农村人民公社工作条例修正草案，规定从事蔬菜生产的缺粮生产队，在完成国家收购任务的前提下，应该保证他们的口粮标准不低于近郊产粮区口粮标准。

三年困难时期，出现粮菜争地。1961年浙江省人委在批转省农业厅的报告中提出，部分地区影响蔬菜基地的主要问题是粮菜矛盾，对种植蔬菜的耕地应予核减粮食"三定"任务。据此，市政府确保市郊菜农人均口粮为原粮215~220千克，高于全省同等菜农185~215千克标准，达到粮农的吃粮水平。1978年，市郊菜区实行"三定五保"，规定菜农的口粮标准年人均原粮250千克，高的可以275千克。按此标准，除自产粮外，差额部分由国家供应。1985年后，年人均按原粮标准298.5千克平价供应。并且，按市区居民标准向菜农供应煤饼，按居民定量减半向菜农供应食油、豆制品。

三、乡村工副业补菜政策

改革开放后，城郊农村工副业发展很快，种菜的比较效益相对较低，影响菜农种菜积极性。1981年，根据国务院批转商业部9个城市蔬菜工作座谈会纪要精神，社队工副业收入，每年要拿出相当一部分用于菜地建设，并采取适当办法务必使种菜的与务工的同等劳动力收入相等，以稳定种菜劳动力，保证把菜种足种好。是年，执行省政府"蔬菜社队应在搞好蔬菜生产的前提下，发展工副业生产，以工保菜，以副促菜"的政策。1982年，贯彻省政府关于做好蔬菜工作的指示，在农村分配上尽量做到种菜劳力的收入不低于工副业同等劳动力收入。1986年，按照省政府"关于农村若干经济政策措施的通知"，城郊基地蔬菜被列入补农的重点。市政府杭政（1986）59号文件对"以工补菜"政策作出具体规定，继续实行对蔬菜基地的各项优惠政策。从蔬菜基地乡、村所属企业的所得税中提取20%用于扶持蔬菜生产，提取办法按市、区现行规定分成比例承担。

四、品牌蔬菜奖励政策

2003年，市政府对符合无公害农产品生产基地建设示范标准的，每个给予2万~5万元的一次性奖励；对通过无公害农产品、绿色食品和有机食品认证的，分别给予2万元、2.5万元、3万元一次性奖励。2010年，市财政每年安排35万元，对获得地理标志农产品登记的，每个给予5万元补助。2015年市政府出台新的扶持政策，对连续认证（无公害农产品、绿色食品和有机食品）10年以上的一次性补助6万~10万元，对获农业部农产品地理标志登记的给予10万元奖励（图2-7）。

图2-7　品牌蔬菜

五、蔬菜高效双低新农药使用补贴政策

2010年,《杭州市人民政府办公厅关于进一步加强农产品质量安全监督管理工作的通知》规定,以农产品质量安全和市场需求为导向,以蔬菜生产为重点,支持纳入农产品质量安全追溯管理的通过"三品"认证的蔬菜生产经营组织(包括省市县龙头企业、具有法人资质的农民专业合作社、规模化种植的园艺场、合作农场等)及种植户,在蔬菜生产中使用15%茚虫威EC(凯恩)、5%氯虫苯甲酰胺SC、30亿PIB/毫升甜菜夜蛾核型多角体病毒悬浮剂(科云)、20%啶虫脒SP、25%吡唑醚菌脂(凯润)EC、75%肟菌·戊唑醇WDG等六只高效双低新农药,给予财政支持性补贴。市财政每年安排补助资金485万元。后30亿PIB/毫升甜菜夜蛾核型多角体病毒悬浮剂(科云)不参与补贴。

六、快速检测室建设补助政策

2010年,《杭州市人民政府办公厅关于进一步加强农产品质量安全监督管理工作的通知》规定,以乡镇农技站快速定性检测室和蔬菜基地快速定性检测室建设为重点,按快速定性检测室建设操作办法开展建设,对生产基地的蔬菜在上市采收之前,做到先快速定性检测,合格的,再采收,不合格的,一要分析原因,二要待一定时日后再检测合格才采收;对快速检测室建设与管理达到标准的,市财政给予补助。补助标准为:按标准每建成一个检测室,市财政补助1万元;检测室年度工作达标,每年给予5 000元检测工

作补助；市财政每年安排快速定性检测室建设和管理补助资金300万元。

七、农业投入品监测补助政策

2010年，《杭州市人民政府办公厅关于进一步加强农产品质量安全监督管理工作的通知》规定：对农业生产中使用量大频次高的已产生农产品质量安全隐患的农业投入品质量，重点监测是否存在隐性的违禁药物成分、有害微量元素等情况，以便及时发现问题，严格依法监管与处置，保证农业投入品质量安全。市财政每年安排200万元，支持项目实施，其中投入品监测每年120万元，农资经营监管网络系统及操作平台建设每年80万元（图2-8）。

图2-8 杭州市菜区的农资店

八、扶持"菜篮子"工程建设政策

2011年，《杭州市人民政府关于推进"十二五"期间"菜篮子"工程建设的实施意见》规定，各级政府要将"菜篮子"工程建设纳入国民经济和社会发展规划，加大资金扶持力度。"十二五"期间，市级财政每年安排不少于1亿元资金用于扶持"菜篮子"工程建设。

九、保护蔬菜基地的规定

针对蔬菜基地被"蚕食"情况，浙江农业大学多位教授（均为浙江省政协委员）联名提案要求保护蔬菜基地。1982年3月6日，省五届人大常委会颁布《浙江省关于保护蔬菜基地暂行规定》。按此规定，凡杭州市成片集中的蔬菜基地均被划为保护区，列入城市和工矿区的总体建设规划，所有经批准建立的常年固定基地都属保护范围，菜地一律不准买卖、租借或以菜地投资合办厂。确因国家重大建设项目需要，须经省政府批准才能征用，并加收菜地建设费，按先补后征的原则，补足后才能使用。1994年6月2日，杭州市第八届人民代表大会常务委员会第十三次会议通过，颁布《杭州市蔬菜基地建设保护条例》。

十、蔬菜农药残留监督管理条例

1999年6月7日杭州市政府发布《关于加强农药管理防止农药污染蔬菜的通告》，禁止甲胺磷、甲拌磷、呋喃丹、氧化乐果、甲基1605等高毒高残留农药在蔬菜生产过程中使用，且禁止其在菜区销售。同年9月2日，杭州市政府发出《杭州市蔬菜农药残留量监督管理办法》的政府令。2002年12月20日经浙江省人大常委会批准，杭州市人大常委会发布《杭州市蔬菜农药残留监督管理条例》，以法律的形式，管理蔬菜用药。尔后，按照《农产品质量安全法》，对《杭州市蔬菜农药残留监督管理条例》进行修改，在表述上与《农产品质量安全法》一致，并增加农产品质量安全追溯管理的内容（图2-9）。

图2-9　蔬菜追溯刷卡点

第三章 菜 地

第一节 菜地分布

自古，杭州蔬菜生产遍及农村。民国二十二年，杭州市辖12县种植白菜、芋、笋面积35.696万亩。1949年，普通蔬菜播种面积30.89万亩，其中市郊4.84万亩，7个县26.05万亩。另有果用瓜6 200亩、荸荠3.95万亩、黄花菜5 300亩。江干区的蔬菜面积分布在艮山、庆春、清泰和凤山门外，另有部分菜地分散在市郊的天水、黄龙、湖墅、茅家埠等地。20世纪70年代到80年代初，逐步形成以江干区为主的常年性菜地；以市郊和萧山县、余杭县为主的季节性菜区；以半山区、西湖区、余杭县部分地区为主的水生菜区；以临安县为主的高山菜区；以富阳县、建德县为主的食用菌产区；以桐庐县为主的黄花菜产区；临安县的竹笋通过技术改造逐步形成新兴产区。到1985年，普通蔬菜播种面积已达53.07万亩，比1949年扩大71.8％，产量925 333吨，产值8 122万元，居全市种植业"十二字"中第三位。果用瓜4.78万亩，产量85 296吨；荸荠3.20万亩，产量37 706吨；黄花菜5 300亩，产量336吨。1986年实现家庭联产承包责任制，放开种植计划，放开流通渠道，放开购销价格，政府只下达指导性计划，蔬菜生产发展迅速。1990年常年性蔬菜、高山蔬菜、水生蔬菜、季节性蔬菜和多年生蔬菜并存，一年四季均有鲜菜上市，杭州市民常吃时鲜菜。鉴于杭州城市的不断扩展，每年有部分老菜地被征用，蔬菜基地不断向钱塘江边发展，丁桥、七堡、九堡、乔司、下沙成为杭州重要蔬菜产区。钱塘江以南萧山县土层深厚，土质肥沃，排灌方便，地势平坦，有利种植蔬菜，每年种菜数万亩，销往杭州、上海等地。各区（县、市）发挥优势，拓展新菜区，杭州市蔬菜产区趋向多极化。农业种植政策放开后，非菜区农民成片种植蔬菜，形成"新兴菜区"。

21世纪，杭州市"菜篮子"工程建设取得丰硕成果，山水田林充分利用，瓜果菜菌四季丰产（图3-1）。

图 3-1 食用菌基地

一、常年性菜区

1951年，江干区已有纯菜地4 114亩。1954年不完全统计，以江干区乌龙乡（在四季青乡区域）为中心，包括乌龙、望江、新民、新塘、下菩萨等乡及彭埠、六甲乡的西半部，有常年以种菜为生的农户5 038户，夏季以茄果类、豆类和瓜类为主，春、秋、冬季以叶菜类为主，年生产蔬菜49.452吨，占市郊蔬菜总产量的50％。1956年合作化时期，市郊有常年性蔬菜基地2.2万亩。1958年公社化时期，按照"就地生产，就地供应"的蔬菜工作方针，政府下达指令性计划，实现统购包销，计划产销。1959年，杭州市正式建立常年性蔬菜基地，种菜区域扩大。1960年蔬菜基地向钱塘江边扩展到4.1万亩。后逐步减少，1965年减为14 000亩，另建一批季节性菜地。1970年常年性蔬菜基地2.7万亩，1978年按居民每人0.024亩确立常年性蔬菜基地，为2.35万亩。1982年蔬菜产销实行大管小活，常年性蔬菜基地为2.5万亩。至1985年，市郊蔬菜基地面积25 192亩，其中江干区23 772亩、西湖区1 182亩、半山区238亩，分布于7个乡（镇）的51个村（表3-1）。1986年市郊常年性蔬菜基地面积2.8万亩。随着城镇人口的增加，1990年扩大到3.3万亩，其中江干区3万亩。江干区蔬菜基地面积和蔬菜上市量均占市郊总量的94％以上，成为杭州市主菜区。市辖7县从1959年开始也逐步建立常年性蔬菜基地，分布在县城和大集镇周围的农村。随着城镇的扩建和吃菜人口的增加，蔬菜基地面积逐步增加，并向外推移，到1985年7县拥有常年性蔬菜基地7 107.98亩（表3-2），年产量21 550吨。尔后，常年性蔬菜基地多次调整。随着社会经济发展，城镇快速拓展，"常年性蔬菜基地"概念开始淡化，逐渐被"新兴菜区"替代，蔬菜基地多样化。2013年，常年性蔬菜基地4 110亩，而叶菜生产功能区总规模达到11 294亩，年产叶菜5万吨，日均生产新鲜叶菜137吨，还建成森林蔬菜基地5 160亩。

表3-1　1985年杭州市郊常年性蔬菜基地分布

区名	乡（镇）名	村名	面积（亩）	区名	乡（镇）名	村名	面积（亩）
江干	四季青	小　计	7 822	江干	彭埠	六　堡	520
		望　江	543			七　堡	543
		近　江	659			红五月	599
		常　青	844			普　福	432
		定　海	974			建　华	470
		三　堡	1 152			兴　隆	677
		景　芳	553			彭　埠	789
		三　叉	1 128			新　风	965
		五　福	1 172			皋　塘	513
		水　湘	632			新　塘	148
		玉　皇	165			章家坝	314
	笕桥	小　计	7 950		江干区合计		23 772
		黄　家	478	半山		金　星	130
		浜　河	409			半　山	69
		黎　明	558			沈家桥	39
		白　石	497		半山区合计		238
		闸弄口	170	西湖	石桥	小　计	720
		东　升	270			草　庵	160
		工　农	575			华　丰	20
		青　锋	920			永　丰	60
		弄　口	1 775			东方红	140
		花　园	659			红太阳	30
		草　庄	681			星　火	45
		笕　桥	583			红　卫	165
		联　胜	375			灯　塔	60
	彭埠	小　计	8 000			山　塘	40
		御　道	415		康桥	康　桥	262
		云　峰	651		西湖	南　山	200
		五　堡	964		西湖区合计		1 182

表3-2　1985年7县常年性蔬菜基地分布

县名	乡(镇)名	村名	面积(亩)	县名	乡(镇)名	村名	面积(亩)
萧山	城北	荣庄	382	临安	临安	西瓜	320
		畈里张	200			竹林	164
		施家桥	260			东门	30
		高田	135		临天	锦桥	168
	城南	南门	260		板桥	呑里	208
		工农	130		于潜	自由	135
	城厢	西门	50		昌化	西街	160
桐庐	桐庐	城关	370		潜阳	后渚	22.5
	洋洲	上洋州	40			棠公	10
	分水	东关	59			秋村	22.5
		三联	50		武隆	西街	140
	严陵	沙湾	100			后云	20
余杭	星桥	苏介	200	淳安	排岭	排岭	60
		太平	200			宋家	175
	塘南	西介湖	200			里联	65
	丁河	东升	200			施岭脚	100
	石蛤	宝塔	390		汪宅	亚山	140
	北湖	外窑	150	富阳	金桥	城西	100
	西行	卫东	150			城东	200
	闲林	联升	60			虎山	210
建德	白沙	白沙	68.3			中沙	220.4
		联塘	30		新登	共和	50
		新安江	323.28			双溪	100
	梅城	东湖	120		大源	培堰	10
	寿昌	东门	100		场口	木排	10
		西门	30		万市	万市	10

二、季节性菜区

杭州农村历来有利用络麻和大小麦后茬种菜的习惯。夏季以茄果类、瓜类(多为冬瓜)为主,冬季几乎全部为根茎类蔬菜(多为萝卜),杭州人有"冬瓜元帅萝卜将"的说法。市郊因靠近铁路,运输方便,蔬菜除供应杭城外,还运销上海，"杭州茄子""笕桥萝卜"在上海市场颇有名声。市郊东南的七堡沿钱塘江一带，土质疏松，农民除种棉花、络麻外，还种一部分韭菜、大蒜、芥菜等。1965年，为调剂蔬菜淡旺季，在市郊建立季节性蔬菜基地（计划内）1.6万亩，1971年缩减为1万亩，1979年又减至8500亩，到1985年，全市季节性蔬菜基地为8638亩，其中市郊8500亩，分布在江干区的四季青、笕桥、彭埠镇（乡）和半山区（表3-3），后逐步转为常年性蔬菜基地。

表3-3　1985年市郊季节性蔬菜基地分布

地区		面积（亩）
合计		8 500
江干区	四季青	1 000
	彭埠	2 500
	笕桥	3 000
半山区		2 000

除计划内季节性蔬菜基地外，靠近杭城的余杭、萧山县棉麻区和围垦区，还利用棉麻后茬或与棉麻间套作，种植季节性蔬菜。萧山县在古北海塘以北至钱塘江、杭州湾之间的老垦区和新垦区，每年种植蔬菜、果用瓜1.6万亩左右。余杭县九堡、乔司、下沙等乡种植的蔬菜有萝卜、大头菜、榨菜、芥菜、西瓜、辣椒、黄瓜、黄金瓜、菜瓜、梨瓜、冷饭瓜、大白菜、长梗白菜、青菜、葱、韭、蒜等，产品除鲜销杭州、上海等地外，大都用于加工，其产品有萝卜干、干咸菜、冬芥菜、霉干菜、辣椒干等30多种。萧山县1985年有蔬菜加工单位80个，生产干咸菜78 500吨，产值1 700多万元。余杭县的八堡、乔司、下沙等乡村1985年产萝卜干2 500吨左右。20世纪90年代，萧山县宁围、西兴两地蔬菜播种面积比1984年扩大近6倍，余杭下沙、九堡、乔司等地也比1984年扩大2倍。1993年，余杭市九堡、下沙、乔司和萧山市宁围、西兴等种植韭菜、芋艿、毛豆、豌豆、冬瓜、萝卜、大白菜、四季豆、包心菜、莴苣等101 000亩，生产蔬菜161 700吨。

三、水生蔬菜区

主要分布在西湖区、半山区和余杭县的水网地带。早在宋代，"苏轼知杭州时，募人种菱湖中，葑不复生，收其利以备"。"聚景园（今柳浪闻莺）中有绣莲，红瓣而黄绿，结实如贻"。"法相寺（今杭州三台山）前葑白笋，其嫩如玉，其香如兰，入口甘芳，天下无比"（《西湖梦寻》）。仁和县的北新桥等地产的藕，以"扁眼者最著名"（《咸淳临安志》）。藕不仅产于西湖，而且距杭城25华里的独山之北"皆藕荡"。明《西湖游览志》载:"西湖第三桥(今西湖苏堤望山桥)近出莼菜"。中华人民共和国成立前后,杭州水生蔬菜达到鼎盛时期,近郊栽培面积5万~6万亩,主要分布在西湖乡和西湖周围的石桥、古荡、上塘、祥符、康桥及古运河两岸的勾庄、三墩、良渚、临平、沾驾桥、崇贤、东塘和塘栖等地。由于部分水生蔬菜耐贮藏,杭州一年四季均有水生蔬菜供应,春有藕、慈姑、荸荠、水芹菜等;初夏有茭白、藕、菱和莼菜;冬有藕、荸荠、茭白、慈姑、水芹菜等(图3-2)。

20世纪60年代初,为解决吃饭问题,许多地方填塘种粮,水生蔬菜减少到2万~3万亩。70年代中后期又减到几千亩。近郊的茭白由50年代中期的年产2 000多吨降到80年代初的667.5吨。其他水生蔬菜面积只剩2 066.1亩(表3-4)。不少著名产区和产品逐渐灭迹。古荡乡的白荡海藕,曾有"冷比雪霜甘比蜜"之赞,吴家墩的白藕极早熟,端午节前后上市,历来远销上海等地,现已罕见。上塘乡的河西、灯塔、潮王、打铁关一带,历来是杭州水芹菜著名产地,80年代因土地被征用,所剩廖廖无几。

图3-2　杭州水生蔬菜产区

表3—4　西湖区1981年水生蔬菜分布情况

种类	面积(亩)	分布地区	上市量(吨)
茭白	1 150	石桥、上塘乡46个村	667.50
慈姑	811	上塘乡瓜山、勤联等22个村	482.95
水芹菜	20	上塘乡朝阳村	6.15
荸荠	1 049	康桥、祥符、上塘乡	934.50
莼菜	137.1	西湖乡毛家埠村、转塘乡缪家村	15.35
藕和茭白	12	康桥、祥符、袁浦乡	8.15
	37	祥符、古荡乡	12.93

　　1984年农业产业结构调整，水生蔬菜得到恢复和发展。在水网地带，利用水田，实行轮作。主要有：藕—荸荠—稻—双季茭白三年轮茌制，早稻—双季茭白—慈姑二年轮茌制，双季茭白—荸荠二年轮茌制。是年，全市水生蔬菜面积达49 847.6亩，产量51 995.6吨。1985年，仅余杭县就种植水生蔬菜4.7万亩，其中慈姑8 400亩、藕600亩、茭白5 000亩、荸荠2.66万亩，夏秋生产水生蔬菜5 000多吨，冬春5 850多吨。每年5—6月和10月上市茭白，冬季采收慈姑和藕，可供应到元旦春节。

　　20世纪90年代，余杭县的崇贤、云会、东塘一带农民积极发展水生蔬菜，年种植面积达30 000亩，茭白、慈姑和藕等供应杭城、临平等，农民增加收益。1993年，这一区域种植上述3种蔬菜35 000亩，产量为52 500吨，产值达4 550万元。

四、高山蔬菜区

　　山区蔬菜多为萝卜、白菜、马铃薯等传统品种，历来农民自产自食。1982年，浙江省糖烟酒菜公司和桐庐县蔬菜公司、建德县蔬菜办公室在桐庐县旧县乡和建德县莲花乡高山首次种植番茄约1亩。1983年，浙江省农业科学院和杭州市农业局、临安县农业局、富阳县农业局在临安县上溪、马啸乡和富阳县里山乡高山种植番茄、甜椒和西瓜成功。因山区（海拔500米以上）气候冷凉，在夏秋种植平原难以生产的茄、瓜、豆类蔬菜，人们称之为"高山蔬菜"。1984年种植高山蔬菜562亩，生产番茄和甜椒997.5吨。1985年在6个县的8个乡种植高山蔬菜2 066.19亩，生产商品蔬菜2 584吨（表3—5）。1994年，仅临安县临目乡种植高山蔬菜120亩，产值45万元，1995年增加到250亩，总产值120万元，其中龙须村高山蔬菜收入75万元，人均超过2 000元。高山蔬菜在"秋淡"期间上市，又是"无公害"产品，商贩直接到高山地头收购。生产高山蔬菜，不仅弥补秋淡蔬菜供应缺口，还增加山区农民收入，成为山区农民致富的有效方式，临安等地种植高山蔬菜逐渐进入常态化（表3-6）。尔后，这类蔬菜种植的山地范围不断扩大，其海拔高度相继降低，蔬菜种类大量增加，人们改称"山地蔬菜"。2003年种植的山地蔬菜31 347亩，在夏秋高温季节生产蔬菜54 059吨，产值11 145万元。2013年，高山蔬菜基地达到14 943亩，年产蔬菜3.7万吨。

表3-5　杭州市1985年高山蔬菜分布

县名	面积（亩）	分布地区	海拔高度（米）
临安	1 720	上溪、马啸乡	700～1 000
桐庐	200	旧县、严陵乡	800
建德	36	莲花乡	500
富阳	106	里山乡	500～800
淳安	1.5	排岭镇	400～500
余杭	2.69	百丈乡	600

表3-6　临安县高山蔬菜经济效益

年份	总产量（吨）	总产值（万元）
1985	1 400	30.0
1986	1 575	31.5
1987	1 600	32.0
1988	1 660	35.0
1989	1 705	36.8
1990	1 600	40.1

五、特种蔬菜区

特种蔬菜指具一定特色的竹笋、黄花菜、食用菌等。竹笋，自古为杭州一大特产，以面积大、分布广、品种多而闻名。南宋时期，富阳冬笋已作贡品。中华人民共和国成立前夕，竹笋除遍及山地丘陵外，农民的房前屋后也绿竹成荫。余杭县三墩春笋以"早、嫩、鲜"在杭、沪享有盛誉，娘娘山—帽子顶山—白鹤山以东41个乡均产春笋。20世纪80年代，春笋竹种植面积达8万多亩，产量达到20多万吨。萧山县西南楼塔、云石、大桥、河上等地也盛产竹笋。笋期每天上市量多则25～30吨，少则10～15吨，每年运沪100吨左右。早年近郊江干、西湖、半山区的鲜笋主供杭城。50年代因平整土地，大批竹园被毁，近郊农村零星竹地逐渐减少。1978年后，山地丘陵竹笋生产开始恢复和发展。1984年，全市有竹林121万亩，其中毛竹96万亩、杂竹25万亩。毛竹园分布：富阳县31万亩、余杭县15万亩、临安县17万亩、萧山县7万亩、市郊近1万亩，淳安、建德、桐庐县共25万亩，其中5%~10%为食用笋山，全年产毛笋7 500吨。产品除鲜销外，还加工成罐头、笋干，四季供应，远销日本、香港、东南亚。1989年，全市开始推广以毛竹、雷竹、早竹、哺鸡竹为主的优良竹笋早熟高产栽培技术。1993年，余杭市三墩、瓶窑和临安县三口、高虹、锦城、藻溪等有55 000亩，产笋19 900吨。尔后，竹笋被称为"森林蔬菜"。

黄花菜分布于桐庐、萧山、富阳、建德、余杭、淳安县的山地丘陵，历来种植于山地、田塍、地坎，属当地传统蔬菜。种植面积大者，蒸晒后出售，零星种植者用于自食或馈赠亲友。1978年全市黄花菜生产量224吨，1984年增加到300吨。1985年种植面积5 300亩，产量336吨。其中主产区——桐庐县3 300亩，产量185吨，分别占全市总面积和总产量的62.3%和55.1%（图3-3）。

图3-3　桐庐黄花菜

食用菌古时分布于山区、寺庙周围，多为野生。宋代《梦粱录》就有

"菌"的记载。1931年,杭州湖墅余小铁兴办"工业实验养菌场",人工栽培蘑菇成功。中华人民共和国成立后,食用菌逐步进入平原地区生产,或入室或露地栽培。20世纪50年代和60年代初,市郊四季青乡村民劳水龙等从上海嘉定引入蘑菇栽培技术,种植333平方米。同时,彭埠乡试种蘑菇成功。60年代中期,临安县于潜镇村民孔凡素种植蘑菇444平方米,继而人工种植椴木银耳。临安县太阳乡百亩畈村民张启谟用松木种植茯苓成功。1970年,富阳县商业局引导农民试种蘑菇。70年代初期,富阳县年栽蘑菇16 667平方米左右。1973年,杭州市对外贸易局将富阳县定为蘑菇生产基地,后县乡农业部门开展蘑菇生产规划和技术指导,富阳县成为全省蘑菇主产区。与此同时,临安县理化研究所人工种植香菇成功。

20世纪80年代,杭州市菌种站、富阳县食用菌公司、淳安县微生物研究所等专业机构相继建立并开展食用菌研发,各地农业部门组织推广食用菌。富阳县1981年有栽菇农户1 600户,栽菇55 555.6平方米;1984年扩大到7 450户,栽菇327 777.8平方米。1985年,食用菌已成为杭州市新兴产业,采用菇房、塑料棚栽培,或与麦、桑间套作,全市食用菌栽培面积达103.1万平方米,年产量5 472吨,其中主产区——富阳县有16 373户农民栽菇77.8万平方米。至1988年,全市食用菌栽培面积发展到230.9万平方米,总产量8 351吨,总产值3 357.9万元,主要在春季和秋季采收上市,产品除鲜销外,还加工成罐头,四季供应,远销美国、日本及中国香港等,种类有:蘑菇、平菇、草菇、金针菇、凤尾菇、猴头菇、香菇等,其中蘑菇产量占83.1%。1989年,全市食用菌栽培面积达到255.21万平方米,总产量8 070.4吨。是年,受全国性的"蘑菇风波"(美国等以"金黄色葡萄球菌肠毒素污染"为由,拒收中国蘑菇)影响,农民卖菇难,菇价跌至每千克0.2~0.4元,大量新鲜蘑菇倒在路边腐烂。后蘑菇栽培面积减少,其他菇增加。

21世纪,食用菌产业得以进一步发展。2013年,食用菌年生产总规模4 860万袋,总产量2.6万吨,总产值2.3亿元。其中桑枝条栽培食用菌3 411万袋,总产量2.1万吨,总产值1.6亿元(桑栽黑木耳1 342万袋,桑栽香菇500万袋,桑栽其他珍稀菇1 569万袋)。年栽培蘑菇10.81万平方米,总产量1 038吨,总产值1 062万元。

在五大菜区建设基础上,杭州市开展新一轮"菜篮子"工程建设,2011年建成叶菜生产功能区31个、高山蔬菜基地23个、常年性蔬菜基地11个、食用菌产业基地12个、森林蔬菜基地10个(表3-7)。

表3-7 2011年杭州市蔬菜基地分布

基地类型	基地名称	建设单位	基地地点	基地规模
叶菜生产功能区	杭州西湖华联叶菜生产功能区	杭州华联绿色蔬菜种植场	西湖区三墩镇华联村	250亩
	杭州滨江晶龙叶菜生产功能区	杭州滨江果业有限公司	萧山区顺坝垦滨江农业园区钱江基地	100亩
	杭州滨江绿冬叶菜生产功能区	杭州之江园林绿化艺术有限公司	萧山围垦十工段	150亩
	杭州下沙百穗叶菜生产功能区	杭州百穗农产品养殖场	浙江星野集团有限责任公司月牙湖生态农场	500亩
	杭州萧山金迈田叶菜生产功能区	杭州金迈田种养殖有限公司	萧山区浦阳镇江南村	200亩
	杭州萧山郑氏叶菜生产功能区	杭州市郑氏蔬菜专业合作社	萧山区戴村镇郁家山下村	200亩
	杭州萧山吉天叶菜生产功能区	浙江吉天农业开发有限公司	萧山围垦十二工段	300亩
	杭州萧山传芳叶菜生产功能区	杭州传芳蔬菜专业合作社	萧山区所前镇传芳村	200亩
	杭州萧山平氏叶菜生产功能区	杭州平氏蔬菜专业合作社	萧山区戴村镇永富村	200亩
	杭州萧山坡山叶菜生产功能区	杭州萧山坡山蔬菜有限公司	萧山区进化镇坡山村	150亩
	杭州萧山舒兰叶菜生产功能区	杭州舒兰农业开发有限公司	萧山农业开发区围垦十六工段	600亩
	杭州萧山伟友叶菜生产功能区	杭州萧山伟友农业开发有限公司	萧山区瓜沥镇永联村围垦	210亩
	杭州萧山百乡缘叶菜生产功能区	杭州百乡缘农业开发有限公司	萧山区十三工段守围垦种利二村	150亩
	杭州余杭宇航梦园叶菜生产功能区	杭州宇航梦园农业科技有限公司	余杭区瓶窑镇老虎墩	637亩
	杭州余杭志绿叶菜生产功能区	杭州志绿生态农业开发有限公司	余杭区中泰乡南湖村	200亩
	杭州余杭满元叶菜生产功能区	杭州满元农业科技有限公司	余杭区瓶窑镇南山村	200亩
	杭州余杭三合叶菜生产功能区	杭州三合水产殖场	余杭区良渚镇新港村	125亩
	杭州余杭春溢叶菜生产功能区	杭州春溢联合蔬菜专业合作社	余杭区良渚镇苟山村	230亩
	杭州余杭青源叶菜生产功能区	杭州青源生态农业有限公司	余杭区径山镇平山村	131亩
	杭州余杭康春叶菜生产功能区	杭州康春农业开发有限公司	余杭区余杭镇义桥村	120亩
	杭州余杭绿安叶菜生产功能区	杭州绿安生态农业有限公司	余杭区塘栖镇塘北村	300亩
	杭州余杭五益叶菜生产功能区	杭州余杭区南苑五益蔬菜专业合作社	余杭区南苑街道钱塘村	110亩

（续表一）

基地类型	基地名称	建设单位	基地地点	基地规模
叶菜生产功能区	杭州余杭金稼叶菜生产功能区	杭州金稼农业开发有限公司	余杭区仓前镇吴山前村	420亩
	杭州余杭新迪稼园叶菜生产功能区	浙江新迪稼园农业有限公司	余杭农业高新园区	150亩
	杭州余杭新忠叶菜生产功能区	杭州新忠蔬菜专业合作社	余杭区良渚镇港南村	142亩
	杭州淳安双岭叶菜生产功能区	淳安县石林镇双岭蔬果蔬专业合作社	淳安县石林镇僧德村	100亩
	杭州淳安建威叶菜生产功能区	淳安县千岛湖建威蔬果蔬菜专业合作社	淳安县浪川乡占家村	140亩
	杭州临安柯家叶菜生产功能区	临安市和兴蔬菜专业合作社	临安市锦南街道柯家村	105亩
	杭州建德瑞德叶菜生产功能区	浙江瑞德农业科技有限公司	建德市航头镇大店口村	200亩
	杭州桐庐新迪叶菜生产功能区	杭州新迪农业发展有限公司	桐庐县富春江镇上洄村	200亩
	杭州富阳九重天叶菜生产功能区	杭州富阳九重天农产品有限公司	富阳市东洲街道东洲村	300亩
高山蔬菜基地	杭州临安浪源高山蔬菜基地	临安市浪源高山蔬菜专业合作社	临安市清凉峰镇浪广村松树坪	300亩
	杭州临安上溪高山蔬菜基地	临安市上溪慧苓蔬菜专业合作社	临安市龙岗镇国石村	250亩
	杭州临安浪广高山蔬菜基地	临安市清凉峰绿源蔬菜专业合作社	临安市清凉峰镇浪广村瓷谷畈	250亩
	杭州临安九都高山蔬菜基地	临安市清凉峰高山蔬菜专业合作社	临安市清凉峰镇九都村北均口	1 000亩
	杭州临安木公山高山蔬菜基地	临安市木公山高山蔬菜专业合作社	临安市高虹镇龙上村	850亩
	杭州临安桃花溪高山蔬菜基地	临安市桃花溪高山蔬菜专业合作社	临安市龙岗镇桃花溪村	700亩
	杭州临安雪山高山蔬菜基地	浙江菜篮子营销发展有限公司	临安市湍口镇雪山村	500亩
	杭州临安清凉峰设施芦笋基地	临安市华越农艺园	临安市清凉峰镇九都村大干畈	180亩
	杭州临安锦溪高山蔬菜示范基地	临安市锦溪果蔬农业开发有限公司	临安市清凉峰镇九都村	230亩
	杭州淳安锦溪高山蔬菜基地	淳安县锦溪果蔬专业合作社	淳安县金峰乡锦溪村	205亩
	杭州淳安中洲高山蔬菜基地	中洲镇兴安果蔬专业合作社	淳安县中洲镇李家畈村枫坞	220亩
	杭州淳安大墅高山蔬菜基地	淳安县益群高山蔬菜专业合作社	淳安县大墅镇西园村	200亩
	杭州淳安王阜高山蔬菜基地	淳安县严家高山蔬菜专业合作社	淳安县王阜乡胡家坪村桃坞塔	320亩

（续表二）

基地类型	基地名称	建设单位	基地地点	基地规模
高山蔬菜基地	杭州淳安胡家坪高山蔬菜基地	淳安县千岛湖胡家坪双千高山蔬菜专业合作社	淳安县王阜乡胡家坪村王岩尖	218亩
	杭州淳安枫树岭高山蔬菜基地	淳安县枫树岭镇	淳安县枫树岭镇	500亩
	杭州桐庐中门高山蔬菜基地	桐庐中门支白专业合作社	桐庐县莪山乡中门村香炉山	210亩
	杭州桐庐大山黄花菜基地	桐庐大山黄花菜专业合作社	桐庐县分水镇外范村金桥坞	420亩
	杭州桐庐岭源高山蔬菜基地	桐庐山湾湾农产品有限公司	桐庐县合村乡岭源村	220亩
	杭州富阳杏梅坞高山蔬菜基地	富阳常安杏梅坞蔬菜专业合作社	富阳市常安镇杏梅坞村	220亩
	杭州富阳楚华高山蔬菜基地	富阳市楚华果蔬专业合作社	富阳市洞桥镇洞桥村陈莫山、大罗山	360亩
	杭州富阳凯风高山蔬菜基地	杭州凯风农林开发有限公司	富阳市洞桥镇枫端村张坑湾、大坪里	250亩
	杭州建德羊峨高山蔬菜基地	建德市三都羊峨蔬菜专业合作社	建德市三都镇羊峨村	600亩
	杭州建德黄山岗高山蔬菜基地	建德市青源黄山岗高山蔬菜专业合作社	建德市大洋镇青源村	300亩
常年性蔬菜基地	杭州西湖周家埭常年性蔬菜基地	杭州国家蔬菜基地	西湖区双浦镇周家埭村	830亩
	杭州萧山明朗常年性蔬菜基地	杭州明朗农业开发有限公司	萧山围垦外七工段	500亩
	杭州萧山秋琴常年性蔬菜基地	杭州萧山秋琴农业发展有限公司	萧山区第一农垦场	600亩
	杭州萧山新创常年性蔬菜基地	杭州新创蔬菜专业合作社	萧山区河庄街道新创村	1 200亩
	杭州萧山维益常年性蔬菜基地	杭州唯益农业开发有限公司	萧山义蓬街道蜜蜂村三号围垦	1 052亩
	杭州余杭乔司常年性蔬菜基地	杭州余杭乔司新三蔬菜花卉专业合作社	余杭区乔司镇朝阳村	600亩
	杭州富阳铭井常年性芦笋基地	富阳常井铭井农业发展有限公司	富阳市常安镇六石贩	550亩
	杭州桐庐范家边常年性蔬菜基地	桐庐范家边蔬菜专业合作社	桐庐县城南街道金联科技家边	575亩
	杭州桐庐溪南常年性蔬菜基地	桐庐溪南蔬菜专业合作社	桐庐县富春江镇芝厦村溪南	1 045亩
	杭州建德黄木岗常年性蔬菜基地	建德市航头黄木岗蔬菜专业合作社	建德市航头镇黄木岗村	500亩
	杭州临安太阳常年性蔬菜基地	临安市扶善蔬菜专业合作社	临安市太阳镇太阳村	513亩

（续表三）

基地类型	基地名称	建设单位	基地地点	基地规模
食用菌产业基地	杭州江干圣益食用菌产业基地	杭州圣益农业科技有限公司	江干区丁桥镇沿山村四村组	150万瓶
	杭州西湖华丹食用菌产业基地	杭州华丹农产品有限公司	西湖区转塘街道中村村	65万袋
	杭州余杭虹日食用菌产业基地	杭州余杭虹日食用菌专业合作社	余杭区径山镇麻车头村	50万袋
	杭州建德永兴食用菌产业基地	建德市永兴食用菌专业合作社	建德市大洋镇车头村	50万袋
	杭州桐庐钟山黑木耳产业基地	桐庐钟山蜜梨专业合作社	桐庐县钟山乡大市村	50万袋
	杭州临安海龙食用菌产业基地	杭州临安海方达农特产有限公司	临安市潜川镇海龙村	50万袋
	杭州淳安艳阳天食用菌产业基地	杭州千岛湖艳阳天农业开发有限公司	淳安县汾口镇林深源村	1.8万平方米
	杭州淳安硕凯食用菌产业基地	浙江硕凯农业开发有限公司	淳安县姜家镇石颜村	100万袋
	杭州淳安梅源食用菌产业基地	淳安梅源食用菌专业合作社	淳安县临岐镇梅口村	50万棒
	杭州淳安桑玉桑枝条集中处理基地	杭州千岛湖桑玉食用菌专业合作社	淳安县威坪镇梅屏村	年处理桑枝 2 000吨
	杭州淳鸿沃桑桑枝条收集处理基地	杭州鸿沃肥料科技有限公司	淳安县浪川乡新桥村	年处理桑枝 3 000吨
	淳安县微生物研究所菌种基地	淳安县微生物研究所	淳安县千岛湖镇嵒山工业园区	5亩
森林蔬菜基地	杭州余杭径山镇长乐早竹笋用林基地	杭州径都农业开发有限公司	余杭径山镇长乐早竹笋菜篮子基地	500亩
	杭州临安武森林蔬菜基地	临安市西天目食品加工厂	临安市天目山镇武山村	600亩
	杭州富阳长盘食用笋基地	富阳市长盘竹笋专业合作社	富阳市永昌镇长盘村	500亩
	杭州桐庐大庙莱竹用林基地	桐庐大庙莱竹专业合作社	桐庐县瑶琳镇后浦村大庙	500亩
	杭州建德杨桥毛竹用林基地	建德市龙建竹木业专业合作社	建德市杨村桥镇上山村	600亩
	杭州临安康鑫食品质出口竹笋基地	杭州康鑫食品有限公司	临安市板桥乡	1 150亩
	杭州桐庐瑶琳舒家毛竹基地	桐庐舒家竹笋专业合作社	桐庐县瑶琳镇舒家村仲夏	760亩
	杭州桐庐横村湾下菜竹基地	桐庐县横村竹笋专业合作社	桐庐县横村湾下村	500亩
	杭州桐庐富春江上泗毛竹基地	桐庐天润毛竹专业合作社	桐庐县富春江镇上泗村杨坞	350亩
	杭州建德寿昌毛竹笋竹两用林示范基地	毛竹承包大户周永德	建德市寿昌林场长林林区两头塘	1 000亩

第二节　基地建设与保护

中华人民共和国成立前，杭州市郊除四季青乡外，菜地零星分散，高低悬殊，水利设施较差，抗御自然灾害能力很低，加之菜与粮、麻等混作较多，影响蔬菜的保收和生产水平的提高。中华人民共和国成立后，自1950年农村实行土地改革，菜农逐步组织起来，依靠集体力量，大规模的平整土地、改良土壤，同时进行各项农田水利基本建设，改善生产条件。尤其是1978年党的十一届三中全会以后，除继续巩固和提高原有抗灾设施建设外，着重开展主菜区菜地基本建设。到1985年，市郊菜区已基本实现菜地园田化，沟渠网络化，排灌机械化，道路标准化，桥梁现代化，旱涝保收面积已占基地蔬菜面积的80％以上。21世纪，蔬菜基地纳入"菜篮子"工程建设。

一、水利工程建设

在蔬菜地水利工程建设上，主要采取三项措施。

一是抗洪排涝及引水工程建设。1950年，市郊菜区望江乡沿江村为降地下水位，埋设地下水泥管道123.2米；1951年，乌龙、艮山两乡投放3 329工，抢修堤塘1 322米；同年10月至1952年4月，江干区共投放30 302工，疏浚河道、整修涵闸、加固堤塘198处。1959年，对南星桥至二堡的一段钱塘江岸，采用浆砌块石护坡，用浆砌块石97立方米、抛石块1 139.82立方米，修补七堡5号和8号坝缺口；笕桥乡集中7 000多个劳动力清挖拓宽杭笕港道1.4万米。1962年，疏浚南星桥至闸口的中河，并兴建南星桥引水工程。1963年，新建乌龙排涝站一座，拓宽兴隆桥和杨家桥两条排水河，并建造豆腐桥、笕桥两处翻水站和五福控制闸。1979年，兴建水利枢扭工程——江干排灌站，装置电动机8台，装机容量80千瓦，有效灌溉面积2.5万亩，排涝面积2万亩。1982—1985年，国家投资142.4万元，乡村自筹63.94万元，改河道10处，砌河道石坎17 753.4米，新建航海东、西节制闸2座和五堡排涝站1座，疏浚新开河长3 600米；二是排灌配套设施建设。从20世纪70年代中期开始，市郊菜区逐步建立自立门户，上引下排，抗旱排涝、治污综合利用的排灌系统。1976—1985年，投资102万元（其中乡村集资45.025万元），投放劳动工129.72万个，砌砖石明沟640 789米；投资20万元（其中乡村集资3万元），安装喷灌机1 100台（其中固定喷灌180台），灌溉面积共11 100亩，占主菜区基地蔬菜面积46.7％。又新建航海桥和华家桥排污泵房各1座，以消除江干区18家工厂污水对蔬菜的直接污染；三是低洼菜地进行改造。1982年和1985年，市政府投资44.05万元，通过挖塘填地，对市郊低洼菜地"华家汪"1 056亩进行改造。2013年杭州市新一轮"菜篮子"工程建设，新建喷滴灌0.6万亩，输水管道15.4万米（图3-4），蓄水池1.1万立方米。2014年，临安高山蔬菜基地修建排灌沟渠6 130米、新建机耕路3 527米，建造高山微蓄水池18只、蓄水容量达2 000立方米，修复山塘5个，建成微蓄微灌设施基地500亩，并配套安装频振式杀虫灯50台，购置新型耕作机械2台、植保机械32台和残留农药测定仪2套。

图 3-4　建设中的排灌系统

二、道路桥梁建设

20世纪60年代前，菜区道路弯曲狭小，有的地块间仅有一条地埂，几乎无路可通，仅一河之隔，菜农干活运菜需绕大圈子，交通极不方便。60年代开始，市郊菜区由政府拨款15 650元，社队组织劳力，开展菜地建设：兴建和修建桥梁10座，即乌龙乡的孙家桥、团结桥；彭埠镇的丰收6号桥、丰收8号桥、联盟桥、东风桥、工农桥等，还修筑一些简易道路。1982—1985年，政府又投资34.7万元，乡村自筹资金9.92万元，修筑机耕路1 700米、混凝土道路7 655米，方便菜农劳动往返和蔬菜运输。

三、保护地建设

民国时期，浙江大学农学院吴耕民教授等在杭州郊区试验温床育苗成功。中华人民共和国成立后，推广应用玻璃温床育苗。1960年市郊菜区有玻璃温室405间，计5万多平方米。20世纪70年代温床面积占夏菜总面积的10%以上。1976年，市郊四季青乡常青村建立360平方米的无柱钢架结构温室1幢和406平方米的隔离纱室6幢，用于蔬菜制种、育苗和早熟栽培。80年代，菜区全面推广塑料棚蔬菜早熟栽培，仅常青村就有中小棚712个、大棚133个，覆盖面积达到120亩，占全村菜地面积12%。1982年至1984年4月，市政府从菜地建设费中拨出20万元，在市郊36个蔬菜村建造塑料棚700亩。1984年，市政府又拨资金15万元，连同省农业厅和江干区政府共拨款29万元，在江干区笕桥镇弄口村建成640平方米的现代化玻璃温室一座，还配备催芽室、贮藏室100平方米和塑料大棚20亩，使杭州市的蔬菜育苗设施进入全国先进行列。1985年，江干菜区已有塑料棚1 513.3亩，其中大棚162.5亩、中棚633.7亩、小棚717.1亩，有玻璃温床0.4万亩。2003年，推广蔬菜大棚47 779亩，比上年增7.1%；中小棚82 192亩，比上年增1.7%；遮阳网25 270亩，比上年增1.3%。2011年，全市应用蔬菜大棚6.7万亩，中小棚5.3万亩，遮阳网3.5万亩，防虫网0.5万亩，并配置性诱剂1.1万亩，滴灌2万亩，杀虫灯2 518盏，以及育秧穴盘和微蓄微灌等新技术。2013年杭州市新一轮"菜篮子"工程建设，新建大棚23万平方米、防虫网27.1万平方米、遮阳网14.8万平方米。

四、基地征用与保护

杭州蔬菜基地确立于1956年。1970年以后，随着城市工业和乡村企业的发展，近郊菜区出现基建、征用、出租，或以菜地投资联合办厂、社员建房等，大批老菜地被侵占蚕食，或被国家、乡镇企业征用。1978—1982年被征用的菜地达2 567亩，年均减少菜地513.4亩。《浙江省关于保护蔬菜基地暂行规定》实施当年，市政府发出《关于建立蔬菜保护区及建设征用土地的意见》，对市郊蔬菜基地划分为三级，其中占总基地92%的面积定为一级保护区，严加保护，不得征用；占总基地5.2%的面积列为二级保护区，从严控制，一般不得征用；三级的多为零星插花菜地，从紧掌握。同时严格征地审批制度，规定必须先补后征，并向征用单位收取每亩10 000元菜地建设费，其中一半直接用于新菜地开发建设。杭州市收回擅自占用的菜田600余亩；按"先补后用的原则"，就近新发展3 000亩菜地，而老菜地征用控制在每年300亩以内。1986年，市政府杭政（1986）59号文件要求，菜地应相对稳定，严格控制征用蔬菜高产熟地。蔬菜基地被征用的势头有所抑制。然而随着杭州经济社会发展，城市拓展，蔬菜基地保护与被征现象同时存在。

1994年11月，市政府召开蔬菜工作会议，江干、西湖、拱墅区的相关区长、乡(镇)长和村长参加，按照《杭州市蔬菜基地建设保护条例》，落实蔬菜基地划区定界。1995年12月对江干、拱墅两区划定的蔬菜基地面积进行验收。江干区划定蔬菜基地面积为30 267.703亩，其中一级保护地17 871.25亩，二级保护地12 396.45亩，超计划173.7亩；拱墅区蔬菜保护地2 500.2亩，其中一级保护地1 924.8亩，二级保护地575.4亩。

21世纪初期，城镇快速拓展，近郊常年性蔬菜基地被征。杭州市对四大传统菜区(季节性菜区、水生菜区、高山菜区和特种菜区)进行巩固提升，扶持新兴菜区，形成新的蔬菜基地。2011年，杭州市蔬菜基地纳入"菜篮子"工程。是年，全市立项新建叶菜生产功能区2 096亩，改造提升4 924亩；新建高山蔬菜基地3 473亩，改造提升5 030亩；建设常年性蔬菜基地7 965亩、食用菌基地615万袋、森林蔬菜基地6 460亩。建设机埠、泵站、渠道等抗涝工程；喷滴灌、水肥同灌、高山蔬菜微蓄微灌等抗旱工程；标准钢架大棚、连栋温室、遮阳网棚等栽培设施；防虫网室、性诱剂、粘虫板等质量安全保障设施；床架、穴盘、基质栽培、叶菜速生生产设备和旋耕机、播种机、机动喷雾器等机械装备。

第三节　市郊菜地土壤

南宋建都临安(杭州)时，市郊蔬菜生产发展较快，菜地土壤在人为和自然两种因素作用下，加速发育成菜园土壤。人们对市郊四季青、笕桥、彭埠菜地测定，由笔者调查和《杭州土壤》记述如下。

一、土壤理化性状

市郊长期种植蔬菜的土壤，经精耕细作和大量施用有机肥料(城市有机垃圾)，促进熟化，使生土成熟土，熟土变油土，土壤剖面形态和理化性状优化。

按剖面特征，市郊菜区种菜40年以上的高度熟化土，农民称菜园土，在分类上定名为乌松土和乌潮土。熟化程度不高的，有黄松土、潮闭土和流沙板土等原土壤。乌松土和乌潮土剖面，耕作层深厚，厚达25～30厘米，土体油黑，团粒结构发育，在耕层同淋溶淀积B层间还有一层厚10～15厘米浅灰色土体。受地表水及地下水升降双重影响的水成作用及淋溶淀积作用的B层，厚20～40厘米，含有较多的铁、锰斑纹淀积(表3-8)。

表3-8　各类菜园土熟化耕层和淋溶积层厚度比较　　　　　　单位：厘米

土壤名称	熟化耕层厚度	B层厚度
乌松土	36	30
乌潮土	37	25
黄松土	23	15
潮闭土	18	11
流沙板土	16	—

（一）物理性状

1. 土壤容重

熟化度高且肥沃的土壤，结构体发育而容重小。乌松土和乌潮土熟化耕作层A层的土壤容重平均为0.99克/平方厘米，比黄松土、潮闭土和流沙板土的耕层容重小0.09~0.15克/平方厘米（表3-9）。

2. 土壤紧实度

土壤结构体发育肥沃的土层，土壤比较疏松，紧实度小。乌潮土和乌松土的耕层紧实度在1.5~1.7千克/平方厘米，而黄松土、潮闭土和流沙板土的耕层紧实度在2.6千克/平方厘米以上，而下面各层相差不大（表3-10）。

表3-9　不同类型土壤容重比较

土壤名称	深度（厘米）	容重（克/平方厘米）
乌松土	0~24	1.00
	24~50	1.29
	50~80	1.46
乌潮土	0~20	0.95
	20~37	1.14
	37~67	1.42
黄松土	0~18	1.15
	18~34	1.41
	34~70	1.30
潮闭土	0~18	1.12
	18~30	1.47
	30~60	1.30
流沙板土	0~18	1.09
	18~44	1.40

表3-10　不同熟化度的菜园土紧实度比较

土壤名称	深度（厘米）	土壤紧实度（千克/平方厘米）
乌松土	0~24	1.67
	24~50	3.92
	50~80	4.07
乌潮土	0~20	1.58
	20~37	4.27
	37~60	4.17
黄松土	0~18	2.67
	18~34	4.27
	34~70	4.37
潮闭土	0~18	2.76
	18~30	2.87
	30~60	3.76
流沙板土	0~18	3.02
	18~44	4.66

3. 土壤总孔隙度

土壤结构体发育，有利于土壤通气与排除多余水分，为蔬菜根系生长创造良好环境。乌松土、乌潮土耕层总孔隙度在62％以上（表3-11）。

表3-11　各类土壤总孔隙度比较

土壤名称	深度（厘米）	总孔隙度（%）
乌松土	0～24	62.9
	24～50	51.3
	50～80	45.0
乌潮土	0～20	64.2
	20～37	57.0
	37～67	46.4
黄松土	0～18	56.6
	18～34	46.8
	34～70	50.9
潮闭土	0～18	57.7
	18～30	44.5
	30～60	50.9
流沙板土	0～18	58.9
	18～44	47.2

4.土壤质地

乌松土和乌潮土长期受耕作和灌溉的影响，表层细土黏粒随水下移，使耕层质地变轻，而心土层质地变黏，使耕层土壤增加通透性，提高心土层的保水保肥能力。这两种土壤肥水缓冲能力强，能稳产、高产。市郊菜地耕层质地以黏壤土居多，心土层以黏壤土居多。小于0.002毫米的黏粒含量，耕层为22％～24％，而心土层为25％～26％。潮闭土和流沙板土上下土层，质地没有多大变化，均为沙黏壤土（表3-12）。

表3-12　不同类型菜园土壤质地比较

土壤名称	深度（厘米）	机械组成（%，国际制）			粉沙/黏土	质地名称
		2～0.02（毫米）	0.02～0.002（毫米）	<0.002（毫米）		
乌松土	0～24	52.10	24.20	23.70	1.02	黏壤土
	24～50	50.90	22.70	26.40	0.84	壤质黏土
	50～80	49.10	24.60	26.30	0.94	壤质黏土
乌潮土	0～20	53.23	24.43	22.34	1.09	黏壤土
	20～37	51.62	26.05	22.83	1.17	黏壤土
	37～67	43.78	30.44	25.78	1.18	壤质黏土
黄松土	0～18	52.16	24.90	22.95	1.08	黏壤土
	18～34	47.51	27.73	24.76	1.12	黏壤土
	34～70	49.97	24.65	25.38	0.97	壤质黏土

（续表）

土壤名称	深度（厘米）	机械组成（%，国际制）			粉沙/黏土	质地名称
		2～0.02（毫米）	0.02～0.002（毫米）	＜0.002（毫米）		
潮闭土	0～18	59.14	18.22	22.64	0.80	沙质黏壤土
	18～30	49.20	24.20	26.60	0.91	壤泥黏土
	30～60	73.49	8.04	18.47	0.44	沙质黏壤土
流沙板土	0～18	66.88	8.93	24.19	0.73	沙质黏壤土
	18～44	71.23	4.05	24.72	0.16	沙质黏壤土

（二）化学性状

1. 土壤酸碱度

市郊菜地熟化同未熟化、耕层与心土层的pH值较接近，为6.5～7.5，均适宜蔬菜生长。

2. 有机质含量

市郊滨海区潮土有机质含量为1%～2%，高度熟化的菜园乌松土和乌潮土，其土耕层有机质含量高达2.8%～4.35%，相当适宜蔬菜生长（表3-13）。

3. 有效交换量

据剖面样本分析，土壤有效交换量随土壤熟化而提高。耕层高于心土层，乌松土和乌潮土高于黄松土、潮闭土和流沙板土，乌松土耕层土壤有效交换量高达12.75me/100克土，潮闭土和流砂板土耕层土壤有效交换量仅7.21me/100克土和4.80me/100克土。郊区各菜园土壤有效交换量见表3-14。

表3-13　各类菜园土壤有机质含量比较

土壤名称	土层深度（厘米）	对应有机质（%）
乌松土	0～24	4.35
	24～50	1.45
	50～80	0.62
乌潮土	0～20	2.86
	20～37	2.24
	37～67	0.21
黄松土	0～18	1.87
	18～34	0.31
	34～70	0.17
潮闭土	0～18	1.22
	18～30	0.33
	30～60	0.13
流沙板土	0～18	1.13
	18～44	0.09

表3-14　各类菜园土壤有效交换量比较

土壤名称	土层深度（厘米）	对应有效交换量（me/100克土）
乌松土	0～24	12.75
	24～50	9.55
	50～80	8.02
乌潮土	0～20	8.8
	20～37	8.93
	37～67	6.74
黄松土	0～18	8.78
	18～34	8.87
	34～70	6.80
潮闭土	0～18	7.21
	18～30	6.30
流沙板土	0～18	6.18
	18～44	5.50

4.全量和速效氮、磷、钾

市郊菜园土壤全磷、全钾和速效磷都普遍较高，全磷为0.13%～0.19%，全钾在1.3%以上，并且心土层高于耕作层，这可能因浅海沉积物或磷素在土壤中移动较困难、长年累月表层磷素被带到B层淀积有关，速磷量多在19毫克/千克以上。但乌潮土和乌松土熟化耕层，除全钾量相同于其他土壤外，其他元素含量均高于黄松土、潮闭土和流沙板土（表3-15、表3-16）。

表3-15　各类土壤营养元素含量比较

土壤名称	深度（厘米）	全量（%）			速效养分（毫克/千克）		
		氮	磷	钾	碱解氮	速磷	速钾
乌松土	0～24	0.198	0.171	1.38	144	32	157
	24～50	0.120	0.110	1.67	—	—	—
	50～80	0.040	0.095	1.30	—	—	—
乌潮土	0～20	0.173	0.141	1.44	114	54	83
	20～37	0.126	0.123	1.46	—	—	—
	37～67	—	0.156	1.37	—	—	—
黄松土	0～18	0.115	0.130	1.38	105	21	46
	18～34	—	0.147	1.40	—	—	—
	34～70	—	0.072	1.42	—	—	—
潮闭土	0～18	0.084	0.130	—	97	14	7
	18～30	—	0.080	—	—	—	—
	30～60	—	—	—	—	—	—
流沙板土	0～18	0.075	0.193	1.38	100	19	22
	18～44	—	0.113	1.49	—	—	—

表3-16　各类菜园土壤有效交换量比较

土壤名称	地点	有机质（%）	全氮（%）	耕层总贮氮	
				千克/亩	其中
乌松土	四季青望江三多村	4.61	0.201	307.5	乌松土 270.5千克/亩 乌潮土 238.5千克/亩
	四季青泗板桥村	4.23	0.160	240.0	
	四季青景芳村景芳亭南	4.06	0.208	312.0	
	四季青景芳村金兰湖西	3.87	0.209	313.5	
	四季青景芳村堆涂塘	4.97	0.213	319.5	
	笕桥	2.55	0.156	234.0	
	彭埠	2.05	0.113	168.5	
黄松土	四季青景芳铁沙坂	2.92	0.168	252.0	192.5千克/亩
	彭埠6组	1.26	0.081	121.5	
	彭埠新塘	1.42	0.096	144.0	
	笕桥弄口	2.75	0.134	201.0	
	笕桥黎明	2.11	0.123	184.5	
	彭埠	2.40	0.151	226.5	
	四季青常青	2.19	0.147	220.5	

（续表）

土壤名称	地点	有机质（%）	全氮（%）	耕层总贮氮	
				千克/亩	其中
乌潮土	四季青三叉村	2.21	0.145	217.5	—
	四季青路口	3.50	0.201	301.5	
	四季青水湘	2.73	0.150	225	
	四季青光明	2.09	0.139	208.5	
潮闭土	彭埠红五月村	1.05	0.068	102	155千克/亩
	彭埠王集4组	1.39	0.100	150	
	四季青三堡	1.80	0.112	168	
	彭埠	1.55	0.107	160.5	
流沙板	彭埠三堡排灌站	1.13	0.075	112.5	130千克/亩
	彭埠	0.71	0.080	120	
	四季青望江	1.81	0.113	169.5	
	四季青常青	0.82	0.079	128.5	
潮闭土	彭埠	1.45	0.121	193.5	—
	四季青三堡	1.36	0.104	156	
平均		2.32	0.134	202.1	—

市郊菜区农民长期以畜禽粪便滋养土壤，使这一区域的菜地疏松肥沃，成为蔬菜生产的优质土壤。

二、菜园土壤在生产上的表现

菜农称乌松土和乌潮土对养分能吸得进、保得住、放得出，在灾害性天气下，比黄松土、潮闭土和流沙板土稳产高产。据江干区1985—1986年对不同熟化度菜园土壤，春、夏、秋、冬四季17种主要蔬菜生产情况调查，在施肥水平和管理水平相似的情况下，乌松土比黄松土表现为平均每种蔬菜增产90.8千克/亩；乌潮土比潮闭土，除春包心菜和夏红茄减产外，其他品种都表现为增产，平均每种蔬菜增产152.4千克/亩；潮闭土比流砂板土，除春小白菜、夏番茄、青椒和包心菜减产外，其他蔬菜都表现为增产，平均每种蔬菜增产37.4千克/亩（表3-17）。

第四节　竹笋地土壤

对临安天目山麓笋干竹产地以及临安、余杭丘陵缓坡春笋产地等土壤进行测定结果，由笔者调查和《杭州土壤》记述如下。

表3-17 杭州市郊不同熟化度的菜园土壤与各种蔬菜产量的关系 单位：千克

品种 土壤名称	春				夏						秋		冬				
	小白菜	包心菜	青菜	芹菜	番茄	黄瓜	冬瓜	刀豆	青椒	红茄	小白菜	豇豆	青菜	大白菜	包心菜	芹菜	花菜
乌松土	1 466	1 625	1 916	3 750	4 000	1 787	3 416	831	2 241	2 900	2 091	1 616	1 641	4 208	2 600	1 958	1 816
黄松土	1 400	1 666	1 825	3 591	3 866	1 691	3 316	800	2 116	2 625	2 058	1 533	1 566	4 100	2 533	1 875	1 758
产量增减	66	-41	91	159	134	96	100	31	125	275	33	83	75	108	67	83	58
乌潮土	1 412	1 775	1 925	3 987	3 787	1 750	3 475	785	2 300	3 275	2 562	1 650	1 678	4 250	2 937	1 900	1 875
潮闭土	1 262	1 812	1 837	3 837	2 925	1 650	3 325	725	2 000	3 337	2 462	1 500	1 562	4 000	2 937	1 712	1 850
增减	150	-37	88	150	862	100	150	60	300	-62	100	150	116	250	0	188	25
潮闭土	1 262	1 812	1 837	3 837	2 925	1 650	3 325	725	2 000	3 337	2 462	1 500	1 562	4 000	2 937	1 712	1 850
流砂板	1 387	1 750	1 725	3 687	3 675	1 562	3 087	650	2 187	3 215	2 237	1 412	1 400	3 850	2 987	1 612	1 675
增减 （千克）	-125	62	112	150	-750	88	238	75	-187	122	225	88	162	150	-50	100	175

注：乌松土比黄松土平均增产90.8千克；乌潮土比潮闭土平均增产152.4千克；潮闭土比流砂板土平均增产37.4千克。

一、笋干竹地

天目笋干是杭州著名特产，因此以此为例记述。天目山区成片生长着各种竹子，用石笋制成的笋干（天目笋干）色泽黄亮，内质肥嫩，清香鲜美，有"植物开洋""天目笋干甲天下"之美誉。天目笋干竹主要分布在东、西天目山区的横路、千洪、西天目、东天目、临目、石门以及横畈等乡，面积为17.2万亩，年产量达400~600吨。

（一）土壤环境

天目山区盛产笋干竹，有它独特的土壤、气候和地形条件。

1. 土壤条件

据横路、千洪、西天目、东天目、临目、石门和横畈等7个乡调查，天目笋干竹主要分布于山地黄泥土、黄泥土和黄红泥土及部分油黄泥土地区（表3-18）。竹和笋的生长条件以山地黄泥土和黄泥土最好，黄红泥和油黄泥土稍差。其原因一是山地黄泥和黄泥土土层深厚，为45~65厘米，表层富含养料，黄红泥为40厘米左右，油黄泥土除山脚、岩隙较深外，其余多为浅薄，不足40厘米，呈斑块状分布；二是山地黄泥和黄泥土沙黏比例适中，土壤质地多为中壤—重壤，表层土壤结构体较发育，水、肥、气、热较为协调，宜于竹鞭生长发育，而黄红泥和油黄泥土，质地黏重，为轻黏土，土体较闭气，不利于竹鞭生长发育（表3-19）。

同一土壤类型，处在不同地形，因土层、水、肥等诸因素的差异，笋干竹长势不同。笋干竹对土壤酸碱度反应，pH值4.5~7.0均宜生长。

表3-18　天目山各类土壤与笋干竹分布面积比较

土壤		笋干竹		
名称	面积（亩）	面积（亩）	占土壤面积（%）	占笋干竹总面积（%）
合计	710 578	146 278	20.59	100.00
山地黄泥土	251 569	65 957	26.22	45.09
黄泥土	164 803	55 133	33.45	37.69
黄红泥土	257 535	22 714	8.82	15.53
油黄泥土	36 671	2 474	6.75	1.69

表3-19　笋干竹林主要土壤的理化性状

土壤名称	地点	海拔（米）	母质	层次		结构	pH值	有机质（%）	全氮（%）	全磷（%）	粘粒量（%）		质地名称
				代号	深度（厘米）						<0.01（毫米）	其中：<0.001（毫米）	
山地黄泥土	西天目乡老庵金竹坪	780	流纹岩	A	0~21	粒状	5.3	7.93	0.411	0.100	42.90	12.44	中壤
				B	21~45	粒块	5.5	5.55	0.266	0.094	49.90	14.55	重壤
黄泥土	横畈孝村桐子坞脚	250	坡积体	A	0~15	粒状	5.0	3.65	0.163	0.017	52.61	21.90	重壤
				B	15~65	粒块	4.9	0.89	0.053	0.015	54.66	26.00	重壤
黄红泥	太阳乡朱相坞	255	泥页岩坡积体	A	0~12	块状	5.7	3.52	0.174	0.028	60.10	18.65	轻黏
				B	12~37	块状	5.4	1.70	0.093	0.025	64.95	19.59	轻黏
油黄泥	横路乡丁村捻坞	340	石灰岩坡积体	A	0~12	核粒	6.2	4.87	0.265	0.045	65.40	30.59	轻黏
				B	12~35	核粒	6.2	3.16	0.175	0.040	64.46	26.48	轻黏

2. 地形条件

笋干竹的长势和分布与地形条件有关。天目山脉呈东北西南走向，巍峨挺拔在杭州市西北部边缘，形成西北向东南倾斜地势，对南侵冷空气有屏障作用，对东南季风进入有迎挡作用；使气流迴旋抬升，随地势增高，云雨增多，形成雨热同步气候特征，为笋干竹生长繁育创造特有地形气候条件。地处山岙和山层深处避风地带的千洪乡的烂塘湾、桃树湾、茶叶湾和考西湾，竹林生长繁茂；竹林山坡地较平缓的西天目乡的松树岗、临目乡的金家坞、丁家坞、水坞口和大门坦等，平均坡度为25°，土层深达62厘米（表3-20），竹林茂密，产笋期长，笋粗壮，产量高（图3-5）。

表3-20　西天目乡东关村不同地形对产笋的影响

地形部位	长势	笋干产量
背风坡度20°～28°，土深60～70厘米	茂密	100千克/亩
山脊　陡坡　迎风	稀疏	5～10千克/亩

笋干竹分布高度为海拔260～1 000米，以海拔500～800米居多，分布高度因水热条件差异，呈现山峦重叠的地块高于孤山地块、阳面山地块高于阴面山地块、背风面地块高于迎风面地块的规律。千米以上高山竹长势矮小、稀疏。

（二）山区气候

天目山区的雨量和温度影响笋干竹的生长，芽分化前期的8—9月和出笋期的4—5月的雨量和气温更为重要。据1961—1978年资料，天目笋干竹

图3-5　临安竹笋

集中区横路乡丁村（海拔270米）至临目乡市岭（海拔750米）一带，8—9月平均总雨量为330.8～526.6毫米，4—5月为330.9～341.4毫米，能满足笋干竹生长要求，孕笋期严重干旱概率为10%～20%。1974年4—5月降水量偏少，平均降水量为224.7毫米，比常年同期降水量少约100毫米，笋干比正常年减产10.9%。

温度影响笋干竹的出笋时间，不同笋干竹品种，出笋日期不同，早笋4月中旬开始出土，要求旬平均气温达到14℃；石笋立夏前后开始出土，要求旬平均气温达到16℃。同一品种的竹，出笋时间也与气温密切相关，如早笋，遇到春季气温回升早的年份，4月初就出土，清明即有鲜笋上市；气温回升迟的年份，出笋期则明显推迟。因此，笋干竹的出笋期，气温高的低山早于高山，阳面山早于阴面山。

二、春笋土壤

春笋竹适应性广，杭州市广大地区都有种植。1982年以来推广地面覆盖技术，出笋早、经济效益高，这一技术较大地调动了农民的种植积极性，在一段时间内，每年种植面积以20％的速度递增，主要分布在临安县的临天、板桥、横畈、横塘等乡的丘陵缓坡，余杭县的双桥、大陆、良渚等乡的堆叠土地区。

春笋竹宜生长在坡度平缓（一般在20°以下）且向南偏东丘陵谷地，或村前村后的山脚地。丘陵谷地是土、肥、水聚集之处，不仅土层深厚肥沃，水湿条件好，而且风袭少，早春回暖快，利于早出笋多产笋。

1. 土壤条件

在水网平原以河、溪、田旁的壤质粉质堆叠土和丘陵河谷地区的黄泥砂土、砾石黄红泥土栽培最多，其次是油红黄泥及潮土。1986年，成林春笋竹亩产在1 500千克左右，产值1 300多元，高产竹园亩产2 400多千克，产值3 000多元（表3-21）。

表3-21　1986年农户成林笋竹园生产情况

地点	姓名	竹种名称	面积（亩）	种植年份	立竹度（株/亩）	产量（千克/亩）	产值（元/亩）
临天乡吴马	葛银万	雷 竹	0.7	1958	890	2 451	3 285.71
横塘乡蔡马	张金根	雷 竹	0.3	1981	850	2 380	1 666.70
板桥乡西村	吕春焕	洋毛竹	0.3	1981	626	1 667	1 334.00

不同品种的春笋竹适应相应的土壤，黄泥沙土、砾石黄红泥的质地均为砂质黏壤土，雷竹、洋毛竹均生长较好；油红黄泥、油黄泥质地以壤质黏土为主，洋毛竹生长较好，少见雷竹栽培。

2. 土壤养分

据临安县6个竹园土壤分析，表土层含有机质1.79％~2.7％，全氮0.143％~0.172％，全磷平均0.056％，速效磷5~100毫克/千克，养分较丰富。速效钾含量均较低，土壤有效交换量中等，一般为11.8~14.83me/100克土，盐基饱和度大，钙、镁等矿质养分丰富，土壤pH值5.4~7（表3-22）。

表3-22　春笋竹土壤养分含量分析结果

地点	土壤名称	采样深度(厘米)	有机质(%)	全氮(%)	全磷(%)	全钾(%)	pH值	速效磷(毫克/千克)	速效钾(毫克/千克)	有效交换量(me/100克土)	交换性盐基(me/100克土)				碳酸盐(%)	盐基饱和度(%)
											钙	镁	钾	钠		
临天乡吴马村	黄泥	0~32	1.82	0.153	0.041	—	5.4	22	55	14.83	7.79	3.54	1.18	0.14	0.59	85.30
后塘村	砂土	32~46	1.83	0.127	0.048	—	5.6	49	22	13.69	8.47	4.37	0.45	0.22	0.62	88.24
临天乡吴马村	黄泥	0~22	1.79	0.143	0.050	2.66	6.2	10	7	13.30	11.13	1.36	0.51	0.22	—	99.40
高山脚	砂土	22~46	0.48	—	0.052	1.98	6.7	24	21	9.47	8.59	0.45	0.13	0.16	0.42	98.52
横塘乡宋家村	砾石	0~34	2.20	0.172	0.075	2.16	5.8	5	75	13.18	10.67	1.98	0.26	0.13	0.70	98.94
陈家坞	黄红泥	34~66	0.46	—	0.111	2.11	5.8	3	43	11.85	10.79	0.82	0.13	0.11	0.60	100.00
横塘乡蔡山村	砾石	0~50	2.70	0.148	0.047	—	5.6	100	59	9.12	7.09	0.74	0.90	0.11	0.78	96.94
秋树湾	黄红泥	50~70	0.61	0.018	0.061	—	5.8	11	10	12.41	8.84	2.55	0.13	0.16	0.53	94.12
板桥乡西村	油黄泥	0~23	1.90	0.164	0.094	2.43	6.5	10	18	12.80	11.34	0.89	0.45	0.13	0.57	99.60
吕蒉焕竹园		23~43	1.74	0.152		2.35	6.6	5	75	18.84	13.93	4.35	0.32	0.18	0.65	99.68
板桥乡朱西村	油红	0~20	1.79	0.163	0.067	1.84	7.0	8	38	13.60	12.32	0.78	0.42	0.08	0.45	100.00
洋瓦后山	黄泥	20~39	0.74	0.046	0.063	2.07	6.8	23	105	8.06	6.51	1.15	0.16	0.11	0.36	98.39

3. 物理性状

据6个竹园土样测定，土壤质地多为较疏松的重石质沙质黏壤土，上下土层质地较均一，部分土壤为重石质壤质黏土，表土层较疏松，容重为1.05～1.29克/立方厘米，心土层较紧实，容重1.22～1.44克/立方厘米，土壤自然含水量11.32%～24.45%（表3-23），土层厚度40厘米以上，通气、透水性能较好，土温易增易降，温差大，利于春笋高产优质。沙质黏土虽保水供水能力较弱，但临安市属中纬度北亚热带季风气候区，雨量较充沛，弥补了土壤保水、供水性能差的不足。

表3-23　春笋竹土壤物理性状分析测定结果

地点	土壤名称	层次代号	采样深度（厘米）	含水量（%）	容量（克/立方厘米）	石砾（>2毫米）（%）	各级土粒含量（毫米，%）			质地名称
							2～0.02	0.02～0.002	<0.002	
临天乡吴马村后塘村	黄泥砂土	A	0～33	19.75	1.05	24.26	62.48	18.15	19.37	沙质黏壤土
		B	32～46	18.64	1.22	26.65	56.88	20.44	22.68	
临天乡吴马村高山脚	黄泥砂土	A	0～22	16.89	1.14	33.31	62.00	19.72	18.28	
		B	22～46	16.30	1.31	18.36	58.02	19.90	22.08	
横塘乡宋家村陈家坞	砾石黄红泥	A	0～34	11.93	1.29	55.55	48.79	27.81	23.40	黏壤土
		BC	34～66	15.00	1.44	30.47	49.82	23.06	27.12	壤质黏土
横塘乡蔡山村秋树湾	砾石黄红泥	A	0～50	11.32	1.29	47.45	60.36	22.21	17.43	沙质黏壤土
		BC	50～70	—	—	41.95	69.00	11.88	19.20	沙质黏壤土
板桥乡西村吕春焕竹园	油黄泥	A	0～23	24.45	1.29	—	16.42	39.51	44.07	壤质黏土
		AB	23～43	17.94	1.34	8.23	14.51	39.04	46.45	黏土
板桥乡朱西村洋瓦后山	油红黄泥	A	0～20	21.26	1.1	24.39	43.41	32.95	23.64	黏壤土
		B	20～39	17.56	1.44	27.34	36.95	36.48	26.57	壤质黏土

第四章　农资成本

第一节　生产资料

生产资料主要包括用于蔬菜生产的肥料、农药、种子、设施和农机具等。

一、肥料

南宋至民国时期，菜地施用的肥料以人粪尿为主，辅之畜禽粪尿、垃圾、河泥、草木灰、焦泥灰、桔梗、绿肥、蚕沙等，除常用的人粪尿需购买外，其他土杂肥由农民自积自用。《梦粱录》有"以城内人粪用作郊外农田施肥"记述。民国三十五年《浙江工商年鉴》载"郊区乡民种菜所施人粪肥料，供自城区输出，从业者达130余家，凌晨即挨户出清，大多皆集中于宿舟河运出，售于乡家，所获甚半，称金汁行"。且有"太平门外粪担儿"之说。

民国初期市郊发展湖羊生产，羊毛作工业原料，羊粪给菜地供肥。城市垃圾在蔬菜上应用，既提供肥料，又为夏菜早春育苗提供热量，促进夏菜早熟高产。私营油坊为菜农提供油饼用于肥田。人粪尿仍为菜区主要肥源。民国后期有少量化肥[肥田粉（NH_4）$_2SO_4$]，由颜料店（铺）兼营，供应菜农。

中华人民共和国成立后，政府号召"以土肥为主，化肥为副"，提倡采用人畜粪尿肥地。市郊菜区大量施用有机肥料，不仅使蔬菜质优味美，而且提高了土壤等级。

（一）人粪尿

据江干区供销社资料记载："人粪尿是江干区蔬菜种植地区的主要有机肥料之一，它养分丰富、速效，促进作物光合作用，叶绿素增多，加速碳水化合物运输，菜农尤其欢迎，被广泛用于蔬菜生产，尤其是沿城一带菜地（望江门、清泰门、太平门外），当时均有菜农进城挨户清肥，每天上午担人粪尿肩挑出城，施入蔬菜作物。一般每个成年人每年可排粪尿800千克，按当

时杭城60万人计，其粪尿数量相当于几十个小化肥厂。"

1953年，杭州建立环卫处，市区粪便由环卫处统一清理，市供销社委托市农资公司杂肥小组负责经营粪便业务。由市农业局和市供销社每月平衡一次，分配给市郊区，定点划片供应。1958年成立粪便管理局办事处，加强粪便清理和分配。城市粪便有计划地在蔬菜上应用，这一做法一直延至1980年。后城市改造排污设施，粪便质量下降，也不便聚积，其用量逐步减少。但这种有机肥在老菜区继续施用，适当增施少量化肥效果更好。

（二）河塘泥

杭州市郊菜区河流纵横，池塘星罗棋布，塘河泥量多质优，是改良土壤、促进蔬菜高产的好肥料。历年来农闲时菜农有摇小船用竹网兜捻河泥、积河泥的习惯，1951年1月至1952年3月江干区积河泥3 303.8吨。1956年，市郊蔬菜生产因施用自积的塘河泥，减少商品肥用量，降低生产成本，提高蔬菜生产效益。江干区供销社资料记载："新塘乡御道社亩值121.3元，比去年增23%、主要办法是积土肥减少商品肥，因积河泥1万多吨、垃圾251.5吨和毛灰、猪粪、尿粪等。所以，肥田粉比去年少购5 000千克以上，人粪少买800~1 000担，豆饼也少买。"20世纪70—80年代，城郊大办乡镇企业，因劳动力紧缺捻河塘泥减少，直至基本不清理河塘，这不仅减少土杂肥，而且造成河塘水质污染发臭，暴雨后易成涝害。

（三）垃圾肥

城市垃圾中包含煤灰、果壳、菜皮、落叶等，经过酵腐N、P、K等元素齐全，是变废为宝的好肥料。1927年中山大学农学系（浙江大学农学院前身）设址笕桥机场东部同心村附近，推广腐熟垃圾发酵热在蔬菜育苗上应用，促进蔬菜早熟高产。1977年江干区蔬菜生产经验交流会介绍笕桥公社井冈山（弄口）大队经验：定人定车定量每天出动160辆钢丝车到城里清垃圾，早上5时出，中午11时回，每车200~300千克，可计12分值（人工工分）。"每50千克垃圾相当0.24元钱"成本，近郊菜区村村如此，每个生产队均有几个垃圾"小山头"。年复一年，菜地有机质丰富成为"海绵地""乌沙土"，适宜蔬菜生长。1986年后市民使用液化气，垃圾"白化"（指煤饼燃烧毕现象）而质量下降，很少在蔬菜上应用。

（四）畜禽肥

市郊农村家家户户有饲养羊、猪、牛、兔、鸡、鸭、鹅等习惯，尤以饲养湖羊历史最久，1937年达到盛期，一般每户农户饲养3~5头湖羊，章家坝徐正荣户饲养23头。抗日战争期间畜牧饲养量减少,抗战胜利后再度崛起,当时农民称畜禽栏为蔬菜生产活肥料仓库。杭州解放后,菜农响应政府"畜多,肥多,菜多"号召,多养畜禽多产肥(表4-1),菜地畜肥每亩从1949年的2 000千克增加到1958年的3 000千克。从20世纪60年代始,湖羊病害增多,羊毛价格不稳,化肥使用方便,家畜逐渐减少。

表4-1　江干区部分年份畜禽饲养情况统计　　　　　　　　单位:头、只

年份	羊	猪	牛	兔	鸡	鸭	鹅
1949	8 368	510	38	—	36 054	11 616	756
1952	9 293	509	43	—	39 479	12 620	839
1957	25 985	24 334	59	12 394	70 730	20 995	2 517
1958	43 164	10 618	189	6 239	60 998	15 142	104
1959	63 826	29 025	210	25 000	84 666	38 123	272

（五）饼肥

1949年政府组织398.55吨饼肥供给菜农。1952年仅农民从供销社贷放饼肥315.15吨,赊销困难户15.5吨。1949—1960年江干区供饼肥4 237.45吨。20世纪60年代后,由于豆科绿肥大量种植和豆饼综合利用,饼肥在蔬菜生产上用量减少。

（六）化肥

民国时期,有肥田粉施用。20世纪50年代,施用的化肥以氮肥为主,由供销社农资公司按计划统一分配给菜农。60年代后,巨化、龙山化肥厂和新塘小化肥厂投产,化肥品种扩大到磷、钾及微量元素、复合肥等,菜农喜欢施用尿素、过磷酸钙、硫酸钾、磷酸二氢钾和其他氮钾、氮磷、氮磷钾等复合肥,用作蔬菜基肥、追肥和根外追肥。80年代,从荷兰、西德、加拿大等进口尿素和复合肥,复合肥分氮、磷、钾比为15:15:15的三元复合肥和二元复合肥,用于蔬菜生产效果甚好。

改革开放以后,菜农自由采购、使用肥料,由于进口化肥省工、省时、速效,因此自制土杂肥减少,化肥用量快速增加。进入20世纪90年代,以种植四茬蔬菜(番茄套种冬瓜、小白菜、青菜)计,每亩化肥用量(商品量)75～100千克。

二、农药

中华人民共和国成立前,防治蔬菜病虫靠拍杀、捕捉、滴油、梳除、采

卵、拔除、排灌、轮作、毒饵、烟熏等措施，也采用石灰消毒，较先进菜区利用烟茎、闹羊花、雷公藤、海芋等野生植物的根、茎、叶，煎熬汁液杀虫、防病。菜农重视保护青蛙、蜻蜓、鸟类、螳螂、瓢虫等，以它们捕食害虫。

中华人民共和国成立初，政府重视农药生产，兴办农药厂，杭州市郊笕桥镇弄口村曾有"杭州农药厂"。人们对农药采取"宣传在先，试验在先，辅导在先，供应在后"的措施进行推广。1951年，菜区示范推广六六六粉3.85吨、223乳油2.7吨。1957年起，菜区使用的农药，由该区供销社统一经营，有杀虫剂、杀菌剂、除草剂、植物激素等。1958—1983年，执行浙江省政府决定，"农药由供销社统一经营"。1984—1988年农药放开经营，菜农多渠道多品种选购。1988年国务院发文主要农资商品实行"×营"。由于菜用农药具有较强的时间性、针对性和使用范围的特殊性，大部货源仍属省控农资商品，由省、市农资公司统一订货，统一安排，计划分配，调拨供应。随着科技进步和市场搞活，农药更新换代快，品种多样。进入20世纪90年代，菜农自由采购、使用农药，农药用量增大。以种植四茬蔬菜（番茄套种冬瓜、小白菜、青菜）计，每亩农药用量（商品量）为0.8~1.5千克，所用农药多属中等毒性。有的农民未能对症下药，几种相互冲突的农药混配，农药用量随意加大。

中华人民共和国成立后至90年代，杭州在蔬菜上施用的农药经历"四代""五类"70多种。"四代"指杀虫剂，依次序是土农药、有机氯、有机磷、氨基甲酸酯类农药；"五类"有土农药、杀虫剂、杀菌剂、除草剂和植物生长调节剂。随后，高效、低毒、低残留农药、生物农药应用（图4-1）。

图4-1　农民喷洒农药

（一）土农药

有烟茎、雷公藤、烟叶粉、闹羊花、西郊草、苦楝籽油，茶籽饼、松针汁、除虫剂，青莴杆，石葱、石蒜等，以其汁液防治病虫；还有应用糖醋诱蛾，收集元敏酸氨、废纸浆水防治害虫。

（二）杀虫剂

有六六六、DDT、敌敌畏、敌百虫、乐果、杀虫双、杀灭菊酯、三氟氯氰菊酯、溴氰菊酯、克滴特、辟蚜雾、菊氯合酯、甲胺磷、呋喃丹、氧化乐果和农药厂废水。

人们发现有机氯农药是高残留化合物，长期施用，蔬菜污染严重，有碍人体健康。1973年政府发文，严格规定使用范围、限期、限量。第四代除虫剂等农药出现，农药结构起新的变化。人们执行1983年10月国务院批转中央"三部一社"《关于严格禁止高毒高残留农药在蔬菜作物上使用》的通知，市郊菜区严禁在蔬菜上施用甲胺磷、对硫磷、硫代磷酸－O，O－－二乙基－O-2-乙硫基乙基酯、呋喃丹、七氯、醋酸苯汞、氯化乙基汞、氧化乐果、六六六、DDT。

（三）杀菌剂

防病农药20世纪50年代有硫酸铜、氯化乙基汞、富力散、波尔多液等，60年代有托布津、甲基胂酸锌、井岗霉素等。鉴于有机汞、有机砷、甲基胂酸锌等农药污染严重，危害人体健康，1972年禁止在蔬菜上使用。改革开放后，菜农在应用中筛选出可杀得、百菌清、扑海因、代森锰锌、三唑酮、氨基甲酸酯类、甲基托布津等，用于防治蔬菜病害。

（四）除草剂

有扑草净、除草醚、草甘膦、百草枯，吡氟禾草灵、吡氟氯禾灵、丁草铵、氟付美、绿麦隆等。

（五）植物生长调节剂

有2,4-D、对氯苯氧乙酸、2,4,5-三氯苯氧乙酸、三十烷醇、赤霉素、乙烯利、4-碘苯氧乙酸、复硝酚钠、多效唑、萘乙酸、复方2,4-D等，用于蔬菜保花保果、促进生长健壮、果实催红催熟等。

防治病虫方法还有点灯诱蛾（包括燃烧物或电灯发光），电钨丝诱杀成虫等，生物防治、无公害防治、新农药新技术不断涌现。

三、种子

蔬菜品种繁多，早在新石器时代杭州就有瓠瓜种子。南宋以来，蔬菜产销两旺，而蔬菜种子商售很少。一般农民在房前屋后、地角沟边等自留自用常规种子，相互调剂余缺。20世纪30年代和40年代，浙江大学农学院从国内外引进榨菜、大白菜、甘蓝、花椰菜、洋葱等蔬菜良种，在杭州菜区广为栽植。

中华人民共和国成立后，一些常规菜种由农民粗放留种，一些留种难度大、种性要求高、当地不能繁殖的蔬菜种子靠外地调入。20世纪60年代，为改善杭州淡季蔬菜供应，从省外引进秋黄瓜、早熟甘蓝、早熟大白菜等品种。杭州市区武林门、艮山门、清泰门有三四家小店或地摊经营蔬菜种子。1955年浙江省农业厅和浙江省商业厅贯彻"自选、自繁、自留、自用为主、国家调剂为辅"的方针，要求各地建立留种基地或蔬菜良种繁殖场，并为备灾备荒生产贮备种子500吨，农业部门负责技术指导，商业部门负责收购。1958年，执行省商业厅"商业部门经营蔬菜种子"的指示，对3家种子小店进行社会主义改造。1959年，执行省农业厅和商业厅"各地按蔬菜基地面积安排5%~10%的留种基地"的指示，逐步建立蔬菜种子基地。同年6月，按照省商业厅通知，多余种子由省统一组织调剂，不得擅自调出省外，人们直接向农民购买的一律不准外运。严格取缔抬价套购，实行蔬菜种子计划繁殖，计划收购，计划价格，计划经营。

20世纪50年代末至60年代，杭州市郊菜区的乡、村、队执行"四自一辅"方针，建立种子站和种子队，繁育蔬菜种子。江干区的井冈山、常青、御道种子队成绩优良，全国各地前来取经。彭埠公社新风大队一直坚持留育良种，花菜、大蒜自选自繁自用；该公社的皋塘大队1961年选留良种1 250多千克，1962年亩产蔬菜6 030千克。四季青公社三叉大队1962年蔬菜品种114个，亩产蔬菜7 147.5千克。1962年建立杭州市蔬菜公司种子批发部，经营蔬菜种子。1977年，乡、村种子队开展杂交制种，菜区多余种子由市蔬菜公司种子批发部收购，一些技术含量高、本地不能制种的种子由该部向外地采购，计划分配给社队，按品种、数量、时间有计划下种生产。1985年在市郊四季青乡番茄试验，北京早红×粤农2号、北京早红×满丝、北京早红×东州24号分别比亲本增产66.7%、60.3%和37.4%。江干区主要蔬菜生产乡镇、大队和生产队普遍建立蔬菜良种场或种子队。四季青乡庆春大队蔬菜种子队，有制种菜地约10亩，建有两间简易房，5~6个农民作业。该大队第二生产队每年有2~3个女劳力做杂交制种的授粉，辣椒、黄瓜等杂交一代（F_1）种子生产队自种有余。杭州郊区杂交优势在辣椒、番茄、黄瓜、大白菜上的利用率接近100%，其他蔬菜上也得到普遍应用。

20世纪80年代，杭州市种子公司、杭州市蔬菜科研所等生产、经营蔬菜种子，逐年繁育蔬菜良种、引进国内外蔬菜新品种。杭州城区经营蔬菜种子的企业有6家，在乡村个体生产经营种子的单位和个人较多，多渠道、多方式更新蔬菜品种。90年代，杭州市有蔬菜良种场45个，其中江干区35个，萧山市7个，桐庐县2个，余杭县1个，加上其他生产经营种子的单位和有制种经验的农户，多数蔬菜种子在杭州本地繁育，主菜区蔬菜杂交优势利用率达60％以上。菜区使用的蔬菜常规种和杂交种品种齐全，质量上乘。由杭州市蔬菜科研所育成的常规种或杂交一代新品种有杭茄1号、杭茄2号、杭茄3号及秋1黄瓜、早青黄瓜等。江干区笕桥镇蔬菜良种场建立规范化的种子繁育基地，每年繁育多品种、大数量的蔬菜种子供应菜区农民。人们还利用地理、劳力等优势，选择到外地制种，茄果类在苏北黄河古道和陕西临潼制种，豇豆在辽宁本溪和江西南昌等地留种，白菜类在山东青岛等地制种，瓜类在天津、太原等地留种，莴苣在四川留种。种子生产实现区域化、专业化和标准化。与此同时，科技人员开展杭州名菜提纯复壮，引进国内外蔬菜新品种，促进蔬菜品种多样化，提高杭州蔬菜生产水平。

四、设施

早在百年前，杭州就有简易的风障、阳畦、温床等用于蔬菜生产。后应用玻璃温室、塑料棚、喷灌、滴灌、无土液膜等，设施不断更新，技术相应改进。

（一）玻璃设施

1929年，中山大学农学院吴耕民教授在市郊菜区示范温床育苗。温床座北朝南，北墙高66~132厘米，南墙高26~33厘米，墙厚23~26厘米，床深16~23厘米，宽132厘米，长8.3米，约用一箱玻璃。温床覆盖面北高南低而倾斜，以充分吸收阳光，挡除风寒。床底放置酿热物发酵生热，利于菜苗生长，菜农称秧窖，后在菜区普遍使用。据四季青乡年报，面积以使用的玻璃框（扇）计算，1976年50 683扇，1977年50 885扇，1980年45 986扇，1982年45 773扇，1983年45 227扇，1984年44 806扇。这种床如不放或少放酿热物叫冷床，严寒时用砻糠、木炭加温称烘床，菜农根据天气选择使用。

随着科技发展，20世纪70年代，浙江农业大学在四季青公社建造100平方米、200平方米、600平方米的玻璃温室各一座，用于蔬菜生产试验示范。后塑料薄膜应用，玻璃设施逐步淘汰。

（二）塑料设施

有小棚、中棚、大棚、温室（连栋大棚）和地膜、遮阳网、防虫网等。以塑料棚加地膜覆盖栽培优势较明显，蔬菜可早熟、高产、优质，一般比露地栽培增产30％、增值80％以上。塑料设施在全市菜区普及，早春夏菜生产覆盖率80％左右，有的蔬菜村几乎家家户户都用。

中、小棚以竹或钢筋架塑料薄膜覆盖，高分别为0.5~1米和1~1.5米，宽以2畦或1畦为度。钢架大棚高2.2～2.5米，宽6～8米，长30米或更长，用镀锌钢管为架。竹架大棚高2米，宽4.5米，长20米或更长，以竹为架，均用塑料薄膜覆盖。菜农为节约成本，采用一道钢管一道竹相间搭成，称钢竹大棚。鉴于钢架大棚成本高，有时国家给菜农一定补贴。一般在冬春使用，用于保温。人们在实践中不断改进覆盖方式，在霉雨季节覆盖塑料薄膜，以减轻雨水对蔬菜特别是叶菜的伤害，菜农称避雨栽培。在夏秋时用遮阳网代替塑料薄膜，以减少烈日暴晒和高温为害，利于蔬菜生长发育。菜农采用大棚套中、小棚，盖膜盖草帘育苗，或加盖地膜夏菜冬种，在零下6℃时蔬菜不受冻害，效果甚好。

20世纪90年代，在单体大棚的基础上发展连栋大棚，又称塑料温室，高3～4米，长40米或更长，2～15连栋或更多。市蔬菜科研所引进以色列的塑料温室7.5～15亩，用电热线加温，叫电热温床（室）。采用计算机自动控温，蔬菜生产设施更加先进，用于蔬菜育苗和试验示范。随后，连栋温室不断涌现，推动蔬菜生产现代化（图4-2）。

图4-2　连栋温室

（三）灌溉设施

自古以来，人们用沟灌和肩挑浇水的方法给蔬菜浇灌。20世纪70年代，响应毛主席"农业的根本出路在于机械化"的号召，市郊菜区进行喷灌试验，由于当时喷灌的水滴大，叶菜易受伤害，且河水易污染堵塞喷头，到80年代这种方法被淘汰。后应用塑料小喷头并改进功能，在蔬菜生产应用效果好，得以推广。

20世纪80年代，用砻糠灰、珍珠岩、蛭石、泥炭，进行无土栽培蔬菜试验；90年代市农业局和江干区农林水利局联合在四季青乡五福村进行营养液栽培瓠瓜示范。该设施由大棚或温室、水驻流池、栽培床、营养液循环和控制系统五大部分组成，采用N、P、K三要素和微量元素配方液栽培。科技含量高，蔬菜质量优，但设备复杂、投资大、成本高、技术难掌握，推广有一定难度。

五、农机具

中华人民共和国成立前，杭州菜区农具简单，耕作粗放。菜农自制自备自用农具，向市场购买少量。蔬菜生产及运输主要靠手推（羊角车）、肩挑（夹担粪桶），耕作用牛犁、锄头、铁耙、刨子等。富裕菜农有船、钢丝车、喷雾器、水车等。土地改革后，菜农互助合作，农具调剂使用。随着蔬菜生产发展，菜区农具需要量增加，供销社开始经营农具，竹制品有：夹担簸、鸡毛簸、双丝簸、斯篮、盘梨、箩筐、竹垫、土箕、簸斗、团箕、撑杆竹、捻秤竹等；木制品有：粪桶、料勺、水车、风车、人力车壳等；铁制品有：铁耙、刨子、锄头、种刀、毛刀、刨菜刀，犁尖、犁壁、爬砂等；棕制品有蓑衣、棕绳等；还有高杆蔬菜架材和保温用的小竹、茅草、稻草等。1955—1956年市郊"典型"——新塘乡吴家村259户1 101人，每户约有刨子三把、铁耙三把、粪桶一双，较大农具有水车、钢丝车、窖地以及有蔬菜育苗用的温度仪等。与中华人民共和国成立前相比，全村窖地增11口（每口蓄菜5 000千克）；钢丝车增9辆，达到11辆。玻璃仅1951—1952年增加30箱。

随着工业发展，塑料制品代替部分竹制品、木制品和棕制品。机动车、双轮车代替人力车、钢丝车和船。菜区普遍经历扁担—羊角车—钢丝车—三轮车—机动车的变迁。菜地灌溉用抽水泵、电动机水泵代替风车、水车等。用于积肥的吸粪泵、泥浆泵大量使用，据四季青乡年报，1979年有吸粪泵127台、泥浆泵34台，1980年有吸粪泵133台、泥浆泵42台。拖拉机代替犁、锄头、铁耙等；治虫防病用电动喷雾器、高压自动喷雾器等代替手摇喷雾器；机械化作业在蔬菜生产中开始试验推广，有大棚内作业的小型耕作机、马铃薯播种机等（图4-3）；运输蔬菜试用冷藏车。

图4-3　大棚内机耕示范

第二节　生产成本

中华人民共和国成立前，农民自由种植、自由买卖蔬菜，粗放经营，生产成本低。农民看价种菜，菜多价廉，成本比值大；菜少价贵，成本比值小。有的农民采摘野菜上市，所投物资成本少，但野菜量少而农民收益微。据《浙江经济年鉴》记述，1933年杭州青菜全年平均零售价为每千克0.03元，《浙江日报》载1949年10月29日杭州茅廊巷菜场青菜每千克100元（旧币折新币0.01元）。

中华人民共和国成立初期，菜区响应政府号召，积土杂肥，施土农药，自留自用种子，蔬菜生产成本较低，菜价低廉。1955年合作化时期，市郊乌龙乡清泰门农业生产合作社对夏季10种蔬菜成本调查，平均每种蔬菜每亩生产成本70.65元，占产值的83.6%，成本最高的是番茄，最低的是五月拔毛豆。

1964年为满足外宾需要，江干区蔬菜试验场在简易日光温室，冬季生产0.5千克黄瓜，消耗燃煤7千克、计成本0.8元。20世纪60年代，商业部对技术性强、劳动强度大、有风险、成本高的蔬菜生产作出相关规定，颁发的《城市蔬菜价格管理法》中指出："菜农的合理收益一般说来就当稍高于粮农低于城市普通工人的收入"。省、市有关部门要求"菜农收入应稍高于粮农，以充分调动菜农的生产积极性，丰产时要防止菜贱伤农，歉收时也要防止减产反而增收的不正常现象"。一

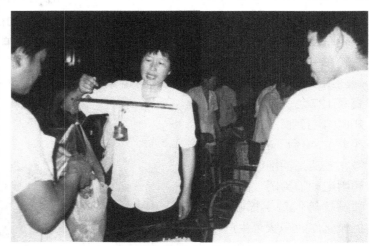

图4-4 蔬菜买卖平和

般情况下，市郊菜区种菜收入比种粮高30%以上。蔬菜产销实行计划经济，农资计划供应，产品计划上市，菜价明文规定后，蔬菜生产的成本相对稳定，蔬菜买卖平和（图4-4）。

20世纪70年代中后期，蔬菜生产的农资不断涨价，乡村企业迅速发展导致劳动力转移，人工价格持续提高。1976年，杭州执行国家计委、商业部、全国供销社、农业部的联合通知，"正确安排蔬菜收购价格，保证菜农的合理收入"。农商部门组织力量，定点笕桥公社井冈山大队第一生产队和

四季青公社光明大队第五生产队，进行蔬菜生产成本专题调研。

改革开放后，菜农看价种菜，"今年什么菜价格高，明年就种什么菜。"一度导致蔬菜生产大起大落、恶性循环。生产资料和人工工资同步涨价，每亩常年菜地的物质费用由1976年的105.78元涨到1984年的168.13元，增加58%；每亩投工的工时有所减少，但工价大幅度增加。"放开"后，菜农思想观念"从以产量为主转向以产值为主"，还一度出现经商务工者菜地广种薄收现象。据初步调查，1990年比1981年蔬菜亩产大幅度下降的原因之一是1981年菜农注重蔬菜产量、1990年则注重经济效益，亩产下降73.8%，而亩产值增加27.2%，但生产成本占产值的比例还是增加4.91%，种菜的经济效益跟不上生产资料和人工工资上涨的速度（表4-2、表4-3）。

表4-2　市郊菜区蔬菜生产资料成本调查

品名	单位	原价	现价	±%	议价
尼龙	元/千克	2.60	2.90	+11.5	—
小竹	元/担	4.16	6.49	+56.0	11.00
车壳	元/只	9.27	13.29	+43.3	—
粪桶	元/付	13.03	20.80	+59.6	—
毛竹	元/支	1.18	1.63	+38.1	2.73
夹担簏	元/付	2.38	4.10	+72.2	—
土箕	元/双	1.16	1.87	+61.2	—
竹柄	元/根	0.64	0.96	+50.0	—
大铁耙	元/个	2.15	3.50	+62.7	—
杉木	元/立方米	89.00	150.00	+68.5	300.00~500.00

注：调查时间为1981年11月15日。

表4-3　菜区生产成本与收益调查

年份		调查面积（亩）	亩产量（千克）	亩产值（元）	物质费用（元/亩）	用工作价（元/亩）	生产成本（元/亩）	成本占产值（%）
1976		—	—	—	105.78	—	—	—
1981		119.30	5 988.5	598.11	137.50	316.47	453.97	75.90
1982		284.88	7 332.3	664.11	209.21	155.45	364.66	54.90
1983		201.53	5 719.0	586.01	181.38	141.00	322.38	55.00
1984		51.30	7 408.3	733.92	168.13	208.35	376.48	51.30
1989		45.22	1 675.6	807.26	174.57	234.45	409.02	50.70
1990		46.10	1 566.8	760.90	215.52	390.42	605.94	79.63
1990比1981年±	值	−73.20	−4 421.7	+162.79	+78.02	+78.95	+151.97	+3.73
	%	−61.40	−73.8	+27.20	+56.70	+23.40	+33.48	+4.91

20世纪90年代采用保护地栽培、反季节栽培，生产成本成倍增加。据市蔬菜科研所资料，采用大棚套小棚、小棚加草帘，严寒时地面铺电热线，生产0.5千克红茄成本6.5元，比露地正常季节栽培0.4元高15倍。在温室或大棚，选用浮板毛管液水培长瓜，冬季栽培成本8元/千克，比露地正常季节栽培0.8元/千克高9倍，结球生菜水培4元/千克，比露地正常季节栽培1元/千克高4倍。采用工厂化育苗，经营养土制作、穴盘上机、包衣种子播种、进入催芽室、绿化室、温床培养90天以上（长龄大苗），每株成本0.15元以上。茄果类蔬菜以亩栽3 000株计，每亩生产地的菜苗成本450元（图4-5）。工厂化水培生菜一年种五六茬，每亩产量约20吨、成本3万元左右，而粗放栽培的青菜毛豆每亩产量6~8吨、成本500~600元，差别十分悬殊。但其经济效益往往与生产成本成正相关，菜农自由选择、量力种植、自由买卖，种菜经济收益差别也大。

图4-5　工厂化育成的苗在大田表现

第五章　菜　农

第一节　劳力结构

南宋至民国时期，杭州市郊望江门（当时称草桥门）外一带，乡民多以种菜为生，常挑菜到城内串街走巷叫卖，故有"草桥门外菜担儿"之说。民国时期，杭城以东、贴沙河以西菜区，劳均负担菜地1亩多，耕作比较精细；贴沙河以东菜区，劳均负担菜地2~3亩，管理较粗放，同时，以户或家族为单位在钱塘江边的围垦地建园种菜，每片数亩至数十亩。卖菜劳力80％为妇女，20％为男人。

中华人民共和国成立后，杭州种菜人口和劳力同步增加。20世纪50年代劳均负担菜地2亩左右。1958年秋至1961年，劳力由人民公社联社统一抽调"大办钢铁"，务菜劳力减少，江干区四季青公社庆春大队原庆华7队60亩菜地只剩4个老年人耕种。1962年贯彻"调整、巩固、充实、提高"方针后，劳力又归队种菜。到70年代后期，随着乡村企业逐渐发展和国家征地招工，强壮劳力进厂，种菜劳力锐减。以四季青乡为例：1978—1979年因国家征地招工而减少种菜劳力就有853人。随之，菜区的经济结构亦有显著变化，江干区笕桥、彭埠、四季青三个乡（镇）的乡村企业产值占工农业总产值的比重由1979年43.9％上升到1980年55.4％，而蔬菜产值比重则由1979年27.2％下降为20％。劳动力大量向非农业转移，四季青乡1984年12 451个劳动力中从事农业（蔬菜）5 718人、占45.9％，林业140人、占1.1％，牧业228人、占1.8％，副业1 672人、占13.4％，渔业667人、占5.4％，工业1 712人、占13.7％，建筑业568人、占4.6％，交通运输业和邮电业355人、占2.9％，商业饮食服务业481人、占3.9％，科学研究事业73人、占0.6％，文教卫生和社会福利事业107人、占0.9％，行政管理185人、占1.5％，外包工及其他545人、占4.4％。1985年劳均负担菜地2.27亩，比1966年增加1.77倍（表5-1、表5-2）。在种菜的劳力中，青壮年很少（占10％），中年不多（占20％~30％），老年为主（约占50％以上），承包户成了"承包父"。

菜地承包到户后，菜区劳力"早晨是商人，白天是工人，傍晚当农民（早晨卖菜、白天做工、傍晚种菜）"，成了"多功能农民"。由于种菜劳力不足，家庭老人、小孩和妇女帮忙，有时成为主要力量，人们戏称为"70（老人）61（儿童）38（妇女）部队"。

表5-1　江干区四季青乡劳力与耕地面积统计

年份	耕地面积（亩）	劳力（人）	乡村企业外出劳力（人）	实际务农劳力（人）	劳均面积（亩）	望江村骨干菜农人均面积（亩）
1966	9 247.36	11 439	144	11 295	0.82	5
1970	11 965.28	11 288	537	10 751	1.06	6
1975	12 148.13	13 471	1 690	11 781	1.03	8
1980	10 056.69	13 776	4 801	8 975	1.12	10
1985	7 602.03	12 279	8 929	3 350	2.27	40

表5-2　江干区四季青乡劳力与产菜量统计

年份	常年性蔬菜基地（亩）	年产量（吨）	劳力（人）	劳均产量（千克）	除企业外劳力	
					劳力（人）	劳均产量（千克）
1966	5 600	42 896	11 439	3 750	11 295	3 798
1970	6 800	52 703	11 288	4 669	10 751	4 902
1975	7 600	47 400	13 471	3 519	11 781	4 023
1980	8 100	51 178	13 776	3 715	8 975	5 702
1985	8 100	52 758	12 279	4 297	3 350	15 749

第二节　菜农生活

中华人民共和国成立以前，米价昂贵，菜价低贱，一担油冬儿青菜只能换回一升（0.75千克）大米，菜农所得收入不能维持温饱。每到"青黄不接"，常常无米下锅，通常是"油菜花杀顶（开花到顶）肚皮饿得笔挺"。穿着方面冬天多数是用"脱壳棉袄（内一件土布衫外一件破棉袄）、两条布裤"御寒。住房除少数富裕户外，尽皆草舍。若遇灾年，则卖儿丢女或外出逃荒要饭。

中华人民共和国成立后，菜农组织互助组、合作社。1953年开始，国家对菜区供应统销粮，每人每月还凭票供应食油250克，菜农生活逐渐安定。1958年秋至1960年"大跃进"时期，市郊菜区曾实行"吃饭不要钱、每月6元零花钱"的"供给制"，人人都吃食堂"大锅饭"。因国家经济发生困难，1959年菜农口粮减至220千克／年，实行"瓜菜代粮"，菜农营养不良，不少人出现浮肿病。1962年，纠正"五风"，撤销食堂，恢复各户自炊。1965年菜农口粮增到240千克／年。每月供应食用油100克。1968年"文化大革命"贯彻"菜农不吃商品粮"，钱塘江围垦地大规模种粮种油菜，所种粮食能满足一个季度，不足部分仍由国家供应。

　　20世纪70年代，菜农三餐白米饭，餐餐有荤菜。一年四季衣着齐全，家家户户电灯照明。统一规划，由村补助，菜农自建平房（瓦房），住宅成群，房屋成排，并出现二层小楼房。1979年，四季青乡五福村集体拆迁草舍14户38间，建社员新村二层楼二幢26间，还实行合作医疗社员报销80％，老年社员退休有劳保，妇女计划生育有产假，幼儿园、托儿所、中小学免费入学（入托），社员免费理发，并逐步向菜区推广。

　　80年代，菜农吃、穿、住、用趋向"城市化"，菜区房屋日见翻新，95％以上菜农建起楼房，房前屋后均菜地，菜农劳作方便，管理勤劳（图5-1）。1982年，四季青乡菜农私人建房2 569.5间，建筑面积65 919.8平方米，投资341.87万元；1984年建房2 442间，建筑面积89 803.3平方米，投资604.1万元。菜农口粮得到保障，仅四季青乡从1976年到1984年，国家供应粮食年均5 616.7吨，加自产部分，年人均实际消费粮食287.5千克（表5-3）。菜农饮食开始讲究营养，到1985年，菜农生活普遍富裕。据四季青乡年终统计资料，全乡6 495户，19 451人，人均收入达到898.32元，比1966年增加5.65倍（表5-4）。菜农衣着"冬有毛料，夏有涤纶，春秋有两用衫，晴穿皮鞋，雨穿半筒胶鞋"，80％家庭有电视机，60％农户有收录机，户户有三轮车（运菜）、自行车和电风扇，20％农户还有电冰箱，25％农户有洗衣机。21世纪菜区向广大农村延伸，"菜农"的概念逐渐淡化，新菜区农民生产生活趋向普通农民。

图5-1　杭州市郊菜农在劳作

表5-3　江干区四季青乡菜农口粮统计　　　　　　　　单位：千克

年份	国家统销粮	加自产部分人均口粮
1976	4 784 900.0	307.5
1977	5 794 656.5	282.5
1979	6 053 661.5	297.0
1980	5 978 560.5	295.0
1982	5 221 800.0	284.0
1983	5 760 340.0	272.1
1984	5 722 890.0	274.1
平 均	5 616 686.9	287.5

表5-4　江干区四季青乡菜农收入统计

年份	人口（人）	劳力（人）	人均收入（元）	劳均收入（元）
1966	20 772	11 439	135.03	242.25
1970	22 015	11 288	146.40	281.24
1975	23 074	13 471	189.06	318.87
1980	22 080	13 776	344.06	551.45
1985	19 451	12 279	898.32	1 423.01

第六章　蔬菜种类

远古杭城位置为大海，年复一年泥沙沉积，形成西湖位置的低洼湿地，以"蒲"为主的野生水生蔬菜繁殖。山丘陆地，遍地生长的多种野生蔬菜得以改良。天竺山区居住的人们栽培并食用蔬菜，烹饪蔬菜不断传播。地产菜、烹饪菜品种相继增加，传统名菜形成。

第一节　地产菜

早在宋代杭州蔬菜就有40余种。每一种蔬菜又有许多品种，清代《杭州府志》载：黄矮（芽）菜分南北两种，南产者惟杭州太平门外沙地产为最。《钱塘县志》记载，芥菜就有：青芥、紫芥、白芥、南芥、刺芥、旋芥、马芥、花石芥、皱叶芥、芸苔芥。民国时期，引进许多优良品种，如番茄、榨菜、豆薯、地瓜、花菜、包心菜等。1949年中华人民共和国成立后，浙江大学农学院、浙江省农业科学院、杭州市农业（水）局、郊区蔬菜技术推广站等相继建立，开展蔬菜育种和推广。加上群众性的蔬菜引种与选育，到1954年，杭州蔬菜已有137个品种。尔后，市种子公司和市蔬菜科研站等蔬菜工作机构的建立，并与市、县、乡级农业管理部门协同，先后培育和从国内外引进200多个品种，经生产和消费的检验，筛选出适于该市的优良品种40余个。这些新品种的推广，在丰富杭州市蔬菜种类的同时，带来较大的经济和社会效益。如"淡季蔬菜引种"课题组引进30个品种，筛选出日本大葱、荷兰刀豆、美国甜豌豆、黄秋葵（图6-1）、肉丝瓜、

图6-1　黄秋葵

金丝瓜等6个品种，仅1987—1990年就推广9 815亩，生产蔬菜20 000余吨。从浙江省农业科学院引进的"之豇28-2"豇豆、"早熟5号""早熟6号"白菜、浙杂系列番茄，以及杭州市蔬菜科学研究所育成的杭茄系列茄子，已成为主栽品种。杭州蔬菜已发展为14类、87种300多个品种（表6-1）。

表6-1 杭州市蔬菜品种一览

类	种	品种
根菜	萝卜	小勾白、大勾白、大缨洋红、迟花萝卜、一点红、闷碗种、一刀种、如皋种、浙大长、小白萝卜、花缨子、心里美、青皮萝卜、圆白萝卜、上海圆红、T-734春萝卜、夏萝卜、白雪春2号
	胡萝卜	三红胡萝卜、红胡萝卜、黄胡萝卜
	芜菁甘蓝	上海芜菁甘蓝
	大头菜	本大头菜
	牛蒡	普通种
白菜	普通白菜	杭州油冬儿、四月慢、半早儿、迟油冬儿、蚕白菜、油白菜、火白菜、克叶白菜、绍兴矮黄头、长梗白菜、瓢羹白菜、荷叶白菜、粉皮青、塌棵菜、红菜苔、菜心、杭绿3号
	结球白菜	早京皇、小白口、早白、旅城4号、城青2号、青杂5号、青杂3号、旅大小根、小青口、城阳青、福山包头、杭州黄芽菜、慈溪黄芽菜、早金黄×小白口、双耐、速生20、浙白6号、早熟5号、早熟6号、黄芽14、浙白5号、早熟8号
芥菜	雪里蕻	细叶雪里蕻、大叶雪里蕻
	大叶芥	牛舌头芥、乌筋芥、板叶芥、铁棒芥
甘蓝	结球甘蓝	上海鸡心、牛心、大平头、黄苗、京丰1号、黑叶小平头、夏光甘蓝、抱子甘蓝、紫甘蓝、浙甘85、晓春、旺旺、春丰007
	花椰菜	60天、80天、100天、杭州120天、温州120天、荷兰140天、瑞士雪球、丹麦雪球、国王6号、台绿3号、浙017、台松65天、浙农松花50天、浙青80、台绿3号、绿雄90
	芥蓝	迟花芥蓝、细叶早芥蓝
绿叶菜	莴苣	笔杆种、南京紫皮香、二白皮、挂丝红、生菜
	菠菜	火冬（筒）菠、南京圆叶菠、塌地菠、圆籽菠
	芹菜	杭州青芹、白芹、西芹
	苋菜	一点红、白米苋、红米苋
	茼蒿	细叶茼蒿、大叶茼蒿
	芦蒿	普通种
	蕹菜	白花子蕹
	香菜	小叶香菜、荷兰香菜
	苦苣	绉叶种、阔叶种
	甜菜	普通种
	木耳菜	青梗落葵
葱蒜	洋葱	红皮洋葱、黄皮洋葱、上海圆红
	大蒜	干枯种、上海嘉定大蒜、阔叶大蒜、四川种

（续表一）

类	种	品种
葱蒜	葱	雪葱、麦葱、四季葱
	韭菜	雪韭、绵韭、杭州雪韭、贵州阔叶
	大葱	山东梧桐葱、日本大葱
茄果	番茄	浙圆6-73、瑞光、强力米寿、早雀钻、日本大红×101T₆、101T₆×20T、红丰、菲络瑞脱×北京早红、北京早红×粤农2号、北京早红×满丝、北京早红×东州24号、以色列番茄、浙樱粉1号、黄妃、奥美拉1618、浙杂503、浙杂712、浙杂205、浙粉208、钱塘旭日、浙粉702、航杂3号
	茄子	杭州藤茄（杭州红茄）、弄口红茄、杂交红茄、圆白茄、青皮茄、杭茄1号、杭茄2010、浙茄10号、慈茄1号、紫秋、紫妃1号、杭茄2008、浙茄3号
	辣椒	杭州鸡爪×吉林早椒、杭州鸡爪×湖南伏地尖、杭州鸡爪×茄门甜椒、杭州鸡爪×穿地龙、羊角椒、杭州鸡爪椒、弄口早椒、吉林早椒、伏地尖、穿地龙、晒干椒、茄门椒、大羊角椒、黑壳×茄门、彩色甜椒、杭椒1号、杭椒12号、浙椒3号、衢椒1号、浙椒1号、采风1号、千丽2号、蓝园之星
瓜	黄瓜	杭青2号、杭青1号、乳黄瓜、杭州青皮、上海杨行、长春密刺、黑龙、津研3号、津研2号、津研4号、白皮种、圣绿10-9、碧翠19、碧翠18、浙秀1号、津优1号
	南瓜	糖饼南瓜、黄狼南瓜、十姐妹、猪头南瓜、石墩南瓜、青皮种、癞子种、崇明金丝瓜、禄福305、翠栗1号、华栗、胜栗
	冬瓜	圆冬瓜、广东青皮、长沙粉皮、乌干达冬瓜、白皮种
	瓠瓜	杭州长瓜、牛腿葫芦、腰葫芦、浙蒲6号、浙蒲9号、越蒲1号
	丝瓜	铁皮丝瓜、铜皮丝瓜、棒锤丝瓜、肉丝瓜
	佛手瓜	白皮种
	苦瓜	白苦瓜、青苦瓜、浙绿1号
	甜瓜	青皮菜瓜、黄金瓜、雪梨瓜、海冬青、花皮梢瓜、网纹甜瓜、利丰佳密、甬甜7号
	西瓜	蜜宝、中育1号、浙蜜1号、解放瓜、蜜宝×兴城红、兴城红、新登1号、马铃瓜、小白、台黑、新红宝、浙蜜3号、利丰4号、早佳、浙蜜5号、提味、利丰1号
豆	菜豆	白花四季豆、红花四季豆、春分豆、供给者、荷兰刀豆
	豇豆	红嘴燕、之豇28-2、青豇豆、紫皮红、七寸红、512豇豆、之豇618、浙翠3号
	毛豆	四月拔、五月拔、六月拔、七月拔、五香毛豆、上海香子毛豆、春绿、台湾75、浙鲜9号、浙鲜12号、新3号、浙鲜86、开科源12号、浙农6号、衢鲜5号、衢鲜2号
	蚕豆	杭州青皮、三月黄、铜板青、双绿5号、慈蚕1号、慈溪大白蚕、日本寸蚕
	豌豆	白花豌豆、阿拉斯加、大荚红花豌豆、美国甜豌豆、浙豌1号、中豌6号、中豌4号、食荚豌豆、小青豆
	扁豆	红筋扁、长沙红花扁豆、白花扁豆、红花扁豆、鲫鱼扁豆、蝴蝶扁豆、紫黑、八月节
薯芋	芋	白梗芋、红梗芋、槟榔芋、绍兴早芋
	马铃薯	红眼睛、克新3号、克新1号、兴佳2号、中薯3号、东农303、克新4号
	姜	红爪姜、黄爪姜
	草石蚕	普通种
	菊芋	普通种
	山药	普通种

（续表二）

类	种	品种
水生蔬菜	茭白	梭子茭、蚂蚁茭、一点红、面条茭、中介茭、象牙茭、宁波早茭、浙茭7号
	藕	白花藕、红花藕、早熟田藕
	菱	水红菱、无角菱、馄饨菱、抱角菱、白壳子、畅角菱、扒菱
	荸荠	大红袍
	慈姑	江南种、江北种
	莼菜	红梗种、黄梗种
	芡	苏州紫花芡、苏州白花芡
	水芹菜	七档种
多年生及杂类	竹笋	毛笋、早笋、花哺鸡、白哺鸡、乌哺鸡、淡笋、水竹笋、雷笋、花壳笋、刚笋、石笋
	香椿	红油香椿
	黄花菜	荆州花、茶子花、猛子花、四月花、大乌嘴
	芦笋	玛丽华盛顿、UC800、UC175
	黄秋葵	新东京5号、五福
	菜玉米	金银208、申科甜2号、杭糯玉21、沪紫黑糯1号、美玉7号、金玉甜2号、郑单958
	紫背天葵	普通种
食用菌	平菇	831、16-1、16-2、16-3、凤尾菇、华丽平柳、青平四号
	香菇	8065、8517、82-2、856、L808、浙香6号
	蘑菇	浙农二号、12051、闽一号、12-1、W192
	草菇	V23、595、844
	杏鲍菇	兴科11号
	猴头菇	常山99
	木耳	黑山、杂交木耳、毛木耳、沪耳1号
	金针菇	SFV-9、杭16、雪秀1号
	灵芝	红灵芝
	灰树花	151、152
	竹荪	Di03、Di06
野生蔬菜	荠菜	板叶荠菜、花叶荠菜
	马兰	普通种
	菁	普通种
	蕨菜	普通种
	芝麻菜	普通种
	胡葱	普通种
	马齿苋	普通种
	艾草	普通种
	地衣	普通种

注：1.系不完全名录；含曾栽种的蔬菜品种；普通种指品种名称不详，农艺性状普通，暂名。

2.杭州市民将瓢羹白菜和荷叶白菜统称长梗白菜，县域居民则有农家品种长梗白菜。

第二节 烹饪菜

自古以来，民间烹饪蔬菜方法多样，品种无数。1986年，市饮食服务公司在杭州传统菜肴中选定有代表性的菜品350只，形成《杭州菜谱》，其中以蔬菜为原料之一的菜品332只。蔬菜原料在菜肴中所占比例不一，有的菜肴以蔬菜为主料烹饪而成，有的则用葱姜调味即得（表6-2）。随着人类的进步，人们禁捕、禁食野生动物，野味菜类改良。

表6-2 1986年杭州菜谱含蔬菜原料的菜品

类型	菜品名称	原料
拼盘冷菜类	双喜临门	熟鸡脯肉、卤香菇、蛋白糕、蛋黄糕、卤鸭肉、枇杷、樱桃、琼脂、熟火腿、精盐、味精、绍酒
	六和观潮	熟鸡脯肉、卤鸭脯肉、熟火腿、蛋黄糕、盐水虾、卤香菇、蛋白糕、蛋皮、鱼茸、番茄、黄瓜、樱桃、芝麻油、琼脂、精盐、味精
	曲院风荷	琼脂、糖核桃肉、蛋白糕、圆青椒、蛋黄糕、泡红椒、熟鸡脯肉、小葱、熟火腿、绿叶汁、熟牛肉
	彩蝶总盘	咖啡冻糕、胡萝卜、熟火腿、糖水枇杷、蛋黄糕、樱桃、蛋白糕、卤香菇、熟鸡脯肉、小葱、卤鸭脯肉、精盐、青黄瓜
	孔雀迎宾	熟白鸡脯、卤鸭脯、方火腿、卤冬菇、蛋白糕、龙眼、蛋黄糕、番茄、红樱桃、嫩黄瓜、琼脂、鸡蛋清、精盐、味精
	双鱼戏水	熟鸡脯肉、黄瓜、卤鸭脯肉、听装小竹笋、熟瘦火腿、听装荔枝、熟火踵、红樱桃、盐水大虾、听装葡萄、蛋黄糕、白糖、卤香菇、醋、柿子椒、精盐、绿菜叶、味精、琼脂、芝麻油
	十景总盘	熟鸡脯肉、蛋黄糕、卤鸭脯肉、素火腿、熟火腿、绿蔬菜、叉烧肉、盐水大虾、蛋白糕、松花皮蛋
	五彩拼盘	熟鸡脯肉、盐水虾、卤鸭脯肉、五彩丁、熟瘦火腿、蛋清、蛋黄糕、香菜、素烧鹅、泡红椒、黄瓜
	三拼冷盘	卤鸭肉、精盐、叉烧肉、味精、净笋肉、芝麻油
	双拼冷盘	净熟白鸡、香菜、盐水大虾、芝麻油、熟酱油
	薄片火腿	熟火腿上方雄爿净肉、熟火腿皮、臕油及碎料、香菜叶
	羊糕	出骨净羊腿肉、桂皮、生猪肉皮、绍酒、萝卜、酱油、葱结、味精、姜块、白糖、八角茴香
	肉丝粉皮	熟猪腿瘦肉、粉皮、黄瓜、味精、精盐、芝麻酱、蒜泥、芝麻油、芥末粉、辣椒油
	杭州酱鸭	肥鸭、葱段、姜块、火硝、绍酒、酱油、白糖、精盐
	杭州卤鸭	宰净肥鸭、桂皮、姜、葱、酱油、白糖、绍酒
	冻鸡	子鸡、葱、熟火腿、姜片、水发琼脂、花椒、香菜、绍酒、发菜、精盐、绿蔬菜、味精

（续表一）

类型	菜品名称	原料
拼盘冷菜类	盐水鸡	嫩母鸡、绍酒、葱结、精盐、姜片、味精、花椒
	盐水虾	鲜活大虾、绍酒、葱结、精盐、姜块（拍碎）、味精
	冻鸭掌	熟净出骨大鸭掌、白汤、熟火腿、葱结、水发琼脂、姜片、水发香菇、绍酒、绿蔬菜、精盐、香菜、味精
	凉拌四宝	鸡脯肉、熟鞭笋肉、熟火腿、蛋清、浆虾仁、绿蔬菜、鸡肫、绍酒、猪肚尖、精盐、熟净出骨鸭掌、味精、水发香菇、湿淀粉
	卤肫肝	鸭肫肝、葱结、绍酒、姜块、酱油、八角茴香、白糖、桂皮
	鸡丝洋菜	熟鸡脯肉、酱油、水发琼脂、精盐、熟火腿丝、味精、净脆瓜丝、芝麻油、芥末粉、芝麻酱
	如意蛋卷	鸡蛋、绍酒、鱼泥、姜汁水、熟火腿末、精盐、猪肥膘、味精、葱、熟猪油、干淀粉
	酥鱼	鲜活青鱼（或草鱼）、葱、绍酒、姜块、酱油、八角、白糖、桂皮、精盐、五香粉、熟菜油、糟烧酒
	冬笋虾卷	熟冬笋肉、浆虾仁、熟火腿末、熟猪油、蛋清、精盐、绍酒、味精、葱末、干淀粉
	虾仁莼菜	鲜莼菜、味精、浆虾仁、芝麻油、精盐
	辣白菜	胶菜（大白菜）、白糖、干红椒丝、醋、姜丝、精盐、花椒、芝麻油
	酸辣莴苣	莴苣笋、白糖、干红椒丝、醋、姜丝、精盐、花椒、芝麻油
肉菜类	东坡肉	猪五花条肉、姜块、白糖、绍酒、酱油、葱
	荷叶粉蒸肉	猪五花条肉、鲜荷叶、粳米、籼米、葱丝、姜丝、山奈（中药材）、桂皮、八角、丁香、甜面酱、绍酒、酱油、白糖
	芙蓉肉	猪里脊肉、鲜虾仁、生猪板油、熟火腿瘦肉、青菜心、香菜叶、鸡蛋清、姜丝、花椒、酒酿汁、绍酒、辣酱油、精盐、味精、干淀粉、熟菜油、芝麻油
	南肉春笋	熟净五花咸肉、生嫩春笋肉、绿蔬菜、咸肉原汤、绍酒、味精、熟鸡油
	金银蹄	猪蹄膀、火踵、葱、绿蔬菜、绍酒、精盐、味精、姜
	樱桃肉	猪五花条肉、绿蔬菜、葱、姜、红曲米粉、绍酒、酱油、白糖、精盐、味精、熟猪油
	南乳肉	猪五花条肉、红腐乳卤、绿蔬菜、红曲米粉、葱结、姜块、绍酒、酱油、白糖、精盐、味精、熟猪油
	走油肉	猪五花条肉、葱结、净青菜、桂皮、姜丝、醋、八角、绍酒、肉汤、白糖、酱油、熟菜油
	梅子肉	猪精肉、绍酒、肥膘、白糖、净网油、酱油、鸡蛋清、醋、净荸荠（地栗）、精盐、姜汁水、葱、干淀粉、芝麻油、湿淀粉、熟猪油、胡椒粉
	锅烧肉	猪五花条肉、白糖、绍酒、葱结、姜、酱油、鸡蛋、面粉、精盐、湿淀粉、花椒盐、甜面酱、熟猪油
	一品南乳肉	猪五花条肉、绿蔬菜、葱、姜、红腐乳卤、红曲粉、绍酒、酱油、白糖、精盐、味精、熟猪油

（续表二）

类型	菜品名称	原料
肉菜类	腐皮葱花肉	泗乡豆腐皮、猪腿肉、葱花、鸡蛋、面粉、绍酒、湿淀粉、味精、精盐、花椒盐、甜面酱、熟猪油
	玉簪里脊	猪里脊肉、熟火腿瘦肉、绿色小菜心、水发香菇、青菜梗、蛋清、水发发菜、精盐、白汤、绍酒、味精、葱段、湿淀粉、熟猪油
	象牙里脊	猪里脊肉、冬笋肉（或鞭笋）、鸡蛋清、绿蔬菜、葱、绍酒、味精、精盐、湿淀粉、干淀粉、熟猪油
	炒里脊丝	猪里脊丝、熟笋丝、蛋清、精盐、味精、绍酒、葱段、湿淀粉、熟猪油、白汤
	软炸里脊	猪里脊肉、鸡蛋、湿淀粉、面粉、花椒粉、绍酒、酱油、京葱末、味精、精盐、甜面酱、花椒盐、熟猪油
	滑溜里脊	猪里脊肉、蛋清、味精、葱段、湿淀粉、白汤、姜汁、精盐、绍酒、熟猪油
	芝麻里脊	猪里脊肉、芝麻、面粉、鸡蛋、辣酱油、绍酒、胡椒粉、精盐、葱白末、味精、辣酱油、番茄沙司、熟猪油
	菜包里脊	猪里脊肉、蛋清、青菜叶、葱丝、姜汁水、味精、绍酒、精盐、芝麻油、湿淀粉、醋、熟猪油
	梅林里脊	猪里脊肉、醋、梅林番茄沙司、面粉、蛋清、绍酒、湿淀粉、精盐、酱油、白糖、味精、熟猪油
	糖醋里脊	猪里脊肉、面粉、葱段、绍酒、酱油、白糖、醋、精盐、湿淀粉、芝麻油、熟菜油
	白果里脊	猪里脊肉、精盐、白果肉、味精、水发香菇、醋、葱段、湿淀粉、绍酒、芝麻油、酱油、熟猪油、白糖
	脆瓜里脊	猪里脊肉、绍酒、熟笋肉、葱段、爽脆瓜、清汤、蛋清、湿淀粉、精盐、熟猪油、味精
	生仁里脊	猪里脊肉、白糖、油氽花生米、精盐、葱白、味精、蛋清、湿淀粉、绍酒、芝麻油、酱油、熟猪油
	五香肉丝	猪肉丝、酱油、熟笋丝、白糖、五香紫大头菜丝、味精、葱段、白汤、绍酒、熟猪油
	糖醋排骨	猪子排、面粉、葱段、绍酒、酱油、白糖、精盐、醋、湿淀粉、芝麻油、熟猪油
	椒盐排骨	猪子排、精盐、面粉、酱油、绍酒、味精、芝麻油、湿淀粉、熟猪油、葱末、花椒粉、花椒盐、葱白段、甜面酱
	酥牛肉	牛腿肉、绍酒、葱、酱油、姜、白糖、桂皮、芝麻油、八角
	芹菜牛肉	嫩牛里脊肉、芹菜、葱、绍酒、酱油、精盐、味精、蛋清、湿淀粉、芝麻油、熟菜油
	葱爆羊肉	羊腿肉、精盐、大葱、味精、绍酒、湿淀粉、姜汁水、芝麻油、白糖、熟菜油、酱油
	南炒腰花	猪腰、绍酒、熟火腿、荸荠、味精、水发香菇、湿淀粉、葱段、白汤、熟猪油
	炸麻花腰	猪腰、绍酒、熟猪肥膘、精盐、蛋清、味精、香菜、面粉、番茄汁、湿淀粉、甜面酱、熟猪油
	生炒软肝	鸡肝、酱油、熟笋片、精盐、水发香菇片、味精、葱段、白糖、绍酒、湿淀粉、醋、白汤、熟猪油、芝麻油
	生炒肚尖	猪肚尖、熟火腿、熟笋片、绍酒、水发香菇片、精盐、绿蔬菜、味精、葱段、湿淀粉、熟猪油

（续表三）

类型	菜品名称	原料
肉菜类	四喜丸子	猪腿肉（瘦七肥三）、白糖、鸡蛋、酱油、青菜心、精盐、绍酒、湿淀粉、姜汁水、葱末、浓白汤、熟猪油
	蟹粉蹄筋	水发蹄筋、酱油、蟹粉、白糖、香菜叶、醋、葱段、精盐、姜末、味精、鸡清汤、湿淀粉、绍酒、熟猪油
水产菜类	西湖醋鱼	草鱼、白糖、酱油、醋、绍酒、湿淀粉、姜末、胡椒粉
	白汁全鱼	草鱼、熟火腿、熟鸡脯肉、蛋黄糕、水发香菇、熟豌豆（或绿蔬菜）、姜片、葱结、精盐、葱段、湿淀粉、味精、熟猪油、熟鸡油、胡椒粉、姜末醋
	五柳全鱼	草鱼、水发香菇、冬笋、熟火腿、葱、绍酒、姜、白糖、酱油、湿淀粉、醋
	麒麟桂鱼	桂鱼、鸡蛋清、番茄酱、大茴香、陈皮、胡萝卜、糖樱桃、姜、葱、绍酒、绿蔬菜、白糖、精盐、酱油、味精、白汤、湿淀粉、熟菜油、芝麻油、熟猪油
	煨烤桂鱼	桂鱼、猪精肉、京葱、猪网油、姜丝、山柰（中药）、绍酒、鲜荷叶、白糖、酱油、熟猪油、味精、麻绳、精盐、酒坛泥、粗盐
	八宝桂鱼	桂鱼、猪网油、熟鸡脯肉、姜片、熟干贝、葱结、熟火腿、葱段、熟鸡肫、绍酒、熟猪瘦肉、白糖、熟猪肥膘、精盐、水发冬菇、味精、熟笋肉、清汤
	丰收龙舟	桂鱼、熟猪肥膘、鸡蛋、干淀粉、鱼茸、精盐、红曲粉、绍酒、味精、番茄沙司、葱、姜丝、熟菜油、甜面酱、熟猪油
	炸溜黄鱼	黄鱼、熟笋肉、熟猪料肉、水发香菇、酱油、醋、白糖、湿淀粉、葱白、清汤、绍酒、芝麻油、熟猪油
	烟熏黄鱼	黄鱼、白糖、香菜、精盐、葱、味精、姜片、辣酱油、姜丝、醋、花椒、花椒盐、绍酒、芝麻油
	卤瓜氽黄鱼	黄鱼、葱结、卤瓜、嫩笋片、卤瓜汁、味精、姜块、熟猪油、绍酒
	钱江鲈鱼	鲜鲈鱼、绍酒、熟火腿、精盐、熟笋片、味精、水发香菇、熟猪油、熟肥膘丁、葱结、姜片、葱段、姜末醋
	清蒸鲥鱼	鲥鱼、姜块、猪网油、绍酒、熟火腿、白糖、水发香菇、精盐、笋尖、味精、甜酱瓜、甜姜、熟猪油、葱结、姜末醋、葱段
	清蒸鳊鱼	新鲜鳊鱼、葱结、熟火腿、精盐、生笋尖片、味精、水发香菇、绍酒、板油丁、葱段、姜片、清汤、姜末、醋
	蛤蜊氽鲫鱼	活鲫鱼、蛤蜊、绿蔬菜、葱结、姜块、绍酒、精盐、熟鸡油、味精、熟猪油、姜末醋、白汤
	萝卜丝氽鲫鱼	活鲫鱼、萝卜、葱结、味精、姜块、姜末醋、精盐、熟鸡油、绍酒、熟猪油
	春笋步鱼	鲜活步鱼、嫩春笋肉、葱段、酱油、绍酒、精盐、白糖、熟猪油、湿淀粉、芝麻油、味精、胡椒粉
	象牙步鱼	新鲜大步鱼、绿蔬菜、熟火腿、葱段、蛋清、清汤、水发香菇、绍酒、精盐、熟鸡油、味精、湿淀粉、熟猪油
	酱烧步鱼	生净整步鱼、熟猪膘油、葱段、白糖、姜、味精、豆瓣酱、湿淀粉、绍酒、熟猪油、酱油
	沙锅鱼头豆腐	花鲢鱼头、嫩豆腐、水发香菇、熟笋片、绍酒、姜末、酱油、嫩青蒜、白糖、豆瓣酱、味精、熟猪油

类型	菜品名称	原料
水产菜类	鱼头浓汤	花鲢鱼头、熟火腿瘦肉、绍酒、菜心、精盐、葱结、味精、姜块、熟猪油、熟鸡油
	红烧划水	青鱼尾、笋肉、水发香菇、熟膘油、葱白、姜、葱段、酱油、绍酒、味精、白糖、熟猪油、湿淀粉、芝麻油
	豆豉烧中段	桂鱼（或草鱼）中段肉、豆豉末、葱末、姜末、肥膘末、绍酒、酱油、白糖、味精、熟猪油、芝麻油
	辣子鱼块	草鱼、酱油、盐泡红椒、白糖、熟笋肉、味精、水发香菇、湿淀粉、葱、麻辣油、姜、熟猪油、绍酒
	荔枝鱼块	带皮净草鱼肉、鲜荔枝（或听装荔枝）、熟笋肉、水发香菇、鸡蛋、葱段、番茄汁、绍酒、酱油、白糖、精盐、味精、醋、面粉、湿淀粉、芝麻油、熟猪油
	醋溜块鱼	草鱼、醋、绍酒、姜末、酱油、湿淀粉、白糖、胡椒粉
	炒醋鱼块	鲢鱼、白糖、绍酒、醋、酱油、湿淀粉、葱段、芝麻油、葱末、熟猪油、姜末、胡椒粉
	芙蓉鱼片	鱼茸、熟火腿片、水发香菇片、豌豆苗、绍酒、精盐、味精、湿淀粉、熟鸡油、白汤、白净熟猪油
	锅贴鱼片	去皮桂鱼肉、火腿末、浆虾仁、绍酒、半熟猪膘油、精盐、鸡蛋、味精、荸荠、胡椒粉、干淀粉、醋、湿淀粉、芝麻油、香菜、熟猪油
	番茄鱼片	净草鱼肉、鲜番茄、蛋清、清汤、葱段、绍酒、精盐、味精、湿淀粉、熟猪油
	糟溜鱼片	净鱼肉、蛋清、绍酒、香糟、精盐、白汤、味精、葱段、湿淀粉、姜汁水、熟猪油
	烩鱼白	鱼泥（最好用白鱼或桂鱼肉）、熟火腿、精盐、鸡蛋清、味精、葱段、湿淀粉、姜汁水、白汤、绿蔬菜、熟猪油、绍酒、熟鸡油
	桂花鱼条	净鱼肉、鸡蛋、面粉、湿淀粉、精盐、味精、绍酒、胡椒粉、姜汁水、甜面酱、花椒盐、熟猪油
	高丽鱼条	净鱼肉、蛋清、干淀粉、湿淀粉、精盐、味精、绍酒、胡椒粉、熟猪油、姜汁水、甜面酱、花椒盐
	五彩鱼丝	桂鱼（或鲈鱼）、熟火腿、水发香菇、蛋黄糕、葱、蛋清、白汤、姜汁水、精盐、绍酒、湿淀粉、味精、熟鸡油、熟猪油
	五色鱼丁	生净桂鱼肉（或黄鱼肉）、熟火腿、绍酒、蛋黄糕、精盐、水发香菇、味精、熟青豆、蛋清、葱段、湿淀粉、嫩姜、熟猪油
	鱼肉夹火腿	净桂鱼肉（或黄鱼、鲈鱼肉）、熟火腿片、绍酒、熟猪肥膘、精盐、鸡蛋、味精、青菜叶、干淀粉、香菜、上白面粉、甜面酱或花椒盐、熟猪油
	鱼夹蜜梨	鲜活桂鱼、蜜梨、精盐、胡椒粉、味精、绍酒、面粉、白糖、鸡蛋黄、土司粉（面包粉）、绿蔬菜或听装水果、姜汁水、熟菜油
	蝉衣鱼卷	桂鱼、泗乡豆腐皮、葱、姜丝、胡椒粉、精盐、绍酒、味精、鸡蛋、湿淀粉、面粉、花椒盐、葱白头、甜面酱、熟菜油
	三丝鱼卷	带皮草鱼肉、绍酒、熟火腿瘦肉、精盐、熟鸡肉、味精、水发香菇、湿淀粉、绿蔬菜、熟猪油、葱、熟鸡油、姜汁水
	炸鱼卷	净草鱼肉、鸡蛋、猪网油、荸荠、熟猪膘油、姜末、香菜、味精、葱末、葱、绍酒、面粉、精盐、干淀粉、甜面酱、湿淀粉、花椒盐、熟菜油

（续表五）

类型	菜品名称	原料
水产菜类	翡翠鱼珠	新鲜鲢鱼、豌豆、绍酒、味精、精盐、湿淀粉、鸡蛋清、姜汁水、熟猪油、熟鸡油
	宋嫂鱼羹	新鲜桂鱼（或鲈鱼）、熟火腿、清汤、熟笋肉、绍酒、水发香菇、酱油、鸡蛋黄、精盐、葱结、葱段、味精、姜块（拍松）、醋、湿淀粉、葱、姜丝、胡椒粉、熟猪油
	之江鲈莼羹	鲈鱼肉、莼菜、熟火腿丝、熟鸡丝、鸡蛋清、葱丝、陈皮丝、胡椒粉、清汤、姜汁水、绍酒、精盐、味精、湿淀粉、熟猪油、熟鸡油
	米苋黄鱼羹	黄鱼肉、米苋、熟火腿、蛋清、精盐、味精、绍酒、白汤、湿淀粉、熟鸡油、熟猪油
	海参鱼脑羹	水发海参、花鲢鱼头、精盐、绍酒、葱结、葱段、姜块、酱油、味精、湿淀粉、白汤、胡椒粉、熟猪油、熟鸡油
	斩鱼圆	鲜活草鱼、绍酒、熟火腿、精盐、水发冬菇、味精、姜汁水、熟猪油、葱段、熟鸡油
	清汤鱼圆	鱼泥、熟火腿片、水发香菇、绍酒、葱段、精盐、姜汁水、味精、熟鸡油
	四珍鱼圆	鱼泥、熟火腿、熟鸡脯肉、水发干贝、浆虾仁、绿蔬菜、水发香菇、味精、姜汁水、冻猪油、精盐、熟鸡油、熟猪油
	油爆大虾	鲜活大河虾、绍酒、葱段、白糖、酱油、熟菜油、醋
	清炒虾仁	鲜活大河虾、葱段、蛋清、绍酒、精盐、味精、干淀粉、熟猪油
	高丽虾仁	浆虾仁、湿淀粉、蛋清、香菜、绍酒、花椒盐、味精、甜面酱、干淀粉、熟猪油、姜汁水
	豌豆虾仁	浆虾仁、鲜嫩豌豆、白汤、绍酒、精盐、味精、湿淀粉、熟猪油
	番虾锅巴	大河虾虾仁、米饭锅巴、番茄沙司、味精、鸡蛋清、醋、绍酒、湿淀粉、白糖、菜油、精盐、熟猪油
	虾仁土司	浆虾仁、味精、熟火腿末、蛋清、土司（枕头咸面包）、甜面酱、葱白末、辣酱油、熟猪油、姜汁水
	炒凤尾虾	鲜活大河虾、精盐、水发香菇、味精、豆苗、湿淀粉、鸡蛋清、熟猪油、绍酒
	松炸凤尾虾	鲜活大河虾、味精、蛋清、湿淀粉、绍酒、干淀粉、精盐、香菜、姜汁水、花椒盐、熟猪油、甜面酱
	炒对虾片	生净对虾肉、绍酒、熟火腿、精盐、荸荠、味精、水发香菇、湿淀粉、蛋清、清汤、葱段、熟猪油、姜汁水
	烹对虾段	净对虾、白糖、京葱、面粉、绍酒、芝麻油、姜汁水、醋、酱油、熟猪油
	生煎虾饼	浆虾仁、绍酒、熟猪肥膘、精盐、荸荠白、味精、鸡蛋清、姜汁水、豆苗、湿淀粉、葱末、熟猪油、醋
	炸虾球	浆虾仁、绍酒、荸荠白、味精、熟猪肥膘、花椒盐、蛋清、姜汁水、葱白、熟猪油
	香炸虾卷	浆虾仁、葱白、熟火腿、绍酒、熟鸡肉、姜汁水、水发香菇、味精、蛋清、香菜、面包粉、辣酱油、熟猪油
	烩虾蟹羹	浆虾仁、醋、全蟹肉、酱油、鸡蛋、精盐、熟火腿末、味精、姜末、湿淀粉、葱段、熟猪油、绍酒

（续表六）

类型	菜品名称	原料
水产菜类	烹青蟹	青蟹、面粉、葱段、醋、姜片、芝麻油、绍酒、熟猪油、酱油、姜末醋、白糖
	炒湖蟹	大湖蟹、水发香菇、鸡蛋、姜丝、葱段、醋、绍酒、湿淀粉、精盐、姜末醋、熟猪油
	芙蓉蟹兜	蟹粉、蟹兜壳、蛋清、绍酒、酱油、醋、精盐、芝麻油、味精、熟猪油、葱末、姜末、熟火腿片、水发香菇、绿蔬菜
	炒蟹粉	蟹粉、绍酒、姜末、味精、酱油、熟猪油、醋
	高丽油黄	净蟹黄、干淀粉、蛋清、湿淀粉、绍酒、香菜、姜汁水、花椒盐、精盐、熟猪油、味精
	蟹黄豆乳	净蟹黄、鸡蛋清、豆浆、葱、姜汁、精盐、绍酒、味精、湿淀粉、菜心、熟鸡油、熟猪油
	生爆鳝片	大鳝鱼、湿淀粉、大蒜头、面粉、绍酒、醋、酱油、芝麻油、白糖、熟菜油、精盐
	三杯鳝段	大鳝鱼、绍兴加饭酒、酱油、茅台酒、芝麻油、甜酒酿汁、大蒜头、白糖、姜片、干辣椒、熟菜油
	红烧鳝段	大鳝鱼、熟肥膘丁、水发香菇丁、葱段、酱油、姜片、白糖、大蒜头、味精、绍酒、湿淀粉、熟猪油、芝麻油
	生炒鳝丝	生净鳝鱼肉、白糖、姜丝、味精、葱丝、胡椒粉、绍酒、湿淀粉、精盐、芝麻油、酱油、熟猪油
	虾爆鳝背	浆虾仁、醋、生净鳝鱼肉、面粉、蒜泥、湿淀粉、绍酒、芝麻油、酱油、白糖、熟菜油、精盐、熟猪油
	红烧圆菜	甲鱼、净猪腿肉、水发香菇、葱段、姜片、大蒜头、酱油、绍酒、湿淀粉、白糖、味精、熟猪油
	火踵拆骨甲鱼	甲鱼、熟鸡脯片、熟火踵肉、水发冬菇、熟笋片、葱结、葱段、绍酒、姜块、味精、精盐、熟鸡油
	红烧裙边	水发裙边、冬菇、熟火腿、绿蔬菜、绍酒、白糖、酱油、精盐、味精、湿淀粉、葱段、葱结、清汤、姜块、熟猪油、熟鸡油
	蟹黄裙边	水发裙边、酱油、蟹黄、精盐、葱段、味精、姜末、醋、鸡清汤、湿淀粉、绍酒、熟猪油
	酸辣鱿鱼	发透鱿鱼、猪瘦肉末、香菜末、红辣椒末、开洋、姜末、葱末、绍酒、清汤、味精、酱油、湿淀粉、白糖、熟猪油、醋、胡椒粉、芝麻油
	麻辣鲍鱼	水发鲍鱼、芝麻酱、干红椒、麻辣油、葱白、绍酒、味精、精盐、姜汁、白糖、湿淀粉、香菜、熟猪油、清汤
	爆墨鱼卷	墨鱼、大蒜头、清汤、绍酒、精盐、味精、湿淀粉、虾油、熟猪油
	虾仁鱼皮	水发鱼皮、绍酒、浆虾仁、精盐、熟火腿丝、味精、豌豆苗、湿淀粉、葱段、熟鸡油、姜汁、熟猪油、清汤
	全福鱼皮	水发鱼皮、绿蔬菜、熟火腿瘦肉、葱段、熟鸡片、绍酒、浆虾仁、精盐、熟肫片、味精、熟猪肚片、浓白汤、熟干贝、湿淀粉、熟笋片、熟猪油、水发香菇
	虾蟹鱼唇	水发鱼唇、酱油、蟹粉、精盐、浆虾仁、味精、葱段、醋、姜末、湿淀粉、鸡清汤、熟猪油、绍酒

类型	菜品名称	原料
水产菜类	鸡火鱼唇	水发鱼唇、生鸡脯肉、熟火腿片、鸡蛋清、绿蔬菜、葱段、姜汁、清汤、绍酒、精盐、味精、湿淀粉、熟鸡油、熟猪油
	清扒鱼翅	水发玉吉鱼翅、高级清汤、熟火腿片、清汤、猪肥膘、绍酒、水发冬菇、精盐、豆苗、味精、葱段、湿淀粉、葱结、熟鸡油、姜汁、熟猪油
	火踵鱼翅	水发玉吉鱼翅、清汤、去骨熟火踵、高级清汤、猪肥膘、精盐、豆苗、味精、葱段、湿淀粉、葱结、熟鸡油、姜汁水、熟猪油、绍酒
	鸡茸鱼翅	水发散鱼翅、精盐、鸡茸、味精、熟火腿、高级清汤、豆苗、湿淀粉、葱段、熟鸡油、姜汁水、熟猪油、绍酒
	三鲜海参	水发刺参、绍酒、生鸡脯片、蛋清、熟火腿片、精盐、浆虾仁、味精、绿蔬菜、湿淀粉、葱段、熟鸡油、清汤、熟猪油
	稀卤海参	水发海参、猪腿瘦肉末、葱段、清汤、绍酒、酱油、白糖、精盐、湿淀粉、味精、熟猪油
	虾子扒刺参	水发刺参、葱段、干虾子、绍酒、清汤、白糖、酱油、湿淀粉、味精、熟猪油
	蟹黄鱼肚	水发鱼肚、蟹黄、葱、姜末、清汤、姜汁水、绍酒、酱油、精盐、醋、味精、白糖、熟猪油、湿淀粉
	鸡茸鱼肚	水发鱼肚、味精、鸡茸、清汤、熟火腿末、湿淀粉、葱段、熟鸡油、绍酒、熟猪油、精盐
	三鲜广肚	水发广肚、绍酒、熟火腿、精盐、生鸡脯片、味精、蛋清、清汤、浆虾仁、湿淀粉、绿蔬菜、熟鸡油、葱段、熟猪油
	清蒸干贝	整干贝、萝卜、绍酒、精盐、味精、葱结、姜、清汤
	绣球干贝	蒸熟干贝、荸荠白、浆虾仁、姜汁水、熟瘦火腿、胡椒粉、熟鸡脯、绍酒、猪膘油末、精盐、蛋清、味精、蛋皮、清汤、水发香菇、湿淀粉、绿蔬菜、熟鸡油、葱丝、熟猪油、葱段
	烩虾干贝	浆虾仁、绍酒、干贝、精盐、熟火腿丝、味精、绿蔬菜、湿淀粉、葱段、熟鸡油、清汤、熟猪油
	火腿海底松	海蜇头、熟火腿、鸡蛋、虾茸、姜、葱结、白汤、精盐、绍酒、熟猪油、味精
禽蛋菜类	叫化童鸡	嫩母鸡、猪网油、猪腿肉（肥瘦相间）、熟猪油、京葱（或小葱）、精盐、姜丝、味精、八角、白报纸、酱油、酒坛泥、白糖、粗盐、鲜荷叶、透明纸、花椒盐、细麻绳、葱段、绍酒、山奈（中药）、绍酒脚（沉淀的酒渣）
	八宝童鸡	嫩母鸡、熟火腿、糯米、水发冬菇、熟鸡肫、通心白莲、干贝、嫩笋尖、开洋、味精、绍酒、生姜、葱结、精盐、湿淀粉
	油淋鸡	嫩鸡、姜末、绍酒、酱油、白糖、味精、香菜、熟菜油、芝麻油
	莲香脱骨鸡	嫩母鸡、绍酒、熟火腿、精盐、水发香菇、味精、通心白莲、湿淀粉、葱结、熟猪油、姜块
	荷叶新风鸡	嫩母鸡、绍酒、鲜荷叶、精盐、葱、味精、姜丝、花椒
	百鸟朝凤	嫩鸡、富强面粉、猪腿肉、姜块、葱结、火腿皮（或筒骨）、绍酒、味精、熟鸡油、精盐、芝麻油

（续表八）

类型	菜品名称	原料
禽蛋菜类	知味鸡	鸡、熟火腿、浆虾仁、熟干贝、豌豆、油炸核桃肉、水发冬菇、生肥膘、鸡蛋、姜末、葱末、姜汁水、香菜、花椒盐、绍酒、味精、酱油、干淀粉、精盐、湿淀粉、熟猪油、辣酱油
	红菱子鸡	去骨嫩鸡肉、精盐、生红菱肉、味精、水发香菇、醋、葱段、食碱、绍酒、湿淀粉、酱油、芝麻油、白糖、熟猪油
	软炸子鸡	去骨嫩鸡肉、精盐、鸡蛋、味精、绍酒、面粉、葱白末、湿淀粉、姜汁水、甜面酱、酱油、花椒盐、胡椒粉、熟猪油
	青椒子鸡	出骨嫩鸡肉、精盐、青椒、味精、熟笋肉、醋、葱段、清汤、绍酒、湿淀粉、酱油、芝麻油、白糖、熟猪油
	栗子子鸡	去骨嫩鸡肉、精盐、鲜嫩栗子肉、味精、葱段、醋、绍酒、湿淀粉、酱油、白糖、熟菜油、芝麻油
	鲜莲子鸡	去骨嫩鸡肉、精盐、新鲜莲子、味精、水发香菇、醋、葱段、湿淀粉、绍酒、芝麻油、酱油、熟猪油、白糖
	南乳笋鸡	宰净嫩鸡、绍酒、嫩春笋肉、精盐、绿蔬菜、味精、葱段、湿淀粉、小红腐乳、白糖、红腐乳卤、熟猪油
	鲜荷叶粉蒸鸡	鸡脯肉、胡椒粉、生猪肥膘、绍酒、炒米粉（粳、籼米各半）、酱油、蛋清、甜面酱、葱丝、白糖、姜丝、精盐、山奈粉、味精、八角茴香、丁香粉、鲜荷叶、芝麻油、熟猪油
	黄焖鸡块	嫩鸡块、酱油、鲜笋肉、白糖、水发木耳、味精、葱段、白汤、绍酒、湿淀粉、熟猪油
	咖喱鸡块	嫩鸡、绍酒、马铃薯、精盐、京葱（或红葱）、味精、咖喱粉、清汤、面粉、熟猪油、大蒜泥
	桃花鸡腿	嫩鸡腿、浆虾仁、猪肥膘、净核桃肉、葱白、净荸荠、绍酒、火腿末、醋、小葱末、面粉、味精、香菜、精盐、熟猪油、辣酱油
	核桃鸡条	鸡脯肉、净核桃肉、蛋清、葱段、香菜、绍酒、精盐、味精、湿淀粉、熟猪油
	雪梨鸡片	鸡脯肉、绍酒、雪梨、葱段、熟火腿、精盐、水发香菇、味精、蛋清、白汤、绿蔬菜、湿淀粉、熟猪油
	玛瑙鸡片	鸡脯肉、豆腐皮、水发香菇、荸荠、蛋清、葱白、精盐、绿蔬菜、酱油、味精、湿淀粉、清汤、绍酒、熟猪油、熟鸡油
	纸包鸡	鸡脯肉、绍酒、蛋清、精盐、香菜叶、味精、葱丝、湿淀粉、姜丝、芝麻油、甜面酱、熟猪油、透明纸
	金钱鸡卷	嫩鸡、味精、熟火腿、精盐、绍酒、鸡蛋、葱、姜丝、香菜、酱油、干淀粉、花椒盐、辣酱油、熟菜油、面粉
	掐菜鸡丝	鸡脯肉、精盐、熟火腿丝、味精、绿豆芽、湿淀粉、蛋清、熟猪油、绍酒
	火踵神仙鸭	肥鸭、火踵、葱结、精盐、姜块、味精、绍酒
	五香肥鸭	肥鸭、香干、笋尖、水发金钱香菇、酱油、白糖、绍酒、味精、葱结、姜块、葱段、桂皮、湿淀粉、芝麻油、熟猪油
	干菜肥鸭	嫩肥鸭、湿淀粉、熟干菜、白糖、肥膘、绍酒、酱油、花椒、猪网油、姜、精盐、熟猪油

（续表九）

类型	菜品名称	原料
禽蛋菜类	酥炸鸭子	杀白净鸭、鸡蛋、酱油、香菜、白糖、葱结、精盐、姜丝、味精、葱白段、湿淀粉、甜面酱、芝麻油、花椒盐、绍酒、面粉、熟菜油
	金牛鸭子	肥鸭、菜叶、牛肉、猪肥膘、紫大头菜、葱、芝麻油、葱结、绍酒、姜、味精、酱油、熟菜油、精盐
	水饺鸭子	鲜活肥鸭、熟鸡油、猪腿瘦肉、火腿筒骨、葱结、姜汁水、姜、绍酒、精盐、味精、上白面粉、芝麻油
	葱扒鸭子	肥鸭、葱结、京葱、姜片、绍酒、湿淀粉、酱油、芝麻油、白糖、熟猪油、味精
	盐水鸭条	嫩鸭、绍酒、花椒、精盐、葱结、味精、姜片、香菜
	嫩姜子鸭片	出骨去皮子鸭肉、水发香菇、精盐、蛋清、味精、葱段、白汤、嫩姜片、湿淀粉、绍酒、芝麻油、酱油、熟猪油
	炸肝卷	鸡肝或鸭肝、精盐、猪网油、味精、香菜、干淀粉、葱末、湿淀粉、姜汁水、甜面酱、胡椒粉、花椒盐、绍酒、熟猪油
	烹肫肝	肫、白糖、肝、醋、红葱、面粉、脆性蔬菜、芝麻油、绍酒、熟猪油、酱油
	炒全肫	鸡肫或鸭肫、精盐、熟笋片、味精、葱段、湿淀粉、绍酒、芝麻油、酱油、熟猪油、白糖
	肉丝炒蛋	鸡蛋、酱油、肉丝、精盐、葱段、味精、绍酒、熟猪油
	香椿炒蛋	鸡蛋、精盐、香椿、味精、绍酒、熟猪油
	虾仁炒蛋	鸡蛋、浆虾仁、绍酒、精盐、味精、醋、葱段、熟猪油
	虾仁跑蛋	鸡蛋、浆虾仁、绍酒、精盐、味精、醋、葱段、熟猪油
	火丝跑蛋	鸡蛋、精盐、熟火腿、味精、葱段、醋、绍酒、熟猪油
	干贝跑蛋	熟干贝、醋、鸡蛋、精盐、葱段、味精、绍酒、熟猪油
	溜松花蛋	松花蛋、葱段、面粉、湿淀粉、绍酒、芝麻油、酱油、熟猪油、白糖、醋
	芙蓉四宝	鸡脯肉、清汤、熟火腿、绍酒、浆虾仁、精盐、生净鸡肫、味精、蛋清、湿淀粉、绿蔬菜、熟鸡油、白净熟猪油、熟蘑菇片
野味菜类	锅贴山鸡	山鸡肉、熟猪肥膘、生猪肥膘、香菜叶、鸡蛋、姜汁水、葱末、精盐、绍酒、胡椒粉、味精、干淀粉、醋、熟猪油、芝麻油
	荠菜雉鸡片	雉鸡肉、精盐、熟荠菜末、味精、熟冬笋片、醋、蛋清、湿淀粉、葱段、芝麻油、绍酒、熟猪油
	玛瑙野鸭片	熟野鸭胸脯肉、酱油、豆腐皮、精盐、栗子肉、味精、荸荠、干淀粉、绿蔬菜、湿淀粉、葱段、熟菜油、绍酒、熟猪油、清汤、芝麻油
	五香扒野鸭	野鸭、葱段、水发香菇、姜块、熟笋片、绍酒、猪五花条肉、酱油、八角、白糖、桂皮、味精、葱结、芝麻油
	煎瓢斑鸠	斑鸠、白糖、猪腿肉、精盐、鸡蛋清、辣酱油、葱段、味精、干淀粉、酱油、番茄酱、芝麻油、绍酒、熟菜油
	酒酿斑鸠	斑鸠、甜酒酿、熟青豆、白糖、熟胡萝卜、精盐、大葱、味精、姜块、面粉、湿淀粉、绍酒、芝麻油、酱油、熟菜油

类型	菜品名称	原料
野味菜类	红煨乳鸽	乳鸽、白糖、熟青豆、味精、熟胡萝卜、精盐、大葱、湿淀粉、姜块、面粉、绍酒、芝麻油、酱油、熟菜油
	虎皮鸽蛋	鸽蛋、白糖、水发香菇、味精、鲜笋肉、清汤、豆苗、湿淀粉、葱段、芝麻油、绍酒、熟猪油、酱油
	烹鹌鹑	鹌鹑、酱油、熟青豆、味精、熟胡萝卜、醋、京葱、白糖、绍酒、上白面粉、熟菜油、芝麻油
	秋叶鹌鹑蛋	鹌鹑蛋、咸面包、熟火腿、虾仁、冬笋肉、葱、蛋清、香菜、绍酒、味精、精盐、干淀粉、甜面酱或番茄沙司、湿淀粉、熟猪油
	红焖麻雀	麻雀、酱油、熟青豆、白糖、熟胡萝卜、味精、葱段、湿淀粉、姜片、芝麻油、八角、桂皮、熟菜油、绍酒
	清炸麻雀	麻雀、绍酒、香菜、酱油、白糖、葱结、精盐、味精、姜片、芝麻油、桂皮、花椒盐、八角、熟菜油
	烤兔卷	兔腿、熟火腿、红腐乳卤、葱段、姜丝、香菜、胡椒粉、汾酒、精盐、干淀粉、味精、青菜叶
	酱爆兔肉丁	嫩兔肉、蛋清、精盐、葱、姜、味精、湿淀粉、甜面酱、芝麻油、绍酒、熟猪油
	葱爆兔肉片	嫩兔肉、醋、蛋清、精盐、大葱、味精、姜片、湿淀粉、绍酒、芝麻油、酱油、熟猪油、白糖
	五香狗肉	狗肉、八角、葱结、绍酒、姜块（拍松）、白糖、桔皮、精盐、桂皮、酱油
素菜类	杭州素火腿	泗乡豆腐皮、酱油、姜汁水、白糖、红曲粉、味精、绍酒、芝麻油
	干炸黄雀	豆腐皮、熟笋肉、水发香菇、香豆腐干、姜丝、精盐、花椒盐、味精、上白面粉、酵母粉、甜面酱、熟菜油
	红烧卷鸡	豆腐皮、酱油、水发笋干、白糖、熟笋片、味精、水发香菇、芝麻油、绿蔬菜、熟菜油、素汁汤
	香脆八宝鸡	豆腐皮、白糖、水发冬菇、精盐、鲜蘑菇、味精、素火腿、绍酒、腐皮素鸡、素汁汤、熟笋肉、八角茴香汁、通心熟莲子、花椒、熟白果肉、芝麻油、熟栗子肉、熟菜油
	香菇素鸡	豆腐皮、白糖、熟笋片、味精、水发香菇、芝麻油、绿蔬菜、熟菜油、酱油
	五香素鸭	泗乡豆腐皮、绿蔬菜、水发冬菇、五香粉、水发香菇、绍酒、鲜蘑菇、酱油、通心熟莲子、白糖、熟栗子肉、精盐、熟笋肉、味精、油鸡、湿淀粉、块鸡、芝麻油、小素肠、熟菜油
	炸溜素黄鱼	豆腐皮、水发木耳、香干、白糖、马铃薯、酱油、水发香菇、精盐、笋、醋、细姜丝、味精、油面筋、面粉、素火腿丁、湿淀粉、青豌豆、芝麻油、酵母、熟菜油
	雪梨素鱼片	净雪梨、味精、水发冬菇、干淀粉、豌豆苗、芝麻油、绿豆粉、湿淀粉、奶油、熟菜油、精盐
	清汤素鱼圆	绿豆粉、姜汁水、奶粉、精盐、水发冬菇、味精、菜心、素汁汤、芝麻油
	炸素板鱼	泗乡豆腐皮、味精、熟马铃薯泥、精盐、水发香菇、湿淀粉、素火腿、芝麻油、熟笋肉、花椒盐、熟豌豆、甜面酱、姜汁水、熟菜油

（续表十一）

类型	菜品名称	原料
素菜类	扒素鱼翅	水发玉兰笋尖、精盐、素火腿、味精、水发香菇、湿淀粉、净豆苗、素汁汤、芝麻油、熟菜油
	爆素鳝丝	水发冬菇、精盐、青豌豆、味精、胡椒粉、面粉、绍酒、湿淀粉、酱油、芝麻油、醋、熟菜油、白糖
	炒素腰花	整朵鲜蘑菇、味精、鲜笋尖、干淀粉、菜心、湿淀粉、绍酒、芝麻油、酱油、精盐、白糖、熟菜油
	炸素响铃	泗乡豆腐皮、水发香菇、熟笋肉、熟马铃薯、精盐、味精、甜面酱、芝麻油、熟菜油
	糖醋面筋	生面筋、白糖、熟笋肉、醋、豌豆、湿淀粉、大荸荠、熟菜油、酱油
	冬菇烤麸	烤麸、绍酒、水发冬菇、酱油、八角、白糖、桂皮、味精、姜块、芝麻油、熟菜油
	鲜蘑菇炖豆腐	嫩豆腐、酱油、熟笋片、精盐、鲜蘑菇、味精、素汁汤、芝麻油、绍酒
	咖喱干丝	白豆腐干、味精、熟笋肉、湿淀粉、咖喱粉、芝麻油、绍酒、熟菜油、精盐
	发菜素丸子	水发发菜、白糖、嫩豆腐、精盐、水发香菇、味精、蘑菇、干淀粉、卤烤麸、湿淀粉、熟笋肉、素汁汤、姜末、芝麻油、绍酒、熟菜油
	油焖春笋	嫩春笋肉、酱油、白糖、味精、芝麻油、熟菜油、花椒
	糟烩鞭笋	嫩鞭笋肉、香糟、精盐、味精、湿淀粉、芝麻油、熟菜油
	八味瓢笋	嫩春笋、水发香菇、绍酒、蘑菇、酱油、素火腿、白糖、油烤麸、味精、笋干嫩尖、湿淀粉、榨菜、芝麻酱、红辣椒、芝麻油、绿蔬菜、熟菜油
	凤尾笋	春笋嫩尖、甜面酱、上白面粉、番茄酱、发酵粉、花椒盐、精盐、花生油、味精
	炒皮笋	嫩笋肉、味精、豆腐皮、湿淀粉、酱油、芝麻油、白糖、熟菜油、精盐
	炒二冬	水发冬菇、生净冬笋肉、素汁汤、味精、酱油、湿淀粉、白糖、芝麻油、精盐、熟菜油
	栗子冬菇	水发冬菇（大小均匀、直径2.5厘米左右）、栗子、绿蔬菜、湿淀粉、酱油、芝麻油、白糖、熟菜油、味精
	冬菇地栗	水发冬菇、净地栗（荸荠）、精盐、绿蔬菜、味精、绍酒、湿淀粉、酱油、芝麻油、白糖、熟花生油
	冬菇莲子	水发冬菇、精盐、通心莲子、味精、绿蔬菜、湿淀粉、绍酒、芝麻油、酱油、熟菜油、白糖
	炒豌豆	豌豆肉、味精、素火腿、精盐、水发香菇、湿淀粉、熟笋肉、芝麻油、绍酒、熟菜油
	炸苔菜	苔菜、味精、面粉、精盐、酵母粉、熟菜油、甜面酱、花椒盐
	茄汁薯枣	马铃薯、醋、油氽花生米、精盐、番茄酱、味精、草子头（或豆苗）、面粉、糟烧酒、干淀粉、酱油、湿淀粉、白糖、芝麻油、熟猪油
	糖醋鲜藕	鲜藕、面粉、精盐、醋、素汁汤、味精、酵母粉、湿淀粉、酱油、白糖、熟菜油、芝麻油
	罗汉十景	鲜蘑菇、鲜番茄、水发香菇、绿蔬菜、素火腿、绍酒、白果肉、精盐、栗子肉、味精、熟笋肉、湿淀粉、通心莲子、芝麻油、金钱素鸡、熟菜油、素肠

类型	菜品名称	原料
其他菜类	干炸响铃	泗乡豆腐皮、鸡蛋黄、猪里脊肉、甜面酱、精盐、葱白段、绍酒、花椒盐、味精、熟菜油
	八宝豆腐	嫩豆腐、熟火腿末、熟鸡脯末、熟干贝末、净虾仁末、油氽核桃仁末、水发冬菇末、熟瓜仁、油氽松仁末、精盐、蛋清、清汤、味精、熟猪油、湿淀粉、熟鸡油
	锅烧豆腐	嫩豆腐、味精、浆虾仁、醋、熟火腿瘦肉末、面粉、鸡蛋、湿淀粉、葱白末、芝麻油、葱花、冻猪油、香菜、花椒盐、胡椒粉、甜面酱、绍酒、熟猪油、精盐
	莲蓬豆腐	嫩豆腐、精盐、鸡茸、味精、莼菜、清汤、豌豆、湿淀粉、青菜叶、熟鸡油、蛋清、冻猪油、绍酒、熟猪油
	三虾豆腐	嫩豆腐、绍酒、浆虾仁、葱段、干虾子、味精、虾油卤、精盐、熟笋肉、白汤、熟猪瘦肉、湿淀粉、熟猪油
	肉丝豆腐	嫩豆腐、酱油、生净肉丝、精盐、熟笋丝、味精、韭芽段、白汤、绍酒、湿淀粉、熟猪油
	香椿煎豆腐	嫩豆腐、香椿、笋片、白糖、精盐、味精、酱油、绍酒、芝麻油、熟猪油
	什锦豆腐	嫩豆腐、熟鸡肉、熟火腿、浆虾仁、净鸡肫、水发海参、熟猪肚、净瘦猪肉、熟笋肉、水发香菇、熟青豌豆、葱段、清汤、绍酒、精盐、白糖、味精、湿淀粉、熟猪油
	三鲜炖冰豆腐	嫩豆腐、熟火腿、熟鸡肉、浆虾仁、水发香菇、绿蔬菜、葱段、姜汁水、味精、绍酒、精盐、浓汤、熟鸡油、熟猪油、辣油
	炒豆腐松	嫩豆腐、熟鸡肉、熟火腿、酱油、熟猪瘦肉、白糖、虾米（开洋）、绍酒、味精、精盐、葱白末、熟猪油、水发香菇
	火腿蚕豆	熟火腿上方、鲜嫩蚕豆、白汤、白糖、精盐、味精、湿淀粉、熟鸡油、熟猪油
	青炒豆苗	豆苗、味精、糟烧、熟花生油、精盐、芝麻油
	春笋豌豆	熟春笋尖、味精、嫩豌豆肉、湿淀粉、精盐、熟鸡油、熟猪油
	兰花春笋	春笋嫩段（带尖）、鱼茸、浆虾仁、熟火腿末、蛋清、清汤、水发发菜、绿蔬菜、味精、精盐、熟鸡油、湿淀粉、姜汁水、绍酒
	火踵蒸鞭笋	熟火踵、鞭笋嫩段、豆苗（或其他绿蔬菜）、白汤、绍酒、精盐、味精、熟鸡油
	火蒙鞭笋	嫩鞭笋、熟火腿末、白汤、精盐、味精、湿淀粉、熟鸡油、熟猪油
	麻辣冬笋	冬笋、味精、红辣椒、芝麻酱、绿蔬菜、麻辣油、精盐、熟猪油
	虾子冬笋	干虾子、味精、生冬笋肉、白汤、绍酒、湿淀粉、酱油、芝麻油、白糖、熟菜油
	虾子茄段	鲜茄子、干虾子、水发香菇、葱段、精盐、酱油、味精、湿淀粉、芝麻油、浓汤、熟猪油
	烩金银丝	鸡脯肉、精盐、熟全精火腿、味精、蛋清、湿淀粉、豌豆苗、熟鸡油、清汤、熟猪油、绍酒
	炸龙凤腿	熟鸡肉、姜汁水、熟火腿、甜面酱、猪里脊肉、绍酒、浆虾仁、精盐、猪网油、味精、鸡蛋（蛋清蛋黄分开）、面粉、熟冬笋、干淀粉、香菜、湿淀粉、葱末、熟菜油、甜面酱
	皮儿荤素	豆腐皮、浆虾仁、熟鸡肉、熟猪肚、猪瘦肉、熟笋、水发肉皮、葱段、水发木耳、绍酒、白汤、白糖、酱油、味精、精盐、熟菜油、湿淀粉、熟猪油

类型	菜品名称	原料
其他菜类	鸡火二丁	鸡脯肉、葱段、熟火腿瘦肉、精盐、蛋清、味精、清汤、湿淀粉、绍酒、熟猪油
	爆双脆	鸭肫、精盐、猪肚尖、味精、大蒜头、虾油、肉清汤、湿淀粉、绍酒、熟猪油
	杭三鲜	水发肉皮、白汤、鱼茸、绍酒、熟鸡肉、酱油、熟猪肚、白糖、猪肉末、精盐、带壳大河虾(剪须)、味精、熟火腿片、湿淀粉、熟笋肉、熟猪油、葱段
	扒三样	水发海参、白糖、熟鸡腿肉、味精、熟鲜酱肉、清汤、葱段、湿淀粉、绍酒、熟猪油、酱油
	炒三丁	熟鸡肉、绍酒、熟火腿、精盐、浆虾仁、味精、葱白、湿淀粉、葱段、熟猪油、清汤
	奶油三球	冬笋肉、精盐、胡萝卜、味精、莴苣笋、湿淀粉、鱼牛奶、熟鸡油、鸡汁汤、熟菜油
	四样荤素	肉片、净笋片、豆腐皮、生净青菜、绍酒、酱油、白糖、精盐、味精、葱白段、白汤、湿淀粉、熟猪油
	炒四宝	鸡脯肉、绿蔬菜、熟火腿、清汤、浆虾仁、绍酒、鸡肫、葱白、剔骨鸭掌、精盐、肚尖、味精、蛋清、湿淀粉、熟笋片、熟猪油、水发香菇
	扣四丝	熟鸡肉、熟火腿、熟猪腿精肉、熟笋肉、水发香菇、绿蔬菜、清汤、绍酒、精盐、味精、熟鸡油
	爆四丁	鸡脯肉、浆虾仁、鸡肫、猪里脊肉、大蒜头、蛋清、葱白末、姜末、甜面酱、绍酒、精盐、味精、湿淀粉、酱油、熟猪油
	扒八珍	水发海参、绿蔬菜、水发鱼翅、葱结、鲜猴头菇、清汤、水发蹄筋、葱段、熟火腿、绍酒、生鸡腿、精盐、生鸭腿、味精、水发鲍鱼(或鲜鲍鱼)、湿淀粉、猪肥膘、熟鸡油、熟猪油
	八宝瓢龙瓜	长丝瓜、浆虾仁、熟火腿、熟鸡肉、水发冬菇、熟干贝、熟笋肉、厚鱼茸、小葱末、味精、绍酒、精盐、湿淀粉、熟鸡油、熟猪油、清汤
	抓虾铃儿	泗乡豆腐皮、味精、浆虾仁、花椒盐、绍酒、甜面酱、胡椒粉、熟猪油
	冬菇托儿	厚冬菇、荸荠、浆虾仁、精盐、熟火腿末、味精、蛋清、干淀粉、绿蔬菜、湿淀粉、葱段、熟猪油、葱末、绍酒、清汤、姜汁水、熟鸡油
	冬茸白兰	冬瓜、浆虾仁、清汤、熟火腿、精盐、味精、湿淀粉、蛋松、熟猪油、清汤
	裹烧萝卜	萝卜、面粉、鸡蛋、精盐、味精、葱末、甜面酱、花椒盐、熟猪油
	蟾宫折桂	桂鱼肉、鸡蛋、桂花、熟火腿、熟干贝、熟鸡肉、豌豆、青圆椒、小河虾、味精、精盐、湿淀粉、姜汁水、芝麻油、桂花酒、熟猪油、熟菜油
	火腿土司	土司、绍酒、熟火腿、味精、浆虾仁、面粉、鸡蛋、甜面酱、香菜、熟猪油
	芙蓉菜心	青菜、精盐、鸡茸、味精、熟火腿、干淀粉、水发香菇、湿淀粉、葱末、熟鸡油、清汤、熟猪油
	鸡油菜心	菜心、味精、熟火腿末、湿淀粉、清汤、熟鸡油、精盐、熟猪油
	鸡茸花菜	鸡茸、精盐、花菜、味精、熟火腿末(火蒙)、湿淀粉、绍酒、熟鸡油、清汤、熟猪油
	双虾菠菜	菠菜、浆虾仁、熟笋肉、虾油、味精、熟猪油

（续表十四）

类型	菜品名称	原料
其他菜类	虾仁胶菜	浆虾仁、酱油、冬笋片、白糖、水发香菇、精盐、胶菜（大白菜）、味精、清汤、湿淀粉、熟猪油
	鸡油莴苣	莴苣笋、湿淀粉、精盐、熟鸡油、味精、清汤、熟猪油
	瓤青椒	嫩羊角青椒、精盐、猪里脊肉、味精、猪肥膘、绍酒、浆虾仁、白糖、蛋清、干淀粉、姜汁水、湿淀粉、葱白末、芝麻油、酱油、熟猪油、醋
	干贝瓠瓜	瓠瓜、水发干贝、葱白段、清汤、精盐、味精、绍酒、湿淀粉、熟鸡油、熟猪油
	奶油莲花白	包心菜内芯叶片、火蒙（熟火腿末）、鲜奶、精盐、味精、湿淀粉、熟猪油、熟鸡油
	神仙猴头菇	鲜猴头菇、嫩鸡腿、熟火腿、绿蔬菜、葱结、姜、绍酒、精盐、味精、清汤、熟鸡油
	三鲜沙锅	熟鸡肉、熟笋肉、鲜河虾、水发肉皮、肉圆、水发粉丝、鱼圆、大白菜、熟火腿片、清汤、熟猪肚、绍酒、熟蛋糕、精盐、熟猪油、味精
	四生火锅	鸡胸脯肉、油条、鸡肫、油炸粉丝、河虾仁、精盐、猪腰、味精、冬笋片、绍酒、雪菜、葱丝、胶菜丝、姜汁水、菠菜、清汤、大菜叶、熟猪油、辣酱油、虾油卤、芝麻酱、香菜末、胡椒粉
	什锦暖锅	熟鸡肉、水发肉皮、熟火腿、水发粉丝、浆虾仁、大白菜、水发海参、清汤、鸡肫肝、绍酒、熟猪肚、精盐、熟笋肉、味精、熟蛋糕、熟猪油、水发香菇
甜菜类	蜜汁火方	带皮熟火腿、糖桂花、冰糖、干莲子、绍酒、蜜饯樱桃、干淀粉、蜜饯青梅、玫瑰花瓣
	冰糖银耳	银耳、蜜饯青梅、樱桃、冰糖
	鲜果银耳	银耳、鲜果、白糖、糖桂花、湿淀粉
	瓤枇杷	大枇杷、瓜子仁、百果糖料、细沙、蜜饯红瓜、糖桂花、白糖、湿淀粉
	炒三泥	山药（或莲子）、玫瑰花、新蚕豆肉（或大豆）、糖桂花、红枣、白糖、青菜叶、熟猪油、青梅
	地栗糕	琼脂、白糖、地栗（荸荠）、玫瑰花、糖桂花、薄荷汁
	蜜汁山药饼	山药、白糖、糯米粉、玫瑰花、细沙、糖桂花、百果糖料、湿淀粉、熟猪油
	八宝山药泥	山药、核桃仁、莲子、香榧子、蜜枣、细沙、蜜饯青梅、白糖、樱桃、湿淀粉、松仁、熟猪油、瓜仁、冻猪油
	桂花鲜栗羹	鲜栗子肉、糖桂花、西湖藕粉、蜜饯青梅、玫瑰花、白糖
	西湖鲜莲汤	新鲜莲子、糖桂花、玫瑰花、白糖
汤类	西湖莼菜汤	西湖鲜莼菜、熟火腿（上方）、味精、精盐、熟鸡脯肉、熟鸡油、鸡肉火腿原汁汤（或清汤）
	火腿鱼肚汤	发好的鱼肚、精盐、熟火腿片、味精、绿蔬菜、清汤、葱段、绍酒、熟鸡油、熟猪油
	火腿鱼片汤	桂鱼肉、精盐、熟火腿（上方）、味精、蛋清、清汤、绿蔬菜、湿淀粉、绍酒、熟鸡油、姜汁水
	火腿冬瓜汤	冬瓜、精盐、熟火腿（上方）、味精、火腿骨和皮、清汤

（续表十五）

类型	菜品名称	原料
汤类	菜心两圆汤	猪夹心肉、精盐、鱼泥、味精、菜心、清汤、绍酒、熟鸡油、姜汁水、熟猪油
	子鲫丸子汤	子鲫、绍酒、猪夹心肉、精盐、蛋清、味精、葱结、姜片、葱段、熟猪油
	开洋萝卜丝汤	萝卜、精盐、开洋、味精、葱段、胡椒粉、熟鸡油、绍酒、熟猪油
	清汤鳝背	大鳝鱼、火腿片、水发香菇、葱结、姜块、葱丝、姜丝、绍酒、味精、精盐、熟鸡油、胡椒粉、白汤
	百子三鲜冬瓜盅	熟鸡肉丁、浆虾仁、熟火腿、蛋清、鱼茸、小冬瓜、绿蔬菜、鸡汤、浓汤、绍酒、精盐、味精、火腿皮、熟鸡油、熟猪油
	氽调羹步鱼	水活步鱼、绍酒、熟火腿片、葱段、嫩笋尖片、精盐、水发香菇片、味精、绿蔬菜、熟猪油、蛋清、熟鸡油、湿淀粉
	鸡块氽丸子	嫩鸡、味精、猪腿肉、姜汁水、蛋清、葱结、绍酒、清汤、精盐、熟鸡油
	凤爪汤	鸡爪、姜块、熟火腿片、绍酒、水发香菇、精盐、葱结、味精、绿蔬菜、熟鸡油
	口蘑锅巴汤	水发口蘑（虎皮香蕈）、精盐、粳米锅巴、味精、豆苗、芝麻油、绍酒、熟菜油
	鸡火鲍鱼汤	水发酥鲍、精盐、鸡脯肉、味精、熟火腿、清汤、绿蔬菜、湿淀粉、蛋清、熟鸡油、绍酒
	鸡汁燕窝汤	干燕窝、绿蔬菜、高级清汤、精盐、熟火腿丝、味精、熟鸡油

第七章　名　菜

经过长期人工选育、加工和烹饪，或蔬菜自然优化，形成许多具地方特色的传统名菜。杭州名菜，各个时期提法不一，各人看法不同，农业、商业、饮食业说法有异，可归纳为地产名菜和烹饪名菜两大类。

第一节　地产名菜

1984年浙江省农业厅和浙江省园艺学会在湖州召开浙江名菜开发工作会议，杭州市蔬菜科学研究站站长金立华以"杭州十大名菜简介"为题简述的名菜有：杭州雪韭、杭州黄芽菜、笕桥缨红萝卜、十姐妹南瓜、杭州红茄、杭州油冬儿、美女茭白、白荡海藕、西湖莼菜、哺鸡笋。1993年，《杭州农业科技》以《杭州蔬菜生产志》为题，记载"杭州名菜"有：莼菜、天目笋干、萧山萝卜干、小林黄姜、大红袍荸荠、西湖藕粉、杭州油冬儿、杭州黄芽菜、笕桥缨红萝卜，后编入《杭州市志》（第三卷）。尔后，市种子总站提出杭州十大名菜提纯复壮项目，为西湖莼菜、杭州雪韭、杭州黄芽菜、缨红萝卜、杭州红茄、杭州油冬儿、长梗白菜、杭州长瓜、十姐妹南瓜、哺鸡笋。另外，1993年出版的《杭州名优果蔬》和1994年出版的《浙江省蔬菜品种志》，均对杭州传统名菜有所阐述。现将杭州名菜逐个进行分述。

一、莼菜

莼菜，有西湖莼菜和湘湖莼菜，为名贵水生植物，珍贵菜肴，具有润滑不腻，清香爽口，蛋白质含量高等特色（图7-1）。1 600年前东晋时就有"莼羹鲈脍"的记载，传说历代皇帝每逢南巡杭州必以莼菜调羹，现今宴请贵宾亦备鲜嫩清香的莼菜汤。

南宋嘉泰《会稽志》载："萧山湘湖之莼特珍，柔滑而腴"。湘湖莼菜原在湘湖中自然生长，20世纪60年代后期面临绝迹。1980年萧山闻堰老虎洞村建立莼菜专业队，恢复人工种植，1984年栽培面积49.7亩，年产量15吨，出口9.62吨。明代《西湖游览志余》记述，宋代"西湖第三桥（今苏堤望山桥）近出莼菜，不下湘湖者"。西湖莼菜原在三潭印月、花港公园等地种植，面积很少，年产不过50余千克。70年代后期发展较快，西湖区的仁桥、茅家埠、浮山、缪家等村已发展200余亩。1980年产量2 750千克，1985年上升为7 500千克，产品除国内销售外，还远销日本。

图 7-1　莼菜

二、天目笋干

由天目山麓石笋、青笋制成，故名天目笋干（图7-2），为临安县传统名特产。明代《万历临安县志》载："青笋干产黄洞东坑者佳，尤早笋新制和卤煮晒为脯，经年不坏"，"壳薄、肉肥、质嫩、鲜中带甜，清鲜盖世"。民国时期，天目笋干已成为当地农民的重要出产。《于潜县志》载有"小民取以售值，若高山深谷离村较远，就山设厂采笋煮之、曝之为青笋干，贮以篓，虽久不坏，老嫩兼半者谓之摘

图 7-2　天目笋干

头，嫩者谓之笋尖，极嫩者谓之尖上尖，味美价尤贵，嘉前嘉后二乡所出颇多，初夏时贩鬻于嘉（兴）、苏（州），以千百计谋生之资，不为无助。"1949年后，笋干业得到更大发展，到20世纪80年代，临安县杂竹山已发展到20多万亩，建有数百家笋干加工厂，年产量500吨左右，其品种有焙熄、肥挺、秃挺、小挺、统挺五种，畅销国内10多个省、市及香港、澳门、东南亚各地。1995年，仅临安县临目乡就产笋干110吨，总产值358万元。

三、萧山萝卜干

用"一刀种"鲜萝卜腌制而成（图7-3）。该品种萝卜圆柱型，细长，一刀对开，干物质含量高。萧山萝卜干生产始于清光绪年间，咸中带甜、清脆

爽口，为萧山传统名特产。原以农家自食为主，民国九年（1920年）开始形成商品进入市场。1963年始以"风脱水"加工为主，品种有咸萝卜干、甜萝卜干、辣味萝卜条、五香萝卜条（丁）等，1966年后，年产量1.2万吨左右，远销日本、新加坡、马来西亚等地。

图7-3 萧山萝卜干

四、小林黄姜

宋代咸淳年间，余杭蜜姜干姜已作贡品。1946年《杭县志稿》载："姜，为临平、小林近乡出产大宗，季春下种，夏暑作苇帘复之。秋初掘出者，谓之嫩姜，芽紫色，有清香，供杭沪酱菜之用。秋末掘出者，曰老姜，置屋中，冬多寒，宜作小窖，以稻杆合埋之；销路北至平津、且及关外"。现主栽品种为红爪姜，也有少量黄爪姜，两者性质相近，多栽于余杭区小林、乾元、塘南、双林、星桥等乡。小林黄姜以辣香味浓、肉色姜黄、纤维少、质地致密、久煮不烂而盛名（图7-4）。1985年植姜面积3 031亩，亩产一般在1 500千克左右，高者达2 500千克。

图7-4 小林黄姜

五、大红袍荸荠

产于余杭县沾驾桥一带，皮薄色鲜红，如着红袍，故名"大红袍荸荠"，以其个大、质脆、汁清、味甘、无渣而闻名（图7-5）。明嘉靖《仁和县志》载："荸荠，近产独山"（今余杭区沾桥乡境内）。相传早在南宋已列入贡品。20世纪30年代从龙光桥到义桥的运河两岸均有种植，1949年面积为2.75万亩，1953年增至5.38万亩。1974年开始，精制加工成罐头食品"清水马蹄"，远销中国

图7-5 大红袍荸荠

的港澳地区及欧美诸国。1984年和1985年两次获国际金奖。1985年种植面积2.66万亩，总产4万吨，年产值862.91万元。

六、西湖藕粉

历史上曾列为贡品，其外形呈薄片，质地细腻，洁白清香，色泽白里透红，取少许于两指间捻之呈银灰色（而其他藕粉则为白色），用沸水冲泡成糊后，晶莹透明味醇清口（图7-6），属滋补佳品，具健脾、生津、开胃、润肺等功效。清代《杭州府志》载："春藕汁，去泽，晒粉，西湖所出为良，今出塘栖及艮山门外"（即今三家村及其周围数十里的藕乡）。西湖藕粉主要产

图7-6 西湖藕粉

于杭州市的余杭区和西湖区，产自余杭区沾桥乡三家村的亦称三家村藕粉。1949年余杭县有藕荡3 800亩，1953年增至5 300亩，产鲜藕429万千克，各家各户手工制作藕粉，年产藕粉500吨左右。随后，因藕粉价格低，加之藕乡粮食任务重，藕田面积大减，到1985年，藕田（荡）面积仅存842亩。蔬菜产销放开后，农田种植政策放宽，藕粉价格上涨，藕粉生产得以发展。

七、杭州油冬儿

以耐寒、形美、质糯、味甘而著名（图7-7）。民国《蔬菜园艺学》载，"杭州油冬儿，浙江杭州附近多产之，高七八寸至一尺，叶片大，浓绿色，叶柄淡绿色，甚广而肥厚，基部弯曲如瓢形，株之基部膨大而腰细，性耐寒，供冬冷期需用，具特有青菜香，品质佳，宜煮食"，为杭州城镇居民冬季主要蔬菜。1963年，种植面积9 452亩，年产量18 667.7吨。随后，种性退化，品质下降。1976年开始对其提纯复壮，到80年代基本达到应有品质。1985年种植面

图7-7 杭州油冬儿

积20 705亩，年产量36 233吨。

八、杭州黄芽菜

俗称黄矮菜，质柔、味佳、形美（图7-8），是杭州人冬春期间最喜食的蔬菜之一。早在南宋就有"黄矮菜"的记载。清康熙《钱塘县志》称黄芽菜"味美特冠"。市郊四季青、笕桥、彭埠等乡镇栽培历史悠久。民国时期，亩产约1 000千克，50年代增至2 000~2 500千克，最高达5 000千克。1953年种植面积1 754.35亩，年产量820吨。后因种性退化、生育期较长、易受病害，经济效益不及大白菜，1960年以后，面积和产量下降，到20世纪80年代只有少数菜农种植。蔬菜产销放开后，科研部门重视黄芽菜品种改良和技术推广，面积逐渐增加。

图7-8　杭州黄芽菜

九、笕桥缨红萝卜

杭州笕桥出产。清代《艮山杂志》称之"茧桥人参"。民国《蔬菜园艺学》对笕桥红萝卜有以下叙述："在杭州作水果生食，不论贫富毫稚，争购食之，根圆形或扁圆形，直径二寸许，重三四两，外皮滑泽、鲜红，肉纯白而微有红晕，中心深红甚美丽，水分极多，甚甘脆，毫无辛辣，最适于生食，八九月播，十一至三月采"（图7-9）。农村喜庆筵席时，常作冷菜。1965年种植面积2 698亩，年产量6 070.5吨。后因水果上市量增加，缨红萝卜减少。1985年种植面积降为300亩，年产量1 000吨。又因产量不及浙大长萝卜、价格不及时鲜水果而进一步减少。

图7-9　笕桥缨红萝卜

十、杭州雪韭

又名冬韭，耐寒性强，雪地长势
仍旺盛（图7-10）。在杭有三百多年
栽培历史，系农家传统优质品种。清
乾隆南巡时，曾在杭州市郊彭埠镇御
道村品尝此菜，赞不绝口（传说该村
皇帝经过之路被称为御道）。原杭州市
郊均有种植，尤以钱塘江北岸的三堡、
御道、七堡等地生产的为上品。它具
有香味浓、色泽艳、品质佳的特点。

图7-10　杭州雪韭

经培土软化的韭黄色白、味香、纤维少，被列为席上珍品，属春节期间家家
户户必不可少的传统佳肴。此菜培土后不受冻，成为寒冬腊月淡季蔬菜。20
世纪80年代始，杭州雪韭的产量和产值均不及引进的贵州阔叶韭菜，种植
面积锐减，现杭州所剩无几，濒临绝种。

十一、十姐妹南瓜

有大十姐妹和小十姐妹之分，老
瓜、嫩瓜食用均优，老瓜粉糯（图
7-11），嫩瓜鲜美。它以品质佳、结
果多、产量高等优点闻名。果实棒锤
形，向一侧弯曲，一般果长50~60厘
米，腹部横径10~15厘米，单果重大
的4千克左右，小的2千克左右。嫩
瓜墨绿色，老瓜黄褐色有腊粉，果肉
橙红色。近年种性变杂退化，种植面
积甚少。蔬菜产销放开后，消费者需
要蔬菜品种多样性，渴望其本味，有
的菜农恢复种植。

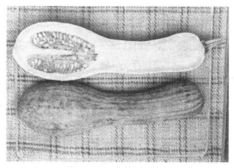

图7-11　十姐妹南瓜

十二、美女茭白

又称一点红茭白，属单季茭类型。
茭肉肥短，露壳的一侧带有红晕，壳
绿色，肉洁白，外观美，故有"美女

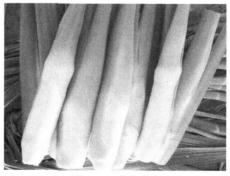

图7-12　美女茭白

茭白"之称。早在唐宋时期就有种植茭白的记载：杭州茅家埠、法相寺前的茭白，其嫩如玉，其香如兰，入口芳香，天下无比（图7-12）。谷雨前4~5天定植，秋季采收，亩产1 000~1 250千克，在市郊水网地带栽培较广。20世纪70年代，执行以粮为纲政策，毁茭荡种水稻，忽视对美女茭白的选育提纯，导致该品种薹管增高，退化严重，品质下降，种植面积逐年减少。

十三、白荡海藕

杭州曾有"绕郭荷花三十里""接天莲叶无穷碧，映日荷花别样红"的盛况。以古荡白荡海藕最佳，具甜、脆、白、大的特点（图7-13），有"冷比霜雪甘比蜜，一片入口沉疴痊"的美称。老藕品味粉、酥，是加工藕粉的上等原料。花白里映红，甚美。相传清康熙皇帝曾乘游船，欣赏白荡海荷藕，并采了莲蓬。后人立"采莲亭"作留念。法国总统蓬皮杜来杭时，指名要品尝白荡海藕。白荡海藕宜在水位1米左右

图7-13　白荡海藕

的河荡、湖泊生长，花白色略带红，嫩藕玉白色，老藕黄褐色，质细、肉脆，糖分和淀粉含量均高。藕单枝重数斤至十余斤，作水果味甘美，作菜肴质脆嫩，驰名中外。20世纪70年代，执行以粮为纲政策，毁藕荡种水稻，白荡海藕濒临绝种。

十四、哺鸡笋

按色泽有红哺鸡、白哺鸡、乌哺鸡之分（图7-14）。白哺鸡笋肉质白且肥嫩，味鲜甜，品质佳，最受人喜爱。其他哺鸡笋虽笋壳色泽不一，但营养成分无异。主要分布在古荡、留下一带低丘红黄壤地，临安、余杭、萧山、富阳等区、县（市）也有栽培。土壤条件和栽培技术的差异对哺鸡笋产量影响很大，土层深厚且磷肥含量高的地块生产的笋产量高品质佳，色泽也好，砂土生长的笋色泽较差。笋园龟背形、肥沃土壤生长的，笋中段略比根部粗，顶

图7-14　左：白哺鸡笋，右：乌哺鸡笋

端尖，适于烹饪油焖笋。每年4月上旬至5月底采收，笋大小差异明显，一般单个重200~300克，亩产500千克左右，高产的达1500千克。

十五、杭州红茄

又名杭州藤茄，在市郊栽培历史悠久，是典型的农家品种（图7-15）。以色泽艳丽、质柔味美、皮薄籽少、早熟高产而闻名于江、浙、皖一带，每年4、5月有大批红茄运销上海等地。80年代初，10月中下旬温床播种育苗（电加温育苗播期推迟），翌年3月中旬定植于塑料大棚内，4月下旬至7月上旬采收，果皮紫红色且有光泽，果长圆柱形，先端尖，略弯曲，长25~30厘米，横径2.0~2.5厘米，果肉白色柔嫩，品质佳。单果重75克左右，亩产2000~2500千克。

图 7-15　杭州红茄

十六、长梗白菜

杭州地方品种，栽培历史悠久，适应性广，栽培易，产量高，叶柄长而厚，为腌制的优良品种（图7-16）。株大，叶形如瓢羹，干物质含量高，历代市民以此菜制作冬腌菜。杭州市郊及其所属县（市）均有栽培。主要特征为植株直立，株高50厘米左右，开展度40厘米×40厘米，单株有叶10余片。叶片长卵形，长19厘米，宽13厘米，浅绿色，全缘，叶面平滑，无刺毛。叶柄长25厘米，宽6厘米，厚1厘米，白色，基部平滑。单株重1千克左右。主要特性为中晚熟，定植后55~60天收获，较耐热，不耐寒，抗病性中等，纤维较发达，品质中，适于腌制。一般9月上旬播种，9月底定植，苗龄20天左右。行距40厘米，株距35厘米，11月下旬收割腌制，每亩产量3500~4000千克。

图 7-16　长梗白菜

十七、杭州长瓜

又名杭州长蒲，20世纪60年代末从上海引进，早熟、高产、品质好，为杭州市郊主栽品种（图7-17）。主要特征为生长势旺，分枝性强。叶绿色，心脏形，密生白色茸毛。以侧蔓结果为主，侧蔓第一、第二节可发生雌花。瓜呈长棒形，下端稍大，直或稍弯曲，瓜蒂部渐尖。商品瓜长40~60厘米，横径4.5~5.5厘米，瓜色淡绿，阴面白色，皮面密生白色短茸毛，横切面近圆形，瓜肉乳白色，单瓜重0.7~1.0千克，种子腔小。主要特性为早熟，定植至始收60~70天。喜温，喜湿，不耐高温，不耐干旱，抗病性较弱，易感炭疽病，虫害少。瓜形美，肉质致密，含水率低，质嫩味微甜。保护地栽培2月上旬播种，3月上旬定植。露地栽培2月下旬播种，4月上旬定植。行距70厘米，株距50厘米。苗期3~5片真叶时可喷150毫升/升乙烯利诱导主蔓发生雌花。花期在傍晚或凌晨进行人工授粉。5月上中旬至7月中旬采收，亩产量约3 000千克。

图7-17　杭州长瓜

除上述名菜外，还有五香毛豆：植株生长旺、抗性强，豆荚粒大、色绿、香糯；红梗芋芳：植株高大、产量高、品味香酥粉糯。

第二节　烹饪名菜

杭州菜肴积淀蔬菜饮食文化，融入杭州菜文化，表现杭州地方特色和传统技艺，菜肴品种十分丰富。杭州名菜和名厨烹饪技术国内外享有盛名，阿富汗王后、美国总统尼克松和法国总统蓬皮杜来杭，指定要黄芽菜、西湖莼菜和白荡海藕作宴。1956年浙江省饮食行业认定的杭州名菜36只，基本上都有蔬菜作配。它们是：西湖醋鱼、叫化童鸡、鱼头豆腐、八宝童鸡、鱼头浓汤、糟鸡、斩鱼圆、火踵神仙鸭、糟青鱼干、卤鸭、清蒸鲥鱼、百鸟朝凤、蛤蜊氽鲫鱼、杭州酱鸭、春笋步鱼、栗子炒子鸡、龙井虾仁、火蒙鞭笋、油爆虾、虾子冬笋、东坡肉、糟烩鞭笋、荷叶粉蒸肉、油焖春笋、一品

南乳肉、红烧卷鸡、咸件儿、栗子冬菇、南肉春笋、西湖莼菜汤、蜜汁火方、番虾锅巴、排南、干炸响铃、火腿蚕豆、生爆鳝片及市民推荐的之江鲈莼羹。这些烹饪名菜中，以蔬菜为主要原料的有11只。笔名考证记载和《杭州菜谱》记述如下。

一、春笋步鱼

其特点是鱼嫩味鲜，笋脆爽口，色泽油亮，为初春难得的时菜。相传"白公"食后忘归：莫怪白公抛不得，便论食品亦忘归。词中的"白公"即唐朝著名诗人白居易。杭州春笋肉嫩味美，西湖步鱼体小肉多，清明前后的草塘步鱼与破土刚出的嫩春笋同炒，味十分鲜美。原料为鲜活步鱼400克、生净嫩春笋肉100克、葱段10克、酱油20克、绍酒10克、精盐1克、白糖5克、熟猪油500克、湿淀粉50克、芝麻油5克、味精2.5克、胡椒粉适量。制法：①将步鱼剖杀去鳞、鳃、内脏，洗净，切去鱼嘴和胸鳍，斩齐鱼尾，批成雌雄两片，带背脊内的雄片，再斜切成两段，用精盐1克、湿淀粉35克上浆拌匀待用。笋切成比鱼块略小的滚料块。②将酱油、白糖、绍酒、味精和湿淀粉15克，汤水25克，放入小碗中调成芡汁待用。③炒锅置中火上烧热，滑锅后下猪油，至三成热时，倒入笋块约炸15秒钟，用漏勺捞起，待油温升至五成热时，倒入鱼块，用筷子划散，将笋块复入锅，约炸20秒钟，起锅倒入漏勺。④锅内留油25克，放入葱段煸出香味，即下鱼块和笋块，接着把调好的芡汁倒入锅，轻轻颠动炒锅，以防鱼肉散碎，待芡汁包住鱼块，淋上芝麻油即成。也可根据食者爱好，加适量胡椒粉。

二、南肉春笋

其特点是选用薄皮五花南肉与鲜嫩春笋同煮，爽嫩香糯，汤鲜味美。相传苏东坡诗曰："可使食无肉，不可居无竹，无肉令人瘦，无竹令人俗。""若要不瘦又不俗，最好餐餐笋烧肉。""南肉春笋"在杭州便成为人们爱吃的传统名菜。原料为熟净五花咸肉200克、生嫩春笋肉250克、绿蔬菜5克、咸肉原汤100克、绍酒10克、味精2.5克、熟鸡油10克。制法：①将咸肉斜刀切成2厘米见方的块，笋肉用清水洗净，切旋料块。②锅内放清水400克，加咸肉原汤，用旺火煮沸后，把咸肉和笋块同时下锅，加入绍酒，移到小火上煮10分钟，待笋熟后，放入味精，淋上鸡油，放上焯熟的绿蔬菜即成。

三、火腿蚕豆

其特点是红绿相间，色泽鲜艳，清香鲜嫩，回味甘甜，是春季时菜。火腿蚕豆是时令性很强的名菜，所选蚕豆要求是"清明见豆节，立夏可以吃"的本园早熟蚕豆，此时豆粒的眉部仍呈绿色，肉质幼嫩，连皮烹制食用，特有风味。原料为熟火腿上方75克、鲜嫩蚕豆300克、白汤100克、白糖10克、精盐2克、味精2.5克、湿淀粉10克、熟鸡油10克、熟猪油25克。制法：①将蚕豆除去豆眉，用冷水洗净，在沸水中略焯。熟火腿切成0.3厘米厚、1厘米见方的丁。②锅置中火上烧热，下猪油至六成热时，将蚕豆倒入，约煸10秒钟，把火腿丁下锅，随即放入白汤，加白糖和精盐，烧1分钟，加入味精，用湿淀粉调稀勾芡，颠动炒锅，淋上鸡油，盛入盘内即成。

四、火蒙鞭笋

其特点是笋壮鲜嫩，红白相映，色泽雅丽，食感爽脆，为夏令时菜。原料为嫩鞭笋300克、熟火腿末15克、白汤250克、精盐2.5克、味精2.5克、湿淀粉15克、熟鸡油25克、熟猪油25克。制法：①将鞭笋洗净，对剖开，用刀拍一下切成条块。②炒锅置中火上，下猪油、放入鞭笋，颠锅略煸，随即加入白汤，盖上锅盖，移至小火上煮5分钟后，加精盐、味精，用湿淀粉调稀勾薄芡，起锅装盘，撒上火腿末，淋上熟鸡油即成。

五、虾子冬笋

其特点是冬笋鲜嫩爽脆，配以干香虾子，其味更佳。原料为干虾子5克、味精2克、生冬笋肉400克、白汤125克、绍酒10克、湿淀粉10克、酱油25克、白糖10克、芝麻油10克、熟菜油500克。制法：①将冬笋洗净，切成4厘米长、1厘米厚的条。②炒锅置中火上烧热，下菜油，至四成热时，倒入冬笋"养"炸3分钟即倒入漏勺，沥去油。③锅内留油10克，倒入虾子略煸，即放入冬笋，加绍酒、酱油、白糖及白汤，盖好锅盖，用小火煮3分钟，放入味精，用湿淀粉调稀勾芡，顺锅边淋入芝麻油，颠动炒锅，出锅装盘即成。

六、糟烩鞭笋

其特点是糟香浓郁，鲜嫩爽口，色泽明亮，为夏令时菜。相传，宋时杭州孤山的广元寺附近有一片竹林，寺内和尚很爱吃笋，却不善于烹制，只会烧烧煮煮。苏东坡任杭州刺史时，与寺里和尚有所交往，便把他的"食笋经"传授给他们。用嫩鞭笋加上香糟，经过煸、炒、烩而制成的这道香味浓郁、富有特色的糟烩鞭笋，十分入味。经历代相传糟烩鞭笋成为杭州一道有名的传统素菜。后来，荤菜馆效仿此法，除选用质量最佳的绍兴香糟外，将素油换用猪油煸炒，将麻油改用鸡油淋浇，糟烩鞭笋从素菜变为荤菜，供应百姓。原料为生净嫩鞭笋肉300克、香糟50克、精盐5克、味精2.5克、湿淀粉25克、芝麻油10克、熟菜油25克。制法：①笋肉切成5厘米长的段，对剖开，用刀轻轻拍松。香糟放入碗内，加水100克，搅散、捏匀，用细筛子或纱布滤去渣子，留下糟汁待用。②炒锅置中火上烧热时，下菜油至五成热时，将鞭笋倒入锅内略煸，加水300克，烧烤5分钟左右，再放入精盐、味精，倒入香糟汁，即用湿淀粉调稀勾芡，淋上芝麻油即成。

七、栗子冬菇

其特点是色彩分明，清爽美观，香酥鲜嫩，是深秋时菜。原料为水发冬菇75克（大小均匀直径2.5厘米左右）、栗子300克、绿蔬菜3克、湿淀粉10克、酱油20克、芝麻油10克、白糖10克、熟菜油40克、味精2。制法：①冬菇去蒂洗净。栗子横割一刀（深至栗肉的4/5），放入沸水煮至壳裂，用漏勺捞出，剥壳去膜。②炒锅置旺火上烧热，下菜油，倒入栗子、冬菇略煸炒，加酱油、白糖和汤水150克，烧沸后，放入味精，用湿淀粉调稀勾芡，淋上芝麻油，起锅装盘（冬菇面向上），四周缀上焯熟的绿蔬菜即成。

八、西湖莼菜汤

此菜原名鸡火莼菜汤，特点是莼菜翠绿，鸡白腿红，色彩鲜艳，滑嫩清香，汤纯味美，为杭州传统名菜。原料为西湖鲜莼菜175克、熟火腿（上方）25克、味精2.5克、精盐2.5克、熟鸡脯肉50克、熟鸡油10克、鸡肉火腿原汁汤350克。制法：①将鸡脯肉、火腿均切成6.5厘米长的丝。②锅内放水500克，置旺火上烧沸，放入莼菜，沸起后立即用漏勺捞出，沥去水，盛入汤盘。③把原汁清汤放入锅内，加精盐烧沸后加味精，浇在莼菜上，再摆上鸡丝、火腿丝，淋上熟鸡油即成。

九、番虾锅巴

别名"平地一声雷"，是一道声、色、趣、味相融的特色菜。此菜临席浇汁，爆裂声声，气雾升腾，碗中是玉白鲜嫩的虾仁，金黄松脆的锅巴，红润酸甜的番茄汁，色泽艳丽，鲜美开胃，真是声入耳、香扑鼻、色悦目、味乐口、趣盈桌，频添食兴。原料为大河虾虾仁175克、米饭锅巴100克、番茄沙司125克、味精2克、鸡蛋清1个、醋10克、绍酒15克、湿淀粉50克、白糖10克、菜油1 250克、精盐4克、熟猪油400克。制法：①将虾仁在冷水中洗至雪白，沥干水，放入碗中，加精盐1.5克拌匀，放入鸡蛋清，用筷搅拌至有黏性，加湿淀粉25克搅匀，浆透待用。②用不焦的锅巴，刮净饭粒，切成直径4厘米的菱形小块，烘至干脆。③锅烧热，滑锅后，下猪油至四成热时，倒入虾仁，用筷子划散至玉白色时，倒入漏勺，沥去油。将锅置中火上，放水300克，加精盐2.5克和绍酒、番茄沙司、白糖、味精，待汤烧沸时，用醋和湿淀粉25克拌匀，勾薄芡，然后将虾仁入锅，略为搅动，即起锅装碗。④锅洗净，下菜油，旺火烧至九成热时，倒入锅巴，用漏勺翻动，炸至呈金黄色时捞出，盛在荷叶碗里，立即和番茄虾仁汁同时送上餐桌，将汁倒在锅巴上面，即发出吱吱的爆裂声。

十、之江鲈莼羹

杭州人常以此菜为豪。据《晋书·文苑·张翰传》记载：西晋文学家张翰，在齐王司马囧执政时，任大司马，因见秋风起，思恋家乡吴中的美味莼羹鲈鱼脍。曰："人生贵得适志，何为羁宦数千里，以要名爵乎！"，借口思念故乡莼鲈，而辞去官职，离洛阳回到家乡。当时张翰这样做，不过是托辞退隐罢了，可是后来这"莼羹鲈脍"（亦曰"作思莼鲈"）的故事，形成"莼鲈之思"的成语，成为表达眷念思乡之情的典故。根据这一典故创制的之江鲈莼羹倍受国内外宾客，特别是华侨的眷恋和喜爱。此菜特点是选用之江（即钱江）的鲈鱼和西湖的莼菜，精心烹制，莼菜清香，鱼肉鲜嫩，味美滑润，色泽悦目。原料为鲈鱼肉150克、莼菜200克、熟火腿丝10克、熟鸡丝25克、鸡蛋清1个、葱丝5克、陈皮丝少许、胡椒粉少许、清汤200克、姜汁水5克、绍酒15克、精盐4克、味精2.5克、湿淀粉25克、熟猪油250克（约耗50克）、熟鸡油10克。制法：①将洗净的鱼肉去皮和血筋。切成6厘米左右长的丝，加精盐1.5克、蛋清、绍酒5克、味精0.5克，捏上劲，放入湿淀粉10克拌匀上浆。莼菜用沸水焯一下，即倒入漏勺沥干水，盛入碗中待用。②炒锅置中火上烧热，滑锅后下熟猪油，至四成热时，把浆好的鱼丝倒入锅内，用筷轻轻划散，呈玉白色时倒入漏勺，锅内留油25克放入葱段略煸，加绍酒10克、精盐2.5克、清汤及水250克，沸起取出葱段，注入味精2克及汁水，用湿淀粉勾薄芡，再放入鱼丝和莼菜，转动炒锅，加入火腿丝、鸡丝、葱丝推匀，淋上鸡油，起锅盛入高脚碗，撒上陈皮丝、胡椒粉即成。

十一、油焖春笋

其特点是嫩春笋以重油、重糖烹制，色泽红亮，鲜嫩爽口，略带甜味，是传统的时令风味。原料为生净嫩春笋肉500克、酱油75克、白糖25克、

味精1.5克、芝麻油15克、熟菜油75克、花椒10粒。制法：将笋肉洗净，对剖开，用刀拍松，切成5厘米左右长的段。将炒锅置中火上烧热，下菜油至五成热时，放入花椒，炸香后捞出，将春笋入锅煸炒至色呈微黄时，即加入酱油、白糖和水100克，用小火烤5分钟，待汤汁收浓时，放入味精，淋上芝麻油即成。油焖春笋走进百姓家，并有所改良（图7-18）。

图7-18 油焖春笋

第八章　蔬菜生产

第一节　种植结构

中华人民共和国成立前,杭州市郊四季青乡望江门一带老菜区,每年种植3~4茬蔬菜,笕桥、彭埠一带,粮、麻、菜混作区,每年种植一季粮或麻外,再种1~2茬蔬菜。20世纪50年代,近郊的新民、望江、乌龙等乡村,土壤肥料条件较好,灌溉方便,劳力充足,以种植生长期短、对肥水要求高的叶菜类为主,每年在同一块菜地上安排4~6茬;远郊笕桥、北草庵、弄口、七堡、彭埠等地,土壤肥力较低,劳力和肥料较少,以种植较耐运输、生长期长的葱蒜类、茄果类、瓜类、根菜类为主,多在3—8月、10月和翌年1月上市,每年收获3茬;潮王、石桥等水网地带,种植水生蔬菜,每年收获2~3茬。

20世纪50年代末,江干区乌龙乡景芳村等部分生产条件好的普遍采用间作套种,复种指数一般为3~4,年亩产蔬菜约3 500千克。1960年开始采用前后茬紧密衔接和间套作方法,复种指数达到6,年亩产蔬菜增加到1.1万千克。茬口安排见图8-1。

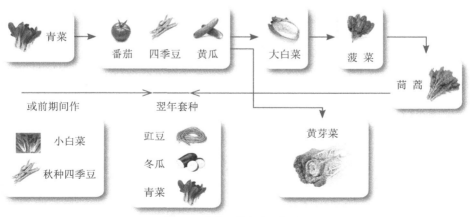

图8-1　蔬菜间作套种示意图

1962年杭州市郊四季青乡望江村，通过选育成熟一致的品种，育苗移栽，采取长套短、高套矮和棚下种菜等办法，使复种指数达到7（红茄→苋菜→丝瓜→早青菜→芹菜→半早儿→小白菜），年亩产蔬菜达14 450多千克，最高的地块复种指数达到10，年亩产蔬菜14 550千克。20世纪60年代，市郊菜区"一年4~6熟"的面积占蔬菜基地面积的10%~15%，"一年3熟"占70%~90%。70年代进一步改革栽培制度，较普遍地采用高套矮（高杆蔬菜套矮性蔬菜）、大套小（大菜套小菜）、粗套细（粗菜套细菜）、快套慢（生长快的蔬菜套生长慢的蔬菜）等间套方法，提高土地利用率和光能利用率（表8-1）。四季青乡还创造"三层楼加围墙"的间套方法，即苋菜（底层）—辣椒（中层）—丝瓜（上层），四周篱笆爬延四季豆，比不间套作的增产30%左右。到1982年，市郊菜区每年间套面积达到1.5万亩以上，年增产蔬菜2万吨左右。其中，笕桥镇云峰村8.64亩番茄套冬瓜，亩产番茄8 293.5千克、冬瓜4 607.5千克，间套作比不间套作的亩产增加500~1 500千克。

1984年，改革蔬菜"统购包销"体制后，菜农科学种菜的积极性提高，大面积应用保护地栽培，夏菜普遍采用早熟栽培，以"卖个好价钱"。1990年各地夏菜见新日期为：江干区黄瓜3月22日、长瓜4月19日、番茄4月12日、茄子3月20日、丝瓜4月28日，建德县辣椒3月26日、茄子4月11日，拱墅区西葫芦3月25日、蚕菱5月3日，富阳县冬瓜5月10日、淳安县菜豆4月21日、豇豆5月25日，余杭县木耳菜和茄子均为5月3日。市郊菜地平均复种指数提高到4，四季青乡的多数村达到8~10。

表8-1　20世纪60年代市郊蔬菜茬口

复种指数	地点	蔬菜次序	起讫时间
6	体育场路一带	马铃薯　霉白菜　火白菜　早油冬儿　半早儿　油冬儿	上/2→翌年上/2
	乌龙乡	四季豆　毛豆　火白菜　早油冬儿　油冬儿　三月青	上/4→翌年下/3
5	体育场路一带	辣椒　火白菜　正秋菜　长梗白菜　迟油冬儿	上/4→翌年下/3
	新民乡	茄子　小白菜　小白菜　早油冬儿　三月青	上/4→翌年下/3
	望江乡	黄瓜　小白菜　刀豆　半早儿　春甘蓝（间作）	上/4→翌年中/5
	乌龙乡	四季豆　火白菜　早油冬儿　油冬儿　三月青	上/4→翌年下/3
		黄瓜　菠菜　络麻　黄芽菜　蒿菜（间作）迟油冬儿	上/4→翌年下/3
4	体育场路一带	辣椒或茄子或番茄　火白菜　长梗白菜　芥菜	上/4→翌年下/3
	新民乡	春甘蓝　雪里蕻　雪里蕻　早油冬儿	下/11→翌年中/11
	望江乡	丝瓜　大蒜（间作）　青菜　春甘蓝（间作）	下/4→翌年下/5
	乌龙乡	四季豆　络麻　黄芽菜　迟油冬儿	下/4→翌年下/3
	三台乡	马铃薯　络麻　长梗白菜　油冬儿	上/2→翌年上/2

（续表）

复种指数	地点	蔬菜次序	起讫时间
3	新民乡 弄口乡 彭埠乡 笕桥乡 七堡乡 新和乡	春甘蓝　丝瓜（间作）　大蒜（割青蒜） 黄瓜　络麻　蚕豆 茄子　伏萝卜　迟萝卜 辣椒或茄子　黄芽菜　火萝卜 黄瓜　迟络麻　迟萝卜 辣椒或茄子　伏萝卜　迟萝卜 冬瓜或南瓜　伏萝卜　迟萝卜 春甘蓝　络麻　葱 黄瓜　长梗白菜　迟油冬儿 络麻　萝卜　草籽沟边麦（间作） 黄瓜或瓠瓜　迟络麻　迟萝卜 茄子或辣椒　伏萝卜　迟萝卜	下/11→翌年下/1 中/4→翌年下/3 上/4→翌年下/3 上/4→翌年下/3 上/4→翌年下/3 中/4→翌年下/3 中/4→翌年下/3 下/11→翌年中/11 上/4→翌年下/3 上/5→翌年上/6 上/4→翌年下/3 上/4→翌年下/3
2	彭埠乡 七堡乡 北草庵乡	络麻　大蒜 夏葱　冬葱 早络麻　冬萝卜（后休闲）	上/6→翌年上/6 4月→翌年下/3 上/5→下/1
5/2	弄口乡	茄子（间作）蚕豆　伏萝卜　豌豆　辣椒　小麦	上/4→第三年6月
3年连作	潮王乡	水芹　早稻　秋茭　蚕茭　荸荠	上/11→ 第三年下/2
2	七堡乡	毛豆　韭菜（间作）菜瓜	3月→翌年2月

注：间作物与主作物同时采收算一茬，相距一茬时间采收算两茬。

人们改进生产技术，促进耕作制度进步，1990年蔬菜茬口见图8-2至图8-9。

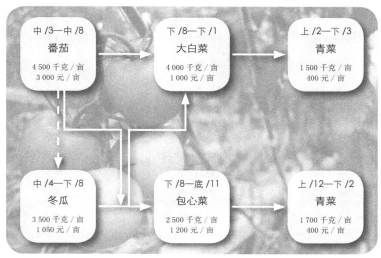

图8-2　以番茄为首茬的蔬菜茬口示意图（旬/月）

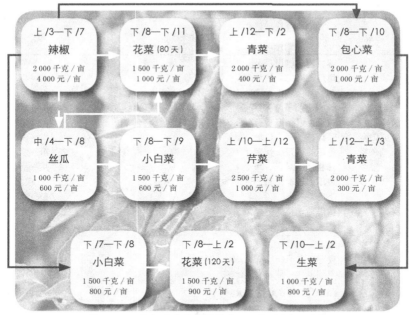

图 8-3　以辣椒为首茬的蔬菜茬口示意图（旬 / 月）

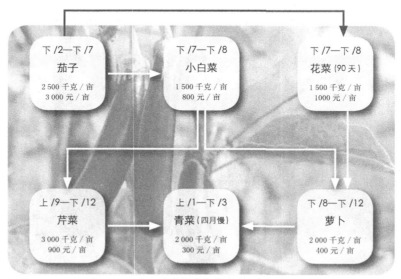

图 8-4　以茄子为首茬的蔬菜茬口示意图（旬 / 月）

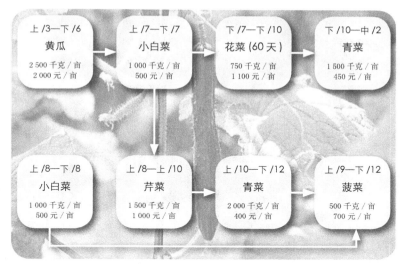

图 8-5　以黄瓜为首茬的蔬菜茬口示意图（旬／月）

图 8-6　以瓠瓜为首茬的蔬菜茬口示意图（旬／月）

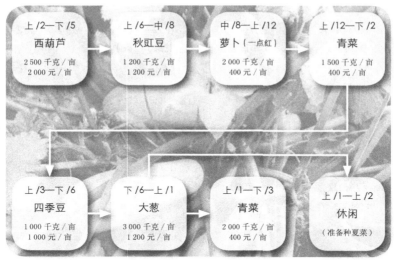

图 8-7　以西葫芦为首茬的蔬菜茬口示意图（旬/月）

图 8-8　以豇豆为首茬的蔬菜茬口示意图（旬/月）

图 8-9　以木耳菜为首茬的蔬菜茬口示意图（旬/月）

21世纪，杭州市和区（县、市）农业局与农技推广基金会一起，进行创新、示范、推广农作制度，蔬菜种类间搭配、蔬菜与其他作物搭配，合理衔接茬口，科学应用技术，推广"菇稻轮作""草莓—稻""鸡—菜—稻"等亩值万元的"万元钱"模式。2014年，在富阳市新登镇实施粮经模式1 320亩，进行蔬菜、西瓜、小麦栽培模式示范，取得良好效益。2015年，在萧山区益农镇实施设施蔬菜＋水稻模式1680亩，进行小西瓜＋芹菜＋晚稻、甜瓜＋芹菜＋晚稻、南瓜＋芹菜＋晚稻、葫瓜＋芹菜＋晚稻、长瓜＋芹菜＋晚稻、玉米＋芹菜＋晚稻、番茄套早熟瓜＋晚稻等7种模式示范，获得蔬菜和水稻的亩产值23 204.24元，亩利润16 248.84元。在淳安县梅源食用菌专业合作社实施40亩菌＋稻模式，栽培黑木耳、香菇34万棒，总产干黑木耳、鲜香菇38.4吨，亩产值35 700元；亩产稻谷506千克，亩产值1 518元，两项合计亩产值37 218元，扣除生产成本，亩均纯利12 000元。在余杭区益民农业生产服务专业合作社实施多模式示范，亩产甘蓝3 000千克、莴苣4 500千克、大球盖菇1 000千克和油菜籽155千克，合计亩产值10 756元。在桐庐县中门茭白专业合作社莪山乡中门村上畈田块应用"茭白田套养甲鱼生态养殖技术"，在萧山区水富农业开发有限公司实施的"花菜＋早稻＋西芹"粮经轮作模式，具有地方特色。这些"模式"的实施，蔬菜优质高产高效，受到农民广泛欢迎，得到省、市政府多次表扬。

第二节　生态示范

21世纪初，针对蔬菜生产存在的问题，菜区改进三大技术：一是改进农药使用技术。新农药的应用，改变过去的盲目施药、重复施药、防效不佳的问题；改变农户"见虫就喷药""乱施滥施化学农药"的习惯。如对世代重叠的斜纹夜蛾、甜菜夜蛾，使用安打或奥绿1号的治虫技术，以减少用药次数和用药量，提高防效；二是改进肥料使用技术。应用生物有机肥，改善土壤的理化性状，提高蔬菜品质，也避免肥害现象的发生；应用复合微生物菌肥，利用肥料中的有益菌株固定空气中的氮素，分解出土壤中难溶的钾和磷元素，增加植株养分；三是改进灌溉技术。改变过去菜地尤其是高山蔬菜生产中的漫灌、浪费水源、水土流失现象，应用滴（喷）灌溉技术，提高水的利用率。

2001年萧山市引进频振式杀虫灯（图8-10），在蔬菜生产上试验效果明显。2002年萧山市农业局实施《频振式杀虫灯在蔬菜生产上应用技术推广》

图8-10　杀虫灯诱杀

丰收计划，安装杀虫灯300盏，一盏灯可控制面积为30～60亩，实施面积19 250亩，翌年扩大，两年共为社会提供无公害蔬菜23 741吨。检测实施区蔬菜农药残留1 215次，合格率达100％。并且，每亩全年减少农药使用量548.7克，减少农药工本133.24元。2003年7月，在萧山市晓阳农业开发有限公司示范基地召开杭州市物理防治病虫害新技术现场会。是年，杭州市推广应用蔬菜杀虫灯20 625亩，比上年增43.7％。

与此同时，杭州市农业局与余杭区农业局在余杭区运河镇的兴旺蔬果公司基地，进行"种菜、养猪、沼气"生态模式试验。2003年试验面积10个钢架大棚，每个大棚中间种植辣椒，两头各留出4米分别建造2间猪舍。每个大棚分别养殖8头生猪，并建造100立方米沼气池。辣椒的早期产量前70天为1 120千克/亩，比对照增535％，且果色深，畸形果少，品质好。总产量平均为3 025千克/亩，比对照增11％。生猪比对照生长快且健壮，出栏提前25天，亩增值1 562元。并且猪粪经发酵后，改良土壤，提高肥力。后经改进和完善，拓展为蔬菜生态链。杭州志绿生态农业开发有限公司蔬菜生产与畜牧业结合，建成规模养猪场和蔬菜基地，猪粪作蔬菜肥料，生产的优质蔬菜配送餐饮单位，其他蔬菜作猪饲料，还建立杭州市第一个农产品质量安全追溯管理标准化基地，成为蔬菜生态农业示范点。蔬菜生态理念向全市推广，建立一批生态菜园和蔬菜休闲观光区。

农业部门采用"肥、水、药"综合技术进行蔬菜生态建设。2003年，全市在13个县（市、区）107个乡镇489个村蔬菜地累计推广护地净、高效Bt等无公害新农药94 164亩；推广复合微生物菌肥、有机复合肥等49 937亩；推广粘虫板（图8-11）、性诱剂455亩（图8-12）；示范应用高山蔬菜蓄灌技术350亩；应用防虫网、杀虫灯等物理防治蔬菜病虫技术22 073亩。开展菜地土壤质量监控体系建设，进行土壤地力、肥力监测和低产菜地改造。建

图 8-11　色板诱杀

图 8-12　性诱剂诱杀

立标准化蔬菜基地（图8-13）。

2004年，全市推广绿色蔬菜生产技术5万多亩，生物防治2万余亩。2015年，余杭区农资公司组织农资经营网店、生产基地回收农药废弃包装物，区农业行政执法大队、区农资公司、乡农资经销店、环境服务公司签订回收处置协议，农药废弃包装物回收率80％。桐庐县莪山乡农药废弃包装物回收率85.7％。全市菜区运用生态调控、物理防治、生物防治、农业综合防治和农产品质量控制等全方位生态防治技术，为生产优质、高产、安全蔬菜提供强有力的技术支持和质量保障，把防治病害和害虫有机地结合起来，化学农药化学肥料施用量降低30％以上，土壤、水和空气质量得以改善。在此基础上，杭州蔬菜生态示范向生态旅游方向发展。

图 8-13　标准化基地

第三节　生产技术

一、整地作畦

杭州菜农习惯于作畦栽菜。清嘉庆二十五年（公元1820年）《东城杂记》就有"幽搂地僻学圃以悦生紫茄白苋青菘赤甲之，属缘畦被架贯四时而恒春"之记载，即菜区作畦种菜，四季常青。中华人民共和国成立后，随着菜地土壤的改良，更讲究精耕细作，薄片深翻，泥细如粉，畦平沟光，条线笔直，棱角分明（图8-14）。完成从翻土开始到碎土、起沟、施肥、扒平、清理几道工序，一个正劳动力一天，仅能耕作半亩菜地。20世纪70年代末，随着地膜的应用，畦面为龟背形或水平形（用于播种小白菜）。

图 8-14 蔬菜地畦

二、蔬菜繁种

蔬菜种子系菜农自繁自育，每户按季留出一定面积，繁殖下年蔬菜用种，方法简单、粗放，多者出售，不足购入，种子质量没有保证。20世纪30年代和40年代，浙江大学农学院从国内外引进榨菜、大白菜、甘蓝、花椰菜、洋葱等蔬菜良种，在杭州菜区广为栽植。50年代末，政府按蔬菜计划种植面积下达制种计划，由生产大队统一繁育。浙江省农业科学研究所（后为浙江省农业科学研究院，下同）、浙江大学农学院开始新品种选育和推广；60年代，为改善杭州淡季蔬菜供应，从省外引进秋黄瓜、早熟甘蓝、早熟大白菜等品种。市蔬菜公司种子批发部参与种子调剂。70年代开始，菜区生产大队普遍建立种子队，专门进行蔬菜良种繁育和提纯复壮，并从国内外引进14类上百个蔬菜新品种，进行试种，择优推广（图8-15）；同时利用杂交优势，开展杂交制种。1982年，江干区蔬菜杂优利用面积达1.1万余亩，约占基地蔬菜44%。其中，番茄、大白菜杂优利用面积各为3 000余亩，分别占上述品种种植面积80%～90%，比常规品种增产30%左右。与此同时，市蔬菜科研站从事蔬菜品种选育、引进和种子供应，推广蔬菜良种，带动全市蔬菜科技工作。1985年在市郊四季青乡番茄试验，北京早红×粤农2号、北京早红×满丝、北京早红×东州24号分别比亲本增产66.7%、60.3%和37.4%。杭州郊区杂交优势在辣椒、番茄、黄瓜、大白菜上的利用率接近100%，其他蔬菜上也得到普遍应用。杭

图 8-15 蔬菜留种

州市蔬菜科研站育成的常规种或杂交一代新品种杭茄1号、杭茄2号、杭茄3号及秋1黄瓜、早青黄瓜等，受到菜农欢迎。江干区笕桥镇蔬菜良种场建立规范化的种子繁育基地，每年繁育多品种、大数量的蔬菜种子供应菜区农民。在杭的省级蔬菜专家，与市县两级蔬菜科技人员携手，开展杭州地方品种尤其是名菜的提纯复壮，培育蔬菜新品种，引进国内外蔬菜良种，促进蔬菜品种多样化，提高杭州蔬菜生产水平。

三、蔬菜育苗

在清代，杭州市郊就开始使用草秧窖，以蔬菜枝叶作酿热物，竹片作支架，稻草片覆盖保暖，并采用"人体温催芽"（冬季，把浸种后包住的种子放进人体胸部近内衣处）、"灶余热孵籽"，以门板作播种床（白天抬出晒太阳，晚上进屋保温）。1927年，国立第三中山大学农学系吴耕民教授在笕桥农场始建玻璃温床，用于夏菜育苗，后逐步推广，20世纪50年代已普遍应用。1956年，杭州市郊菜区创造草钵育苗，采用大苗带土移栽，使夏菜提早一个月上市，亩产提高三成。这项技术延用到80年代初，对蔬菜早熟高产起到积极作用，每年苗床面积占夏菜栽培面积12%左右，三茄（辣椒、番茄、茄子，下同）栽培时间见表8-2、表8-3。但由于苗龄长、花工大、成本高，省、市、区蔬菜工作者开始研究电热加温快速育苗。1983—1985年，杭州市蔬菜科研站吴根良等采用电热、酿热相结合的增温方法，注意光、温、气的协调管理，劳动条件得到改善，土地利用率提高30%~50%，茄果类蔬菜苗龄从120~140天缩短到75~100天，瓜类蔬菜苗龄从60~70天缩短到40~45天。市农业局与市蔬菜科研站组织推广这套先进技术，启动对传统育苗的改革，1985年，菜区采用这套技术育成的夏菜秧苗占夏菜总数70%左右，后边示范边改进，应用

图8-16 穴盘育苗

穴盘育苗（图8-16）。1985年，浙江省农业厅在笕桥镇弄口村进行蔬菜工厂化育苗示范，当年育成蔬菜优质秧苗300万株。与此同时，在杭研究示范的浙江农业大学园艺系对花椰菜、大白菜组织培养成功，浙江省农科院园艺所对番茄水插育苗，10.9亩地获亩产4 291千克。

表8-2　20世纪80年代初市郊三茄育苗及大田栽培时间

种类＼项目	品种	播种期	定植期	始收期
辣椒	茄门椒、羊角椒	10月25日	4月上旬	5月上旬
茄子	杭州红茄	10月28日	4月上中旬	5月上旬
番茄	北早×TM$_2$	11月25日	3月中下旬	5月下旬

注：地点是江干区四季青乡常青10队，播种时间是1982年，栽培方式是地膜覆盖或露地。

表8-3　20世纪80年代初市郊辣椒番茄大棚栽培时间

种类＼项目	品种	播种期	定植期	始收期
辣椒	杭州鸡爪×茄门椒	10月14日	2月25日	3月7日
番茄	北早×TM$_2$	10月14日	12月31日	3月26日

注：地点是江干区笕桥镇弄口科研队，播种时间是1982年，栽培方式是大棚套小棚，采用2,4-D点花，番茄采收青果乙烯利催红。

四、肥水管理

菜农习惯用土杂肥作基肥，人粪尿作追肥，经常收集城市生活垃圾肥地改土，市郊菜地被培育成高度熟化肥沃的菜园土。20世纪70年代后，菜地施用化肥日益普遍。化肥种类除常见的氮、磷、钾肥外，还出现了蔬菜专用的多元素复混肥和复合肥，以及叶面喷施的微量元素专用肥料。同时，也出现了过量施用化肥，农家有机肥越施越少的现象，以致发生土质变劣、营养失衡、蔬菜品质下降的状况。传统蔬菜灌溉以畦边沟灌或泼浇为主，遇天旱则靠人工挑水浇灌。50—60年代，菜区投资20万元，兴建固定式喷灌工程，受益面积约1 000亩。80年代末，与塑料大棚栽培相配套，推广软管滴灌技术，还配合营养液同灌，对减轻土壤板结和盐渍化、促进蔬菜生产十分有利。1994年，江干区农林水利局组织人员在菜地利用管子井抽取浅层地下水进行滴灌，取水方便，水源洁净，避免污染蔬菜和软管滴孔阻塞。并且，地下水冬暖夏凉，利于蔬菜生长（图8-17）。

图8-17　新型灌溉技术应用于蔬菜生产

五、病虫防治

中华人民共和国成立前，蔬菜发生病虫以人工捕捉或摘除为主，很少使用药剂。1927年，杭州开始应用波尔多液防治。《杭县志稿》记载"民国三十五年十月间，用谷生乐仁、砒酸铅防蔬菜虫害有特效"。其后，随着蔬菜新品种的大量引进和蔬菜长期连作，病虫增加。20世纪50年代，主要病虫有病毒病、瘟病、根腐病、黑斑病、猝倒病和菜青虫、蚜虫、地老虎、瓜螟、小菜蛾、乌壳虫等。据1954年市郊菜区调查，蔬菜病害有11种，虫害有15种。采用人工捕捉和爱克粉、DDT、鱼藤粉等药剂相结合的办法进行防治。60年代普遍推行药剂防治。1976年，贯彻"农业防治为主，化学防治为辅"的综防方针，提倡少用农药，准确用药。江干区在蔬菜试验场建立蔬菜病虫测报站，在五福、定海、弄口、黎明、皋塘、云峰村设立6个测报点，配备植保员，采用室内饲养害虫进行观察、与田间调查害虫发生情况相结合的办法，及时形成病虫情报，向蔬菜乡、村发布。并为马铃薯、蚕豆等蔬菜引种进行植物检疫，控制病虫传播。

1982年，大白菜三大病害（霜霉病、软腐病、病毒病）暴发，青杂5号等6个大白菜品种仅霜霉病的病情指数为35～60，大白菜产量只有常年的二三成，并为害到青菜等其他叶菜；1986年8—9月，瓜螟暴发，市郊约3 000亩冬瓜、丝瓜受害严重，害虫吃光叶子又钻入瓜内吃瓜肉，减产一半以上，有的地块绝收，尚存的冬瓜商品性极差，基本无销路。省、市、区蔬菜管理部门加强蔬菜植保工作，浙江农业大学、省农科院、省植保站与市相关部门联合研究对策。市蔬菜科研站（所）和市植保植检站等加强蔬菜种子检疫、病虫测报和指导防治，全市开展无公害蔬菜生产，既有效防治病虫（图8-18），又使蔬菜农药残留量控制在卫生部颁发的"食品卫生规定"以内。1985年，江干区推广1 092亩，生产出15种无公害蔬菜2 730吨。然而，病虫种类与蔬菜种类同步增加、

图8-18　用高效低毒低残留农药防治病虫

农药大量使用与病菌害虫产生抗药性、保护地栽培蔬菜增产与保护地栽培场所病菌害虫越冬、蔬菜植保技术推广与病虫蔓延加剧、人们控制农药使用与农民不规范用药现象同时存在。政府重视蔬菜质量安全，推广综防技术。

六、激素应用

1951—1953年，浙江大学农学院蔬菜实验场把2,4-D应用于番茄，减轻因低温、阴雨而造成大量落花落果，番茄提早10~15天采收，增产50%~100%。1956年又用4-CPA对番茄、茄子喷花试验，番茄增产4~5倍、茄子早期产量增加1倍。这项技术推广到菜区后，开始由于菜农技术掌握不当，产生药害，后采取"严格控制浓度、避免接触嫩芽、掌握花蕾大小"等施药措施，基本控制药害。到20世纪70年代，用2,4-D点花和4-CPA喷花已成为市郊菜区番茄高产必不可少的技术措施，到80年代，杭州市郊每年种植番茄3 300亩左右，约98%的面积应用这项技术，同时也在茄子、辣椒上大量使用，并向其他蔬菜推广。

1955年，浙江大学农学院用顺丁烯二酸联氨（MH）进行抑制洋葱及大蒜在贮藏中萌芽试验，试验结果可延长贮藏期2~3个月。1959年，用赤霉素处理莴苣，增产12%~48%，并在菜豆上试验成功。20世纪60年代开始，用乙烯利催红番茄果实；用赤霉素打破马铃薯休眠和进行催芽。70年代，用乙烯利促使瓠瓜多长雌花，增产四成以上；用矮壮素（CCC）抑制植株徒长。80年代，保果灵用于黄瓜，其他植物激素不断涌现，促进蔬菜早熟高产。

七、除草剂应用

1973年，杭州市郊四季青乡在菜地进行除草剂应用试验，杀草率达90%，比人工锄草每亩节约劳动用工6~10个，被菜农所接受而逐步推广。到1985年，除草剂已在15种蔬菜上应用，用杀草丹、除草醚、扑草净、草甘膦、氟乐灵等，分别杀死马唐、狗尾草、蟋蟀草、雀舌草、野苋、三棱草等20余种草。其间，由于有的菜农未按规定作业，导致蔬菜产生药害而死亡。蔬菜管理和科技部门开展技术培训和现场指导，到20世纪90年代，菜农已掌握除草剂使用技术和所对应的蔬菜种类，除草剂使用于菜地已成为常态。

八、保护地栽培

20世纪50年代后期，江干区蔬菜试验场以玻璃土温室种植番茄、辣椒获得成功。1966年，塑料薄膜应用于温床，塑料棚栽培开始发展。随后，在江干区四季青乡常青村和笕桥乡弄口村建造玻璃温室和连栋塑料大棚，进行蔬菜生产试验示范。1979年从日本引进地膜覆盖技术，浙江农业大学和省农科院在市郊菜地进行示范和推广。浙江农业大学园艺系曹小芝在其本校实验场进行地膜覆盖甜椒试验，比露地栽培增产66％。1980年地膜覆盖技术在江干区四季青、笕桥、彭埠3个乡7个村的11种20余亩夏菜上试验，明显表现为早熟、增产、高效。1981年扩大到富阳、萧山等区、县（市）共计400亩，1982年推广到市辖7县2区（萧山、富阳、桐庐、余杭、淳安、建德、临安县和江干、西湖区）大部分蔬菜村的16种蔬菜，面积3638亩，1983年又扩大到24种蔬菜，面积8137亩，占全市蔬菜基地面积25.8％。结果表明，采用地膜覆盖增产20％~74％，高的增产近1倍；蔬菜见新日期比露地栽培提前2~10天。

随着塑料制品在蔬菜生产上的使用，菜农采用多层塑料薄膜覆盖，早期产量增加1倍以上，进一步促进蔬菜早熟和高产，对增加上市蔬菜的花色品种、缓和蔬菜淡旺矛盾起到积极作用。1981年，江干区3200亩番茄，平均亩产4500千克以上，大面积单产创全国最高水平。江干区蔬菜保护地栽培高产典型见表8-4。1985年，江干区塑料棚套地膜面积已达757亩，占塑料棚覆盖面积50％。是年，近郊（江干、西湖、拱墅、滨江区）春季塑料棚覆盖蔬菜情况见表8-5。1990年全市蔬菜大中小棚1.34万亩、遮阳网19.1万平方米。这项技术促进了蔬菜优质高产、缓解淡季、提早上市、延长供应期。科技人员总结并提升蔬菜高产经验，指导长江流域应用整套高产技术，新闻媒体多次报道杭州蔬菜高产典型和先进技术（图8-19）。

图8-19　杭州电视台采访蔬菜高产典型

表8-4　杭州市郊蔬菜保护地栽培高产情况

地点 \ 项目	种类	面积（亩）	亩产（千克）	年份	栽培方式
四季青乡五福村	瓠瓜	3.36	6 813	1981	地膜＋小棚
四季青乡御道村	番茄	6	7 780	1981	地膜
四季青乡常青村	辣椒	4.8	2 506	1981	地膜
笕桥乡黄家村	茄子	3.5	3 639	1981	地膜
四季青乡常青村	大白菜	2.6	6 798	1981	地膜
笕桥乡弄口村	冬瓜	1.7	10 676	1981	地膜
四季青乡三堡村	番茄	0.6	11 263	1982	大棚＋小棚＋地膜
四季青乡三叉村	黄瓜	6.5	7 639	1984	地膜
四季青乡常青村	辣椒	1.3	4 050	1984	大棚＋地膜
四季青乡水湘村	四季豆	1.2	2 193	1984	地膜

表8-5　近郊1985年春季塑料棚覆盖蔬菜情况

种类 \ 项目	大棚		中棚		小棚		小计	
	面积（亩）	占合计（%）	面积（亩）	占合计（%）	面积（亩）	占合计（%）	面积（亩）	占合计（%）
番茄	23	14	25	13	117	16	165	15
辣椒	18	11	32	17	303	42	353	33
黄瓜	120	74	17	9	111	15	248	23
瓠瓜	1	1	118	61	98	14	217	20
其他	—	—	1	—	88	12	89	8
合计	162	—	193	—	717	—	1 072	—

注：百分比计算结果的合计数略有误差系四舍五入所至。

1991年，蔬菜保护地栽培面积迅速扩大，江干区塑料大棚面积8 030亩，比上年扩大1.5倍，其中笕桥镇草庄村490亩，占全村菜地面积87%。遮阳网达到89.2万平方米，覆盖面积3 000亩，8月、9月遇连续40多天高温晴热，遮阳降温效果明显。1994年采用保护地栽培，在菜地承包到户情况下，江干区四季青镇三叉村钱丽娟、沈银龙种植的0.5亩番茄亩产4 352千克，亩产值10 047.6元；1.53亩红茄亩产3 054千克，亩产值10 261.44元；0.12亩辣椒亩产2 459千克，亩产值7 950元；0.5亩黄瓜亩产5 304千克，亩产值8 036元，获得了高产高效。2013年，全市保护地蔬菜进一步发展，有蔬菜大棚6.9万亩，中小棚3.8万亩，遮阳网5.2万亩，防虫网1.1万亩，以促进蔬菜优质高产。

九、蔬菜无土栽培

1986年，浙江省农业科学院在杭州市郊进行装置简易的营养液膜

（NFT）水培试验，栽培秋番茄；以砻糠灰为基质栽培网纹甜瓜，均获得成功；1987年，又从日本引进水培设施，在杭州进行蔬菜无土栽培研制和开发。1993年，杭州市政府从菜地建设费中拨款10万元，由市农业局封立忠和江干区农林水利局蒋春生联合实施，在江干区四季青镇五福村（四季青镇蔬菜良种场）建立蔬菜营养液栽培示范基地，利用一座玻璃温室（5栋）面积0.99亩，安装浮板毛管水培系统，种植长瓜、黄瓜和番茄，表现植株生长快、产量高，营养液栽培的长瓜比土栽的增产149.2%（表8-6），同时也表现出成本高、技术难掌握、易感染根部病害的问题，后作了改进。市农业局向市政府提交《蔬菜营养液栽培示范总结》，马时雍副市长作了批示。1994年，笕桥镇蔬菜良种场和草庄村也进行蔬菜无土栽培示范。其间，市农科所对基质栽培的基质配比、床式设计、营养液简化配制等技术进行试验。1997年，市种子公司黄凯美等在《杭州农业科技》发表《葫芦温室FCH栽培研究》，为FCH水培系统的推广应用及栽培密度提供理论依据。后技术不断改进，增加立体栽培功能（图8-20）。

图8-20　蔬菜无土栽培

表8-6　长瓜无土栽培与土栽比较

项目	无土栽培	土栽	备注
品种	杭州长瓜	杭州长瓜	
播种期（日/月）	19/8	30/7	按栽培方式需要确定
定植期（日/月）	25/8	直播	按栽培方式需要确定
栽植密度（株/亩）	1 425	2 840	按栽培方式需要确定
采收期（日/月）	30/9—7/11	3/10—7/11	
面积（亩）	0.198	0.199	
亩产量（千克）	1 234.85	495.45	
亩产值（元）	8 290.40	2 617.17	

21世纪，以基质栽培为主的蔬菜无土栽培试验示范与推广同步进行，萧山、余杭、临安、富阳、桐庐、建德、淳安等区、县（市）在一些大型农场进行示范和应用，多用于蔬菜育苗、叶菜栽培和瓜果生产。临安市板桥镇环湖村心蕾农业开发公司建成首个半球型温室气雾无土立体栽培蔬菜园，采用先进的气雾栽培技术，实行24小时全天候计算机控制立体化栽培。利用喷雾装置将营养液雾化，直接喷射到植物根系以提供植物生长所需的水分和养分，具循环节水、科学施肥、免药栽培、环境净化等优点，为提高土地利用率、排除土质影响、蔬菜增产高效和现代观光农业开辟新途径。

十、高山栽培

20世纪80年代初试种高山蔬菜，是利用气温随海拔升高而下降的原理（一般每升高100米气温下降0.6℃），在海拔500～1 200米的山区，种植夏秋杭州市郊难以生产的蔬菜。1983年，浙江省农业科学院张德威与杭州市农业局封立忠等赴临安县上溪乡组织试种番茄成功，但当时农民不懂其技术。在省、市、县试验示范的基础上，1985年，市农业局组织成立高山蔬菜推广协作组，富阳、桐庐、建德、临安、淳安、余杭等六个县农业局等单位参加，科技人员试验示范种植技术，宣传培训相关知识，沟通联系产品销路。是年高山蔬菜种植面积达到2 066.19亩，蔬菜种类达25种，生产蔬菜2 500吨，在8～9月秋淡期间，除供应杭州市场外，还外销上海、南京、无锡、嘉兴、绍兴、宁波等地2 000余吨，并远销香港，当年获产值60万元，比原来种植玉米、番薯增值2～7倍。浙江省政府批准的"革命老区"——临安县上溪乡，1985年种植高山蔬菜820亩，创值23万元，全乡人均增收57元，增20%。1986年临安县上溪乡太平村汪丹华和竹林村胡火老两户，高山蔬菜收入分别达到1 160元和1 330元。尔后，科技人员编写《高山蔬菜》一书，向农民系统介绍不同海拔高度适栽的蔬菜品种、播种时间及其操作技术。90年代，山区农民已基本掌握高山蔬菜种植技术，有比较稳定的销售渠道。高山蔬菜生产成为山区农民致富的有效途径和缓和蔬菜秋淡、丰富城市供应的可取方略。2004年，临安市蔬菜产业协会实施"天目山"牌高山蔬菜标准化生产丰收计划，在53个村4 846户农户的高山蔬菜基地种植四季豆、茄子、辣椒、番茄等7 506亩，获得总产18 789吨、产值3 757.8万元，平均亩产2 503.2千克，平均亩值5 006.39元，高山蔬菜商品率95.6%，产品优质率72%，上市蔬菜品牌包装率25%，户均产值7 754.44元（图8-21）。该项目获浙江省农业丰收二等奖。高山蔬菜标准化生产典型户情况见表8-7。

图 8-21 临安龙岗高山蔬菜基地

表8-7 高山蔬菜标准化生产典型户调查

| 户名 | 地点 | 示范品种 | 种植面积（亩） | 产量 | | 产值 | | 平均售价（元/千克） | 商品量（千克） | 商品率（%） | 优质率（%） |
				总产量（千克）	折合亩产（千克/亩）	总产值（元）	折合亩值（元/亩）				
陈家斌	马啸乡浪广村	四季豆	0.78	2 276.4	2 918.5	5 436.36	7 004.31	2.4	2 242.8	98.5	92.5
叶光华	马啸乡浪广村	茄子	0.60	2 452.8	4 088.0	2 943.36	4 905.60	1.2	2 400.0	97.8	91.0
程玉青	清凉峰镇桥东村	茄子	1.60	7 044.6	4 402.8	11 975.82	7 484.89	1.7	6 920.0	98.2	93.2
许寿音	清凉峰镇北坞村	长瓜	0.75	3 386.7	4 515.6	3 725.37	4 667.16	1.1	3 195.0	95.4	89.2

第四节 蔬菜灾情

杭州每年有自然灾害，或风或雨，或旱或寒，对蔬菜产生危害。有时还伴随病虫和人为因素。市郊主菜区的灾情对蔬菜的供应和人们的生活影响较大。1982—1995年主要灾情记载如下。

1982年菜区霜霉病、病毒病、软腐病"三大病害"暴发，受害面积

10 000亩，市郊仅大白菜由于霜霉病减产30％左右，青菜减产一半。

1983年，"4.28"暴风雨，最大风力10级以上，市郊至少吹破塑料薄膜大棚290个，夏菜受损面积2 000多亩，如长瓜、番茄和四季豆叶子打碎，部分蔬菜枝头折断。

1983年，"7.15"暴雨，从6月26日起连日下雨，7月15日又降暴雨，雨量达370多毫米，市郊至少受淹菜地7 160亩，其中有30％屡淹，烂菜严重，造成夏菜提前落令，蔬菜减产2万吨。

1983年，7月下旬至8月高温干旱，最高温度达39℃，市郊至少4万亩蔬菜等农作物受旱，其中1 800多亩蔬菜、络麻地断水源无法抗旱，作物枯萎死亡。

1984年，"6.13"大暴雨，6月13—14日总降水量203.1毫米，市郊至少15 300亩蔬菜减产15 000吨（图8-22），不少仓库进水，种子受损严重。

图8-22 菜地受淹

1984年，"8.22"大暴雨，8月22日晚7—9时降水量达100毫米以上，造成市郊至少3 300亩菜地淹没，其中1 700多亩叶菜打烂，40％死伤。

1984年1月，连降大雪成灾，从1月18日至月底降雪量25厘米，为近34年之最，造成夏菜秧窖压倒压破，部分夏菜秧苗冻死冻伤。

1985年4月，市郊多地夏菜秧发生药害，四季青乡的三堡、五福和常青村农户把草甘膦等药物当作乐果喷施"三茄"，造成死秧。

1985年"7.13"狂风，下午3时半突然刮大风1小时，市郊40％高杆作物吹倒，部分夏菜枝吹伤、折断。

1986年，"4.10"暴雨，连降雨10天，又暴雨12小时降水89.5毫米，造成市郊至少5 900亩菜地受淹，其中1 300亩损失较重，夏菜秧受害严重。

1986年8—9月，蔬菜害虫瓜螟暴发，市郊约3 000亩冬瓜、丝瓜受害严重，害虫吃光叶子又钻入瓜内吃肉，造成减产一半以上，有的地块绝收，尚存的冬瓜商品性极差，无销路。

1987年，3月6日至4月14日持续低温多雨，降水量达330毫米，出现冰冻，全市早移栽的大棚黄瓜、番茄、四季豆等死伤，地膜覆盖但无棚的番茄受害更重。

1987年，"9.12"暴雨，三周内降水202毫米，市郊至少5 270亩菜地受淹，其中300多亩秋四季豆、500亩叶菜烂根，部分死亡。9月，许行贯副省长到市郊检查蔬菜灾情，作出抗灾保菜和抓好"菜园子"的指示。

1988年7月，有26天无雨，气温超35℃，39℃以上就有6天，造成大批夏菜干死提早落令，叶菜难以播种。

1988年，"8.8"台风暴雨，风力10级以上，降水112毫米，市郊至少受淹面积8 000亩，高杆作物推倒，叶菜打烂，减产5 000多吨。8月沈祖伦省长到市郊菜区视察"8.8"台风对蔬菜受灾情况，安排救灾资金和物资，建立蔬菜保护基金。

1988年，"9.2"特大暴雨，从9月2日夜间9时至9月3日凌晨3时，降水量达184毫米，市郊至少17 000亩蔬菜受淹，其中4 500亩叶菜烂根，已定植的6 000余亩大白菜及其他菜秧死伤。

1989年，"9.16"强热带风暴，早晨3—5时风力达8~9级，降水量116.5毫米，市郊淹没菜地上万亩，21 400亩高杆作物倒伏或倾斜，4 700多亩叶菜严重腐烂，减产4 000多吨。

1990年8月，高温伏旱，有25天气温35℃以上，35天只降水44毫米，成造市郊至少6 000亩蔬菜受灾而减收3 100吨左右。

1990年，"15号"台风带来暴雨，8月31日风力7~9级，最大12级，降水量161.9毫米，市郊至少26 000亩蔬菜受灾、3 500亩被淹，1 500亩高杆蔬菜被吹倒，4 000余亩叶菜被打烂。

1990年，"18号"台风，并连续降雨10多天，市郊至少2 600亩叶菜腐烂，抢播的1 800亩菜苗萎死，病虫暴发，蔬菜供应紧张，菜价涨到大米价的8倍。

1991年，夏、秋蔬菜普遍发生斜纹夜蛾侵害，市郊千余亩花菜受斜纹夜蛾幼虫钻入花球，造成减产，并因商品性差而滞销。

1991年12月，最低气温零下8.4℃，降水量20毫米，市郊至少26 000亩蔬菜冻害，6 000亩青菜结冰冻烂，960亩花菜莴苣冰死，110多万株夏菜秧冻死。

1992年2月23日下午，持续3个小时7~8级大风，阵风10级，次日凌晨现薄冰，市郊至少吹倒吹破蔬菜大棚5 282个，红茄、黄瓜、番茄、辣椒苗受损201万株，其中死苗119万株，经济损失100万元。

1992年，2月23日突然刮干风8级，降温10℃以上，出现冰冻，市郊至少吹倒蔬菜大棚490个、吹破5 000个，损伤夏菜秧201万株，死秧119万株。

1992年3月，连续阴雨24天，降水量284.9毫米，4月2日最低气温1.8℃，市郊至少13 000亩大棚夏菜死伤，1万多亩春菜减产30％、共计5 000余吨。

1992年，7月连续23天无雨，19天气温35℃以上，最高达39.4℃，夏菜结果差、果型小，叶菜干萎，产量减少。

1994年，6月10—15日，淳安县降水305.9毫米，蔬菜受淹900亩，占该县蔬菜基地90％，损失产量416吨和产值35万元；6月7—18日，建德市降水242毫米，受淹蔬菜1 025亩，损失产量621吨和产值52.5万元。

1995年6月25—27日大暴雨，市郊受灾蔬菜至少6 000亩，减产7 500吨，减少产值40％；拱墅区果菜、叶菜减产30％；桐庐县蔬菜受灾2 000亩，其中受淹650多亩，减产量2 600吨，减产值300万元。

21世纪，每年都有大小不等、种类多样的自然灾害。如2013年"菲特"台风，10月6—7日降水246毫米，外河水位高涨，河水倒灌，导致基地无法排水，围垦地区蔬菜全面受淹，大部分叶菜整株浸在水下，萧山和余杭等地40多个基地17 713亩蔬菜受灾，绝收面积7 668亩，直接经济损失约5 050万元。

第五节　蔬菜质量安全

一、"放心菜"工程

1999年，杭州市开展"放心菜"工程建设（图8-23）。市政府成立杭州市区"放心菜"工程领导小组及其办公室，以市区为主，带动各县（市），建设蔬菜质量安全体系，一是在生产上全面禁用甲胺磷、甲拌磷、呋喃丹、氧化乐果、甲基1605等5种高毒高残留农药；二是建立25个蔬菜生产示范园；三是在农贸市场和超市设立100多个"放心菜"直销专柜；四是制定并由

图8-23　放心菜生产示范园

市政府颁布杭州市蔬菜农药残留管理条例；五是实行监督检查、明查暗访和专项整治；六是广泛开展放心菜知识的宣传培训，使蔬菜安全性明显提高。2003年，这一做法被推广到整个农产品质量安全管理上。

二、蔬菜质量安全追溯管理

根据杭州市政府办公厅《关于开展农产品质量安全追溯管理工作的实施意见》，2008年12月19日，杭州市政府在杭州农副产品物流中心召开杭州市鲜活食用农产品质量安全追溯管理工作启动大会。杭州市政府与10个区政府（管委会）签订农产品质量安全追溯管理目标责任书，余杭区政府与杭州农副产品物流中心，杭州农副产品物流中心与杭州蔬菜批发交易市场、浙江良渚蔬菜市场开发有限公司分别签订追溯工作管理责任书，实施蔬菜等5大产品质量安全追溯管理。是年，市农业局成立杭州市农产品质量安全追溯管理农业工作组。以程春建局长为组长、张振华、赵敏、严建立3位副局长为副组长，质监、农作、畜牧、经作、渔业5个处长为组员，形成农产品质量安全追溯管理农业工作班子，着力开展生产领域的"追溯"工作。首先对蔬菜等5大产品的生产开展追溯管理，后推广到整个食用农产品。分三步进行：一是采用"一票通"纸质材料传递蔬菜质量安全信息；二是创立并实施"杭州模式"追溯管理，采用电子信息传递蔬菜质量安全信息；三是实行二维码传递蔬菜质量安全信息（图8-24）。8年来，发放以蔬菜为主的纸质杭州市食用农产品产地标志卡8万张、智能标志卡4 000张；建立以蔬菜基地为主的农产品质量安全追溯管理示范点142个；建成市、区（县、市）、基地追溯管理系统，并与省农产品质量安全追溯管理平台对接。2009年，杭州市农业局"实施蔬菜、肉类产品质量安全的全程监管"的市直单位创新创优项目，取得良好效果，被列入省公共行政创新项目36强。2010年，杭州市被列为首批全国肉类蔬菜追溯体系建设试点城市。尔后，杭州市以蔬菜为基本点，制订DB3301/T 161《农产品质量安全追溯管理要求总则》、《生产领域农产品质量安全追溯管理要求》等地方标准，在杭州志绿生态农业开发有限公司建立全省首个蔬菜质量安全追溯管理标准化基地。杭州市正在应用互联网技术、数据挖掘技术等先进信息技术，对蔬菜

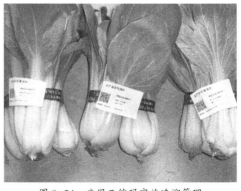

图8-24　应用二维码实施追溯管理

产业各要素进行数字化设计、智能化控制，创建蔬菜智慧农业。

三、蔬菜品牌建设

2000年12月1日杭州启用"无公害蔬菜"标志，按照国家和杭州市"无公害蔬菜标志认证管理办法"，对全市23个蔬菜基地通过浙江省无公害农产品基地认定。杭州市完成"万亩无公害蔬菜综合标准化"国家示范项目，建立5万亩无公害蔬菜生产基地。尔后，江干区（23 000亩蔬菜基地）获得农业部第一批"全国无公害农产品生产示范基地县"称号，"笕桥"牌杭州油冬儿青菜、杭椒一号辣椒获得市政府优质农产品金奖。2003年，萧山区益农镇三围村经济合作社蔬菜、小西瓜为"农垦"牌无公害蔬菜；淳安县蔬菜产销协会高山四季豆为"千蔬"牌绿色农产品。市开展蔬菜"三品一标"（无公害农产品、绿色食品、有机农产品和农产品地理标志）认定，建成一批专门基地和品牌产品。2008—2011年，被浙江省农业厅公布为浙江名牌农产品有：建德市里叶白莲开发有限公司的白莲；浙江吉天农业开发有限公司的"吉天"牌萝卜；临安市蔬菜产业协会的"天目山"牌番茄、辣椒、茎用莴苣、茄子、瓠瓜、结球甘蓝；浙江新迪国际食品集团有限公司的"新迪"牌速冻白花菜、绿花菜、青刀豆；杭州佳惠农业开发有限公司的"佳惠"牌芦笋；杭州萧山舒兰农业有限公司的"尚舒兰"牌生鲜蔬菜等（图8-25）。2013年，全市建立各种形式的"无公害蔬菜生产示范园区（基地）"13个、蔬菜专业村10个，创立无公害蔬菜品牌23个、绿色蔬菜品牌18个和有机蔬菜品牌2个。2014

图8-25　"尚舒兰"蔬菜

年，杭州良渚麟海蔬果专业合作社的"麟海菜园"牌叶菜、杭州萧山舒兰农业有限公司的"尚舒兰"牌叶菜、富阳东洲芦笋专业合作社的"东洲岛"牌芦笋、临安上溪慧琴蔬菜专业合作社的"天目山"牌茄子等获"浙江省精品果蔬展金奖"；杭州宇航梦园农业科技有限公司的"宇航村"牌南瓜等6个蔬菜产品获"浙江省精品果蔬展优质奖"。

2016年杭州开始创建有机蔬菜小镇。2018年6月15日，杭州临安清凉峰"有机蔬菜小镇"开园。清凉峰蔬菜产业起步于1983年种植高山蔬菜，2017年有高山蔬菜基地4 500余亩，年产量1.6万吨，产值8 000余万元。有省市级"菜篮子"基地5个、蔬菜生产特色村10个、规模经营主体11家（图8-26）。

图 8-26 临安清凉峰有机蔬菜小镇蔬菜基地

四、蔬菜生产标准化建设

1996年，开展蔬菜生产标准化建设，建立杭州市农业标准化建设领导小组及其办公室，建立包括蔬菜在内的47位专家组成杭州市农业标准化专家委员会。市质量技术监督局和市农业局相继制订并实施"无公害蔬菜"标准，陆续颁布各类蔬菜的杭州市地方标准20多个。在市蔬菜科研所进行农业标准化工作试点，制定蔬菜生产标准、蔬菜种子包装规范和5个蔬菜种子的品种标准，使蔬菜标准化向多领域全方位发展。随后，实施蔬菜标准化研究、示范、推广项目，开展农产品质量安全标准乡镇建设，后开展农产品质量安全县建设，进行蔬菜标准化集成推广。在前几年制定17个蔬菜农业标准（技术规范）的基础上，2002—2003年又制订杭州市级农业标准《大红袍荸荠生产技术规程》《日本胡瓜》和县级农业标准《水果黄瓜栽培技术规程》《萧山大型萝卜》《无公害小型西瓜》等。杭州市农业标准规范《结球甘蓝》、萧山区农业标准规范《胡瓜生产技术规程》、临安市农业标准规范《临安无公害高山蔬菜生产技术操作规程》和《天目山高山蔬菜》等，已在生产上全面应用。2013年实施蔬菜生产标准和操作规程，印发蔬菜生产模式图20多个10万余张，开展一品一图技术指导，标准入户率达100%。

五、蔬菜检测与专项整治

2002年，开始实施例行蔬菜监测制度。每年施行农业部、省级和市级蔬菜质量安全抽检，县、乡两级实行蔬菜质量安全快速检测，生产基地进行自检（图8-27），并将结果信息及时上传。2003—2008年生产基地蔬菜例行监测合格率分别为95.00％、97.87％、98.20％、99.31％、96.00％、99.10％。2008年比实施例行监测制度前的2002年提高7.4个百分点，比实施"放心菜"工程前的1998年提高47.4个百分点。2008年浙江省农业厅对11个地市蔬菜质量安全例行监测中，杭州市生产基地蔬菜平均合格率98.09％，位列全省第二。是年，农业部对全国37个副省级以上城市的蔬菜质量安全例行监测中，杭州市生产基地蔬菜平均合格率为100％。与此同时，开展蔬菜生产投入品的检查，主要对蔬菜种子、农药和肥料质量检查；开展蔬菜专项整治，有针对性地解决蔬菜产品质量安全的问题，坚持检打联动、打防结合和集中整治与日常监管结合，保障蔬菜质量稳定向好。

图8-27 基地蔬菜检测管住生产源头

第九章　蔬菜淡旺季

第一节　蔬菜淡旺现象

　　杭州市蔬菜供应比较充裕。据1971—1980年统计，市区年均基地蔬菜上市量为16.23万吨（图9-1），外地调（流）入蔬菜2.34万吨，调出3.775吨。除用于加工737.5吨、作饲料1.725万吨，实际供应该市居民12.87万吨，占基地蔬菜总购入量的69.22％。按当时市区年均供应人口76.952万人计，每人每天平均供应量为400克，能满足居民需要。但不同气候对蔬菜生产有明显影响，造成蔬菜上市的淡旺季。一年中蔬菜日上市量分布极为悬殊，旺季过剩，淡季脱销。三旺三淡的规律见图9-1。三个淡季为：4月下旬至5月中旬为春淡，30天左右，基地蔬菜上市量日均（以旬为单位平均，下同）330～385吨；8月下旬至9月下旬为秋淡，40天左右，基地蔬菜上市量日均260～350吨；1月下旬至3月上旬为冬淡，40天左右，基地蔬菜上市量日均

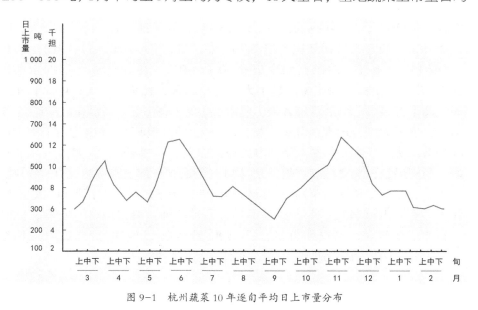

图9-1　杭州蔬菜10年逐旬平均日上市量分布

313~350吨。三个旺季为：3月下旬至4月中旬为春旺，20天左右，基地蔬菜上市量日均400~525吨；6月上旬至7月上旬为夏旺，40天左右，基地蔬菜上市量日均460~650吨；10月中旬至12月中旬为秋冬旺，70天左右，基地蔬菜上市量日均445~650吨。

按照该市居民日均食菜300~500克的需求，剔除基地上市蔬菜在流通过程中的损耗，确定市区日上市量300~400吨为平衡日（人均占有量每天390~520克），低于此标准者为缺菜日，高于此标准者为余菜日。缺菜日又分小缺日（<300吨，≥250吨）、中缺日（<250吨，≥200吨）和大缺日（<200吨）。余菜日又分小余日（>400吨，≤500吨）、中余日（>500吨，≤600吨）和大余日（>600吨）。

在1971—1980年的10年中，年均缺菜日为106.6天，发生概率29.2%（表9-1）。其中大缺日37.6天，概率10.3%；中缺日32.6天，概率8.9%；小缺日36.4天，概率10.0%。缺菜期间，缺菜量合计8 055吨，日均75吨（表9-1）。缺菜日在一年中每个月都可能发生，但极大部分出现在淡季。淡季的缺菜程度以冬淡和秋淡最为突出。冬淡缺菜日发生概率50%以上，其中大缺日概率在2月上旬为最高，占40%，其次为1月下旬占32%、2月中旬占27%。冬淡期间平均缺菜量为43.5~53.5吨/日，低于基数（300吨）的14.5%~17.8%。秋淡缺菜日概率达40%~63%，其中大缺日概率14%~27%，以9月中旬最严重。整个秋淡缺菜日平均缺菜量为33.5~52.2吨，低于基数的11.2%~17.4%。春淡缺菜日概率为31%~52%，大缺日概率仅5%~15%，日平均缺菜量21.3~33.9吨，低于基数的7.1%~11.3%，除淡季外，在淡旺交替期间也容易发生缺菜，如1月上中旬，4月中旬，10月上旬和12月下旬，缺菜日概率仍有30%~40%。在10年中，年均余菜日166.0天，发生概率45.5%。其中大余日55.5天，概率15.2%；中余日45.1天，概率12.4%；小余日65.4天，概率17.9%（表9-2）。余菜日分布在全年各月，但极大部分出现在旺季。特大旺季为6月（夏旺），旬平均日上市量达600吨，以上市果菜为主，除供市民外，加工、外调量较大。其次为秋冬旺季，时间最长，余菜程度较重，尤以11月为最，日均上市量达500~650吨，以青菜、萝卜、长梗白菜为主，除供市民外，余下的蔬菜作饲料以及烂损量较大。春旺时间较短，上市蔬菜集中，品种单纯，青菜占60%左右，此时的青菜品质较差，菜农称"猪咬头"（只能给猪吃），也称"猪摇头"（连猪都不要吃），市民需用量锐减，大量蔬菜作饲料或腐烂。

表9-1　各年度缺菜日数、概率及缺菜量统计

年度	缺菜日数				缺菜日概率（%）				缺菜期间	
	大缺	中缺	小缺	合计	大缺	中缺	小缺	合计	缺菜量（吨）	缺菜率（%）
1971	11	44	43	98	3.0	12.1	11.8	26.9	5 750	19.56
1972	67	49	39	155	18.4	13.4	10.7	42.5	13 025	28.01
1973	69	47	36	152	18.9	12.9	9.9	41.6	13 050	28.62
1974	33	34	39	106	9.0	9.3	10.7	29.0	7 650	24.06
1975	68	51	68	187	18.6	14.0	18.6	51.2	14 025	25.00
1976	34	22	24	80	9.3	6.0	6.6	21.9	6 500	27.08
1977	15	18	29	62	4.1	4.9	7.9	17.0	3 950	21.24
1978	2	1	8	11	0.5	0.3	2.2	3.0	525	15.91
1979	28	29	48	105	7.7	7.9	13.2	28.8	6 875	21.83
1980	49	31	30	110	13.4	8.5	8.2	30.1	9 200	27.88
平均	37.6	32.6	36.4	106.6	10.3	8.9	10.0	29.2	8 055	29.19

注：年度即为该年3月至翌年2月。1982、1983年因人口增加，上市基数提高到350吨。

表9-2　各年度余菜日数、概率及余菜量统计

年度	余菜日数				余菜日概率（%）				余菜期间	
	大余	中余	小余	合计	大余	中余	小余	合计	余菜量（吨）	余菜率（%）
1971	39	37	67	143	10.7	10.1	18.4	39.2	18 650	32.6
1972	45	52	52	149	12.3	14.2	14.2	40.8	21 650	36.3
1973	2	29	68	99	0.6	7.9	18.6	27.1	8 250	20.8
1974	58	35	62	155	15.9	9.6	17.0	42.5	22 850	36.9
1975	18	18	43	79	4.9	4.9	11.8	21.6	3 950	29.6
1976	51	51	97	199	14.0	14.0	26.6	54.5	25 250	31.7
1977	60	70	71	201	16.4	19.2	19.5	55.1	29 050	36.1
1978	136	84	81	301	37.3	23.0	22.2	85.5	50 650	56.1
1979	83	40	65	188	22.7	11.0	17.8	51.5	30 000	39.9
1980	63	35	48	146	17.3	9.6	13.2	40.0	23 400	40.1
平均	55.5	45.1	65.4	166.0	15.2	12.4	17.9	45.5	23 900	36.0

在这10年中，1978年为大丰收年，淡季时间短，全年度（指3月至翌年2月，下同）缺菜仅11天，概率3.0%，缺菜量只有525吨，日均47.7吨。而1973年和1975年为歉收年，如1973年，冬淡于1月上旬开始，到3月上旬才有所好转，淡季长达70天，是1949年以来最严重的淡季。其上市量1月为6 350吨，日均211.65吨，2月仅5 150吨，日均183.95吨，3月上

旬1 900吨，日均190吨，春淡时间长达2个多月，平均日上市量不到200吨；连7月上、中旬也成了淡季；秋淡延至10月中旬，其中9月25日蔬菜上市量仅34.55吨，不到正常日需量的1/10。1975年，缺菜日达187天，概率51.23%，其中大缺日68天，中缺日51天，小缺日68天。期间缺菜量达14 050吨，超过10年平均数的74.5%。1977年虽属平产年，但在2月18—21日连续3天竟无菜上市。1978年11月18日上市蔬菜竟达1 855吨，成为杭州市历史上蔬菜上市量最大日。

第二节　原因及措施

旺季烂菜，国家亏损；淡季缺菜，市民叫苦。"统购包销"时期，每年旺季烂掉和作饲料的蔬菜达17 250吨左右。1984年春旺期间有1万吨蔬菜国家收购后因无销路，全部腐烂，最后派专车倒入钱塘江。而到了淡季，政府又要组织菜源。被调查的10年中，因淡季年均从外地调进蔬菜2.34万吨，高价进，低价出，或补贴菜农割小菜上市等，致使商业部门经营蔬菜自1971年开始亏损，1977年亏损达890 796元。尽管如此，每逢淡季，市场供应仍然紧张，1976年春节期间因蔬菜不足，居民凭券限量供应。

引起蔬菜淡旺客观原因，一是季节转换，作物交替，青黄不接而造成；二是灾害性气候影响所致。1—2月是该市一年中最冷的月份，月均气温（1971—1980年平均，下同）4.2～5.3℃，最低气温1.4～2.4℃，且常常伴随冰冻，雨雪交加，蔬菜生长缓慢，甚至冻死。如1975年12月12日开始连续15天冰冻，使1976年1月青菜上市量减少63.3%。3月至4月初，气温上升，越冬蔬菜生长加速，并开始抽薹，加上喜温的夏菜需要定植，叶菜大量采收，逐形成旺季。"清明"至5月，越冬菜基本采毕，夏菜上市甚少，加上杭州菜农采收时鲜的茄、瓜、豆外流卖高价，导致市场蔬菜品种和数量较少，价格上涨，果菜更贵。6月气候最适果菜生长，以茄果类、瓜类、豆类为主的夏菜大量采收上市，市场上蔬菜品种多样，数量充足，常常出现过剩的现象，约有50%的果菜用于加工。7月高温（月均气温28.3℃，最高气温33.0℃），夏菜相继衰亡，蔬菜上市量锐减，若遇灾情，即成小淡季。1975年上半年低温多雨，6—7月，日上市量150多吨，品种单调，叶菜和瓜菜少，7月上半月番茄占蔬菜总量的56%，而叶菜为上年同期的1/5。1982年7月下旬虽然日上市蔬菜4 395吨，但冬瓜占43.2%，叶菜不足，形成"品种淡季"。8—9月，夏秋菜茬口交替，加上高温、暴雨、干旱等灾害性气候频现，对蔬菜造成较大危害，市场上只有耐高温的火白菜、长豇豆和耐贮藏的冬瓜等少数几种。1973年8月29日一场暴雨后，又连续一星期下雨，叶菜腐烂，9月1—5日以每天150多吨叶菜集中上市，超过市场需量的1倍以上，大量剩余蔬菜烂掉，而在9月中旬基地上市的叶菜大减，淡季明显。10月开始气候凉爽，适于叶菜、根菜、花菜等蔬菜生长，秋冬菜大量上市，11—12月进入旺季，虽杭州市民腌制长梗白菜较多，但仍供过于求；若遇灾害，也会出现淡季。1982年10—11月遇旱，又导致叶菜三大病害（霜霉病、病毒病、软腐病）暴发，江干区3 000余亩大白菜平均亩产只有1.05吨，减产74％，其他蔬菜相应受灾减产，造成历史上罕见的淡季，并使1983年1—2月"冬淡"更淡。

除自然因素外，蔬菜产销的方针、政策和科技水平对蔬菜"淡旺"也有较大的影响。20世纪50—70年代的"统购包销"体制，导致蔬菜成批种、成批收，上市量大起大落。蔬菜生产抗灾能力较弱，科技水平不高，蔬菜生产在相当程度上受"老天爷"控制。蔬菜加工业发展缓慢，贮藏设备欠缺，也削弱了政府对蔬菜"淡旺"的调控能力。

良好的气候条件加上有效的措施，蔬菜淡季可得到缓解。1961年底，推广蔬菜"购销结合合同"，贯彻"五天一定"和"死定量、活调剂"的办法，气候也无严重的冰冻寒潮，使1962年"冬淡"期间蔬菜上市充足：1月12 237.3吨，日均395吨，2月1.05万吨，日均375吨，比上年同期分别增3.79倍和2.16倍。1978年占该市蔬菜基地总面积80％以上的江干区，把好计划种植关，健全三级（乡、村、生产队）四员（植保员、技术员、种子员、联络员）的生产责任制，加上全年无自然灾害，成为历史上的丰收年（图9-2），年产蔬菜21.45万吨，几乎没有出现淡季，市蔬菜公司经营鲜菜还盈利147 882元。1982年，恢复并改进蔬菜产销合同制，农商实行"双三保"，规定淡季日上市量不少于14千克／亩，并实行淡季补贴：冬淡50天（1月11日至2月底）、春淡40天（4月11日 至5月20日）、秋淡50天（8月21日至10

图9-2 基地蔬菜丰收在望

月10日），政府给菜区生产队每50千克蔬菜价外补贴1元。规定全年淡季补贴的蔬菜品种15个，冬季：萝卜、青菜、大白菜、包心菜；春季：莴苣、包心菜、小白菜、五月慢青菜；秋季：火青菜、火白菜、秋刀豆、秋豇豆、冬瓜、芋艿、毛豆。加上上半年气候正常，"春淡"日上市量500吨、"秋淡"日上市量450吨左右。1985年，蔬菜产销实行全面放开，蔬菜生产新技术得到大面积应用，使蔬菜淡旺差明显缩小。在"春淡"和"冬淡"期间，增产"保护地"蔬菜1万吨；在"秋淡"期间，上市高山蔬菜5 000吨，使三个淡季多数时段日上市量在350吨以上，品种多达25个。

每逢蔬菜淡季，杭州市政府安排人力物力，农商部门积极筹划，抗灾生产、扩充菜源、平衡市场供应。杭州市区三个蔬菜淡季，市郊基地蔬菜上市量一般为市场需求量的50%~70%，不足部分，由商业部门采调外地菜弥补，调入量一般500~1 500吨。政府运用财政补贴，对主要品种蔬菜实行贴价、零售限价供应。

1990年蔬菜"秋淡"程度重、时间长。"秋淡"期间，先后受12号、15号、18号台风袭击或影响，伴随暴雨，降水量达444毫米，约为全年降水量1/3，基地蔬菜损失严重，高棚作物大部分倾倒，速生叶菜倒伏腐烂，损失蔬菜5 000吨左右。8月下旬至9月共40天，市郊基地蔬菜上市量仅1万吨，为市区正常消费量的60%，供求缺口1/3以上。造成蔬菜供应紧张、集贸市场菜价上涨，有10天的小白菜每千克1元以上，其中3天高达2元多。菜农日夜奋战，恢复生产，抢收蔬菜应市。市蔬菜公司对基地合同菜收购价从每50千克14元提高到25元，并对菜农每投售25千克蔬菜奖售标氮化肥12.5千克，还从二线基地收购包心菜、番茄、小白菜650吨。与此同时，采调外地蔬菜8 750吨，品种25个，其中从哈尔滨、长春、包头、太原、宣化等地调入蔬菜800吨，从甘肃、山西、河北调入马铃薯1 000吨，从江苏大丰和浙江慈溪调入冬瓜3 900吨，从浙江浦江、兰溪、义乌、诸暨及安徽广德调入茭白1 250吨。省政府还商请铁道部解决运输车皮计划，使上述蔬菜及时运入杭州，以稳定蔬菜市场。

第十章　蔬菜流通

杭州蔬菜流通经历自产自销、代购代销、市场交易、统购包销、管放结合、全面开放和全国大流通等形式。笔者考证记载和《杭州蔬菜商业志》叙述如下。

第一节　流通形式

自商品经济以来，杭州蔬菜一直自产自销，历史悠久。南宋时期，蔬菜产销两旺，至明清时期，人们习惯并沿用这种形式，素有"草桥门（望江门）外菜担儿"之说。民国时期，零售、批发行业形成。抗日战争胜利后，杭城人口与日俱增，蔬菜消费量增大。蔬菜生产沿钱塘江北岸沙壤区域发展，各地蔬菜交易扩大，零售行业、批发行业逐渐形成。市区菜市场兴起，街头巷尾陈于菜担。杭城大学士牌楼、清河坊、官巷口一带，众多菜贩沿街兜售叫卖。城外江干海月桥一带，湖墅卖鱼桥一路，系人烟稠密，车马辐辏之地，蔬菜摊贩置于街旁，自产自销，自由买卖。市民喜食叶菜，盛销的有夏秋小白菜、冬季和初春油冬儿青菜等。20世纪中叶，杭州市民叶菜消费量占蔬菜总量50％左右。菜农有小白菜"早晚两头浇，十八天可动刀（采收）"的农谚，市民有"三天不吃青，肚里冒火星"的民语。

1949—1957年代购代销时期。蔬菜从自产自销发展到合作产销方式。杭州市郊蔬菜生产由一家一户单干走向农业合作化，逐步确立蔬菜基地2万余亩，纳入计划管理；市供销社开始从事蔬菜购销业务，菜贩、菜行、供销社等多种经济成分参与蔬菜流通，自由交易，市场蔬菜供需总量基本平衡。1955—1956年，杭州对私营蔬菜行和蔬菜商贩进行社会主义改造，蔬菜行被市供销社蔬菜经营部门取代，由供销部门统一掌握蔬菜批发市场，引导蔬菜商贩走合作化道路，组成蔬菜合作小组，实行集体经营。

1958—1978年，蔬菜实行集体生产和统购包销。"大跃进"开始，杭州市郊实现人民公社化，蔬菜生产集体化程度提高。"三年自然灾害"期间，农业歉收，粮食紧张，口粮不足"瓜菜代"，蔬菜基地增至4万余亩。1961年，建设国有蔬菜商业体系，实行统购包销，统一分配，市区农贸市场被取消，合作菜场取代菜农、商贩销售蔬菜。"文化大革命"期间，在"菜农不吃商品粮"口号影响下，部分菜地种粮，粮菜争地，致使蔬菜基地减少到1万余亩。至1969年搞"斗批改"，提出破"四大自由"（自由生产，自由上市，自由购销，自由议价），立"四大计划"（计划生产、计划上市、计划供应、计划价格），强化蔬菜统购包销体制。蔬菜大种大收，产销大起大落，蔬菜质量下降，出现"老、大、粗"现象，上市淡旺显现，致使居民买菜难多便少。

1979—1990年，贯彻党的十一届三中全会改革开放政策，进行蔬菜产销体制改革，实行管放结合。1983年5月，蔬菜购销实行"管八放二"，管上市总量80%的蔬菜品种，继续实行计划购销；放开20%的花色品种，实行自由购销。1984年12月，加大改革力度，菜区实行以家庭联产承包为主的生产责任制，商业购销蔬菜实行"管六放四"。1985年3月深化改革，取消统购包销，实行全面放开：放开种植计划，放开流通渠道，放开购销价格。针对当时出现蔬菜市场失控、市民买菜得不到保障的苗头，1986年完善改革政策，实行计划管理与市场调节相结合的体制。市郊基地蔬菜10个大路品种约占总上市蔬菜的1/3，由蔬菜批发市场与蔬菜生产队签订合同收购，分配到菜场，实行计划价格供应。至1990年，改革初见成效：一是初步形成以市场为主导、多种经济成分参与的蔬菜产销体系；二是保持蔬菜基地3万亩，增加基地建设投入，稳定扶农政策，菜农收入每年以15%~20%的幅度增长，1990年每亩菜田收入达到2 000元；三是蔬菜购销网络健全，杭城有7个批发市场和140多个菜场、集贸市场经营蔬菜，建立竞争机制，渠道畅通。蔬菜流通的主要形式是批发市场交易，少量由商贩运到农贸市场和超市零售，或定向卖给宾馆饭店等；四是在无大灾情况下，蔬菜供应充足，日人均300克左右，市民吃菜得到保障，花色细菜比重和蔬菜可食率从20世纪70年代的20%和70%分别上升到40%和90%。

杭州市区蔬菜总体是产大于销。在平季和旺季都有大量蔬菜运销外埠城市，尤其在20世纪60—70年代，周边城市蔬菜经常短缺，"杭州蔬菜"有效地支援兄弟城市。1956—1990年每年外销蔬菜多则5万吨，少则1万余吨，年均3.56万吨。淡季杭州亦从外地调入蔬菜，年均2万余吨。至90年代，菜农利用当地近市区的地理和传统技术等优势，自主种植以叶菜为主的时鲜蔬菜；商贩利用外地的特色和小气候等优势，调入以瓜果为主的耐贮运蔬菜；以大型蔬菜批发市场为主的菜场实行多渠道经营，与外地城市接轨，实现全国大流通。杭州市场各类蔬菜四季不断，鲜嫩质优，茄瓜菜豆应有尽有，菜商谓之"手摇菜"，你要什么菜、电话一通即可。

第二节　交易场所

蔬菜经营场所有个体、集体、国营三类，时分时合。批发市场有蔬菜批发行、供销社蔬菜采购批发站、蔬菜公司、蔬菜批发部、大型蔬菜交易市场等（图10-1）；零售菜场有小菜场、集体菜场、国有菜场、村办菜店、农贸市场和超市等。

图 10-1　杭州蔬菜批发市场

一、批发市场

从事蔬菜批发业务的有私营蔬菜批发行、供销合作社蔬菜采购批发站、蔬菜公司及其批发部等，1988—1990年的蔬菜批发场所见表10-1。

表10-1　杭州市区蔬菜批发市场情况

项目	年份	1988	1989	1990
市属	市场个数	4	4	4
	总面积（平方米）	13 500	13 500	13 500
	蔬菜成交量（吨）	94 210	90 590	94 720
	交易金额（万元）	3 948	4 081	4 639

（续表）

项目	年份	1988	1989	1990
区乡村属	市场个数	7	7	7
	总面积（平方米）	14 650	35 675	35 675
	蔬菜成交量（吨）	40 000	40 000	50 000
	交易金额（万元）	1 588	1 568	2 000

（一）私营蔬菜批发行

民国二十四年，市区蔬菜批发行有东兴地货行、周鸿兴地货行、乾大地货行、农产运销合作社4个，系农民与商贩交易的中间批发商，经营方式为产销双方直接成交，蔬菜行提供作价、过秤、结算服务，从中收取佣金，称私营蔬菜批发行或蔬菜行。经营能力较大的蔬菜行也收购蔬菜运销上海等地。抗日战争胜利后，据《工商半月刊》记载："江干专营各地时菜及本地所产蔬菜行共六家"。民国三十八年有蔬菜行10家，从业人员40余人。1955年，专营蔬菜的蔬菜行有穗昶、郑德记、周鸿兴、永盛、协和公、杨协盛、洽兴、徐源顺、大昌祥、公顺森、公顺、公协盛、福记等13家，从业人员56人，资金13 853元；兼营的有荣大成、合记、建新、培源、顺昌、衡记等6家，从业人员36人，资金4 874元。是年对私营企业改造时，蔬菜行被供销合作商取代。

（二）市供销社所属蔬菜批发市场

为20世纪80年代至21世纪初期杭州三大蔬菜批发市场之一。1951年杭州市供销合作社的艮山、笕桥、拱墅、西湖、上塘区社开始经营蔬菜，设立9个蔬菜推销处。1955年，市供销社在艮山门、笕桥、上塘区供销社建立蔬菜工作组和驻上海工作组，扩大采调业务。同年12月，市、区供销社实行统一经营，建立市供销合作社蔬菜采购批发站（简称供销社蔬菜批发站）及4个营业部，从事蔬菜批发经营业务。1957年改名为蔬菜经理部。后建立杭州三里亭农副产品交易市场，坐落于机场路、秋涛路和石桥路交汇处，是全省南北蔬菜批发中转站，属较大类型蔬菜批发市场。

（三）市蔬菜公司所属蔬菜批发市场

为20世纪80年代至21世纪初期杭州三大蔬菜批发市场之一。1958年，杭州市人民委员会批准成立杭州市蔬菜批发商店，从事蔬菜批发经营。1959年，在杭州市蔬菜批发商店基础上建立杭州市蔬菜公司。1960年，蔬菜果品业务合并，改名为杭州市蔬菜果品公司，设立清泰门、弄口、艮山门三个鲜菜批发部，从事基地菜的收购和批发。1960—1968年又设立笕桥、武林门、南星桥、大斗、庆春门、七堡（含四堡）鲜菜批发部。1962年，果品业务划给市供销社，恢复杭州市蔬菜公司并延续至21世纪。是年，市蔬菜公司开设蔬菜种子、干菜调味品批发部。1977—1982年，市蔬菜公司建立蔬菜采购供应部，从事外地菜和基地菜调拨；建立副食品贸易中心、副食品服务公司，从事蔬菜等副食品批发经营。市蔬菜公司负责全年蔬菜的收购供应、产销衔接、调剂余缺、安排市场供应工作，管理蔬菜批发部门和零售部门，并配合农业部门指导市郊基地蔬菜生产。后建立杭州市蔬菜公司三里亭分公司（简称市蔬菜公司批发市场），坐落于机场路、秋涛路和石桥路三路交汇处，是全省南北蔬菜批发中转站，属较大类型蔬菜批发市场。

（四）杭州笕桥蔬菜批发市场（杭州笕桥蔬菜公司）

为20世纪80年代至21世纪初期杭州三大蔬菜批发市场之一（图10-2）。1984年，杭州市郊笕桥镇政府建立杭州笕桥蔬菜批发市场，也称杭州笕桥蔬菜公司，位于杭州市石桥路41—49号，坐落于机场路、秋涛路和石桥路交汇处，是杭州市"菜篮子"重点工程、全省南北蔬菜批发中转站、农业部定点市场、浙江省农业龙头企业，属较大类型蔬菜批发市场。该市场占地面积3万多平方米，其中室内交易场所2万多平方米，职工150名，建有冷库17座，设有市内电话、传真和6路国内长途直拨电话，供各路客商随时与产地联系，组织菜源；在铁路艮山门货运站建立蔬菜专用月台，为客商提供短途驳运车辆；拥有300张床位的招待所，配有餐饮、停车场、商店、托运部等为菜贩服务的设施；开票、结算、查询等交易环节采用微机管理；配备30多名保安，维护市场秩序。市场根据蔬菜量大、新鲜易烂特点，采取对客成交自由议价，当场过秤，现金结算等便捷方式，

图10-2　早晨三点钟的批发市场

开设早市、午市、夜市，实行24小时全天候服务，每天容纳5 000辆左右运菜三轮车入市，吸引4 000多名采购员和菜贩购菜，每年向杭州市区供应总价达4亿多元的各类蔬菜，最高日成交量达1 200吨。市场面向全国，促进"南菜北调，北菜南运"，吸引海南、广东、福建、山东、安徽、江苏等20多个省市的蔬菜到杭销售。

（五）其他蔬菜批发市场

各个时期、各个地方，应需建立蔬菜批发市场。有县（市、区）蔬菜批发市场、乡村蔬菜批发市场。

1970年成立上城、下城、拱墅、江干、西湖区蔬菜食品公司，管理区属菜场。1978年6月，调整城区零售商业管理体制，菜场划归杭州市蔬菜公司管理，撤销各区蔬菜食品公司。1984年6月，恢复各城区管理零售商业体制，集体菜场又下放给区管理，恢复上城、下城、拱墅、江干、西湖五个区蔬菜食品公司，负责行业管理，从事副食品批发经营。

20世纪60—70年代，萧山、余杭、富阳、桐庐、建德、淳安、临安等七县（市）的蔬菜经营分别纳入县食品、副食品、糖烟酒菜、蔬菜公司管理。80年代，除淳安县、余杭市外，其他县（市）各建立蔬菜公司批发部和零售部，营销蔬菜。

1984—1985年，改革蔬菜产销体制，杭州市郊彭埠乡、四季青乡、笕桥镇分别设立乡（镇）蔬菜公司，从事以基地蔬菜为主的收购、批发业务，活力大，优势强，当地菜和外地菜同步涌入乡（镇）蔬菜公司交易。三堡、五堡、七堡、草庄、望江、彭埠、黄家、黎明、建华等村建立蔬菜经营服务部，从事蔬菜收购、批发和零售业务。

杭州多种形式的批发市场活跃在蔬菜行业。全市各级蔬菜公司（批发市场）在经营当地所产蔬菜的同时，到外地建立联络机构或分公司，以市场为导向，电铃传呼，销当地菜，引外地菜，成交快捷，菜贩、小贩、摊贩在天亮时运菜到各自摊位销售，活跃城镇市场、丰富人民"菜篮子"。进入90年代，进一步改革开放，蔬菜批发行业进入自然调整、优胜劣汰阶段，大部分蔬菜批发市场合并、停业或转业，杭州笕桥蔬菜批发市场、杭州市蔬菜公司三里亭分公司、杭州三里亭农副产品交易市场形成三足鼎立，共同承担起为杭州市蔬菜产销服务的重任，后经重组，迁至杭州农副产品物流中心。

（六）杭州农副产品物流中心

杭州农副产品物流中心（图10-3），位于余杭区良渚街道，是保障杭州市民生活需求的农副产品批发市场，是全省最大的"菜篮子"、华东地区最大

图 10-3　杭州农副产品物流中心

的农副产品集散地。2003年5月杭州市政府批复并成立项目建设协调小组，2003年9月由省、市、区三级组建项目开发公司操作，2006年动工建设，2008年4月28日开园。市内著名的杭州市蔬菜公司三里亭批发市场、杭州笕桥蔬菜批发市场、杭州三里亭农副产品交易市场以及东新水果批发市场、艮山门水果批发市场、三桥水果批发市场、杭州肉联厂鲜肉批发市场、浙江食品市场、杭州江南粮油市场等9家农副产品市场搬迁进入，并进行整合。先后分3批开张营业，拥有杭州蔬菜批发市场、浙江良渚蔬菜批发市场、浙江副食品市场、杭州果品批发市场、南庄兜农产品批发市场以及五和肉类交易、杭州水产品、杭州粮油、冷冻品等9大专业市场，且有正北货运市场。每天进出物流中心的车辆为5万辆、人员10万人。蔬菜交易量3 500吨/天，果品交易量1 500吨/天左右。杭州主城区70%食品由这里供应，辐射周边150～200千米。

2008年9月启动星级市场创建，"杭州蔬菜""良渚蔬菜"为三星级市场，并不断升级，在全省起到示范和引领作用。2011年、2013年位列全国百强市场农副产品类第一。2015年位列全国农产品批发市场综合类十强；被授予浙江省十大转型示范市场，被命名杭州市第一批现代服务业重点类集聚区、第十五批农业部定点市场、省级农业龙头企业，入选浙江省首批现代服务业集聚示范区。

2009年8月启动蔬菜全检全测工作，对进入市场交易的蔬菜实行全检测、全记录、全供票，对每个批次、每个品种的蔬菜进行抽检，将不合格蔬菜第一时间就地销毁，拦截"毒蔬菜"进场交易；做到每批蔬菜都能明确来源，交易过程全程记录，对买家供票，在该市场区域内做到上下游和交易环节全程可追溯，成为全国一级批发市场综合体首创的惠民工程，曾刊登于人民日报内参，受到国家及省市区各级领导的批示肯定。2011年，浙江省副省长王建满及各级领导200余人在此举行全省食品安全工作现场会，并高度肯定成绩。

2010年开展肉菜追溯体系建设，实行信息化"一卡通"，进行追溯管理升级，是全国首批肉菜追溯体系建设试点城市之一。2011年列入杭州市政府为民办实事项目。2016年，"追溯管理"又列入杭州市和余杭区两级政府为民办实事工程建设，制定《蔬菜、肉类批发市场食用农产品追溯体系建设标准规范》，实施肉菜追溯"五个一"标准，安装蔬菜追溯"一卡通"系统，经营户刷卡进场登记，市场供票，地菜出证，信息上传，来源可溯。实现镇（街道）检测站与物流中心检测中心的检测信息共享，在物流中心检测的，待检测合格后进场交易；物流中心所在地余杭区内蔬菜经镇（街道）检测合格的，可直接刷卡准入交易，既保蔬菜质量，又方便商户经营。2019年启动"融食安"项目，批发市场环节的数据和流程互通，"一卡通"升级为"一码通"。

二、零售菜场

（一）小菜场

民国时期杭州市民习惯称菜场为小菜场。市区的小菜场是政府主办、商贩与农民卖菜的集贸性市场。小菜场建有营业房，内设固定和不固定两种摊位，以经营蔬菜为主，还有肉食、禽蛋、水产等副食品。民国十六年，建成茅廊巷小菜场和龙翔桥小菜场。民国二十六年，小菜场有茅廊巷、龙翔桥、凤山门、所巷口、章家桥、柏枝巷、笕桥、下菩萨、上仓桥、河坊街、灵隐、岳坟、昭庆寺、松木场、新民街、拱宸桥、清朝寺牌楼、望江门，还有2所在建未命名。每个小菜场摊位少则10余个，多则170余个，杭城共有小菜场20所及摊位987个。抗日战争期间，小菜场成自流状态，商贩随意设摊，农民挑担叫卖。抗战胜利后，恢复茅廊巷和龙翔桥小菜场。民国三十五年至民国三十六年，恢复原有的全部小菜场，另在湖墅晏公庙、信义巷设露天小菜场各1所。杭州解放后，整顿老菜场，建设新菜场，小菜场达到32所，商贩1 380户，从业人员1 525人，其中蔬菜商贩882户，自产自销403户，另有豆芽菜商贩95户。

（二）集体菜场

1956年，杭州市人民委员会对小商贩进行社会主义改造。32个小菜场中，980个商贩自愿组成56个蔬菜合作小组和7个豆芽菜合作小组。1958年，在合作小组的基础上，改造为统一经营、统一计算盈亏的合作菜场，通称集体菜场，属集体所有制企业。是年，有合作菜场27个，从业人员1 724人，至1990年为47个，1 550人。另有供销社、街道、企事业单位办菜场（店）31个。

（三）国营菜场

1971年，杭州市革命委员会对合作商业进行所有制变革，在茅廊巷合作菜场试点成功的基础上，同年9月，经浙江省革命委员会批准，茅廊巷合作菜场、延安路合作菜场、朝阳合作菜场、柏枝巷合作菜场、民众合作菜场过渡为国营商业（菜场）。国营菜场的经营范围、经营方式、供应任务均同于合作菜场。1987年龙翔桥、茅廊巷两个菜场首先改建为农贸市场。后棚桥、炭桥、庆春、望江及郊区、县城建立农贸市场，超市开始试行零售蔬菜。市区农贸市场达到146个。最大菜场——龙翔桥菜场，中华人民共和国成立后政府投资420万元，经过两次大的改造和装修，成为结构新颖、设施配套的副食品综合经营大型商场，附设自选商场。

（四）村办菜店

1979年，为减少中间环节，提高上市蔬菜质量，杭州市区进行蔬菜生产队进城开店卖菜试点。江干区四季青乡常青村在市区定安路菜场内开设"常青蔬菜商店"，供应自产蔬菜，后迁至劳动路菜场内。在取得初步效果的同时，也出现较多问题：从业人员没有商业经营经验（管理跟不上），蔬菜品种时多时少（因同一村同一种植模式），货源不稳定（有大起大落现象），房租较贵（因经营蔬菜利润少，与城里房租不匹配）。20世纪80年代初"常青蔬菜商店"自行消亡。

（五）农贸市场

农贸市场由上述各类菜场优选、整合、改造、提升而成。杭州市一般小区附近都设农贸市场，以方便人们购买蔬菜（图10-4）。2007年有农贸市场171家（表10-2），由商贸和工商部门共同组织建设与管理。2008年9月，成立农贸市场行业协

图10-4　农贸市场菜品丰富

会，进行行业自行约束，不断提升责任意识和服务质量。

表10-2　杭州市区农贸市场汇总

序号	市场全称	地址
1	金钗袋巷农贸市场	望江路109号
2	海潮农贸市场	望江路17号
3	三桥农贸市场	近江家园5园1幢
4	近江茶亭农贸市场	海潮路94号
5	近江水产农副产品综合市场	秋涛路一弄17号
6	劳动路农副产品综合市场	劳动路168号
7	金衙庄农副产品市场	解放路40号
8	断河头农副产品市场	建国南苑38幢
9	玉皇综合农贸市场	八卦新村1-1号
10	棚桥农贸市场	光复路156号
11	复兴农贸市场	复兴里街
12	紫阳农贸市场	江城路256号（雄镇楼边）
13	朝晖二区农副产品综合市场	朝晖二区26幢底层
14	朝晖四六区农贸市场	朝晖育才巷21-3号
15	浙江中江农贸市场	体育场路16号15幢1-2层
16	长板巷农副产品综合市场	朝晖九区76幢
17	杭州新华路农贸市场	新华路庆春街22幢1楼
18	杭州刀茅巷农贸市场	下城区珠碧弄43号
19	屏风街农贸市场	下城区玄坛公寓1楼
20	东新农贸市场	下城区德胜路电信巷8号
21	东新农贸市场分场	下城区王马路
22	凤起农副产品综合市场	下城区建国北路286号
23	艮山农副产品市场	下城区京都苑8幢
24	中河农副产品综合市场	施家花园19-20号底楼
25	甘长农贸市场	石桥社区甘长苑8-1号
26	东园农贸市场	杭州市刀茅巷246号
27	万寿亭农贸市场分场	杭州万寿亭街31号
28	仙林苑农贸市场	仙林桥直街6号（下城区）
29	西文农贸市场有限公司	杭州下城区东新路660号
30	三塘农副产品综合市场	香积寺路115号
31	东新园农贸市场	香积寺路33号
32	王家弄农贸市场	西湖区松木场王家弄1号
33	东山农贸市场	西湖区东山弄86号
34	嘉绿农贸市场	西湖区益乐路37号
35	留下农贸市场	西湖区留下镇

（续表一）

序号	市场全称	地址
36	袁浦农副产品综合市场有限公司	西湖区袁浦街10号
37	文三路农贸市场	西湖区马塍路26-2号
38	府苑新村综合市场	杭州紫荆花路府苑新村
39	翠苑农副产品市场	文一路391号
40	益乐农副产品综合市场	西湖区丰潭路288号
41	三墩第二农贸市场	杭州三墩镇庙西街31号
42	三墩第三农贸市场	西湖区城北商贸园
43	九莲农贸市场有限公司	杭州西湖区影业路3号
44	文二街农副产品综合市场	莫干山493号
45	古荡农贸市场有限公司	古荡新村东4幢
46	骆家庄农贸市场	西湖区文一西路345号
47	转塘农贸市场有限公司	杭州转塘新村124号
48	龙坞农贸市场	西湖区龙坞镇葛衙庄
49	周浦农贸市场	周浦乡三阳村
50	灵隐市场经营管理有限公司（庆丰农贸市场）	西湖区西溪路419号
51	三墩第一农贸市场	三墩镇庙西街31号
52	蒋村农贸市场	西湖区蒋村乡
53	政苑农贸市场有限公司	丰潭路政苑小区综合楼
54	皋亭农副产品综合市场	拱墅区石祥路158号
55	杭州康桥综合市场	康桥路175号
56	祥符农贸市场	三墩路23号
57	塘河农副产品综合市场	塘河路80号
58	和睦农副产品综合市场	登云路236号
59	德胜农贸市场	德胜新村德苑路127号
60	安琪儿农贸市场有限公司	拱墅区霞弯巷79号
61	叶青兜农贸市场有限公司	湖墅南路星河明苑1-2号
62	蚕花苑农副产品综合市场	拱北小区公交中心车站（永庆路7号）
63	杨家门农副产品综合市场	和睦路27号
64	瓜山农贸市场	杭州拱康路瓜山北苑
65	大关西三苑农副产品综合市场	大关西三苑综合楼
66	善贤农贸综合市场	沈半路115号
67	大关东十苑农贸市场	大关苑路76号
68	丁桥农副产品综合市场	笕丁支路13号
69	笕桥农副产品综合市场	机场路70号
70	九堡农副产品综合市场	商贸路2号
71	南肖埠贸市场	双菱北路65号
72	彭埠农副产品综合市场	明月桥路27号

（续表二）

序号	市场全称	地址
73	采荷二区农贸市场	采荷二区
74	观音塘农贸市场	观音塘小区
75	采荷一区农贸市场	采荷一区
76	定海农贸市场	钱江路17号
77	清泰农副产品市场有限公司	清江路123号
78	三里亭农副产品综合市场	机场路一巷董家村
79	三堡农贸市场	景御路191号
80	闸弄口农副产品综合市场	机场路26号
81	濮东农贸市场	天城路139-2号
82	五福农贸市场	新塘路五福村
83	七堡农贸产品综合市场	彭埠镇七堡老街
84	景芳农贸市场	景芳五区99号楼
85	机神农贸市场	机场路濮家井路27号
86	中远农贸市场	新塘三新路66号
87	弄口农副产品市场	机场路186号
88	碑亭农贸市场	常青碑亭路
89	三叉农贸市场	杭海路299号
90	丁桥供销社菜场	丁桥老街河东
91	万寿亭农贸市场	武林河桥下24号
92	朝晖农副产品综合市场	集市街33号
93	市松木场农副产品市场	体育场路585号
94	市石桥农副产品市场	石桥路365号
95	庆春农贸市场	庆春东路149号
96	半山综合市场	半山路51号
97	上城区察院前农贸市场	上城区南宋太庙
98	拱宸桥农贸市场	温州路45号
99	茅廊巷农贸市场	丰家斗8-12号
100	西兴农副产品综合市场	滨江区西兴街道固陵路
101	滨江农副产品综合市场	滨江区江边
102	滨江区浦沿农贸市场	滨江区东冠路
103	杭州农友超市有限公司	滨江区滨康路复兴大桥出口
104	杭州经济技术开发区农贸市场	杭州经济技术开发区一号渠旁（下沙村）
105	下沙农副产品综合市场	杭州下沙镇下沙街道中心路（中沙村）
106	杭州经济技术开发区绿生综合市场	杭州经济技术开发区23号大街北（白杨街道）
107	下沙蔬果批发市场	杭州下沙幸福桥南（中沙村）
108	萧山育才农贸市场	育才路
109	萧山东门市场	育才路518号

序号	市场全称	地址
110	萧山市北消费品市场	新区永久路
111	萧山潘水农贸市场	萧山潘水路
112	萧山西门农贸市场	萧山西河路1号
113	萧山崇化农贸市场	萧山崇化小区
114	萧山江寺桥农贸市场	萧山江寺路
115	临浦消费品综合市场	临浦旧里河
116	瓜沥农贸市场	瓜沥航坞路
117	瓜沥第二农贸市场	瓜沥南闸口
118	瓜沥大园农贸市场	大园跃进街
119	坎山农贸市场	坎山振兴小区振兴路69号
120	头蓬农贸市场	义蓬镇北
121	闻堰农贸市场	闻堰新市街
122	萧山高桥农贸市场	高桥小区正在重建
123	萧山戴村综合市场	戴村镇
124	萧山楼塔农贸市场	楼塔镇
125	萧山河上农贸市场	河上镇
126	萧山大桥农贸市场	河上镇大桥村
127	萧山义桥消费品综合市场	义桥镇上
128	坎山下街农副产品综合市场	坎山镇下街
129	萧山光明消费品市场	坎山镇新凉亭
130	坎山下街新凉亭综合市场	坎山镇梅仙村
131	萧山衙前消费品市场	衙前镇内
132	萧山杨汛桥消费品市场	衙前杨汛桥消费品综合市场2号
133	萧山红山消费品市场	萧山红山农场场部
134	萧山盈丰消费品市场	盈丰街
135	萧山长山消费品市场	新街镇长山二号桥南
136	萧山宁围消费品市场	宁围集镇上
137	萧山开发区农贸市场	开发区建设二路中间
138	萧山党山消费品市场	党山长沙四桥头
139	萧山昭东消费品市场	瓜沥昭东长项村
140	萧山党山农副产品综合市场	党山集镇
141	萧山俞家谭农贸市场	萧山俞家谭
142	萧山竹桥头农贸市场	萧山工人路
143	萧山赵家湾农副产品综合市场	益农赵家湾
144	益农农副产品综合市场	益农镇桥头
145	萧山南阳农副产品综合市场	南阳镇
146	萧山义盛农副产品综合市场	头蓬镇

序号	市场全称	地址
147	萧山甘露农副产品综合市场	靖江镇协谊村
148	萧山靖江消费品市场	靖江镇
149	萧山梅西消费品综合市场	党湾梅西八字桥西
150	萧山党湾消费品市场	党湾镇
151	萧山半爿街农贸市场	萧山半爿街社区
152	萧山曹家桥农贸市场	萧山曹家桥村
153	萧山新塘消费品综合市场	萧山新塘街道
154	萧山新围消费品综合市场	萧山河庄镇闸北村
155	萧山前进消费品综合市场	萧山新湾镇
156	萧山河庄消费品综合市场	萧山河庄镇
157	萧山新湾农产品综合市场	萧山新湾镇
158	丘山农贸市场	余杭区临平街道丘山大街
159	临平中山路农贸市场	余杭区南苑街道中山路
160	庙东农贸市场	余杭区临平街道庙东
161	临平荷花塘农贸市场	余杭区临平荷花塘映荷路
162	塘栖圣塘洋农贸市场	余杭区塘栖圣塘洋
163	余杭镇农贸市场	余杭区余杭镇车站路北侧
164	余杭蔬菜批发市场	余杭区临平街道保障桥西侧
165	乔司农贸市场	余杭区乔司镇
166	博陆农贸市场	余杭区运河镇博陆
167	獐山农贸市场	余杭区仁和镇獐山
168	瓶窑农贸市场	余杭区瓶窑镇北路
169	良渚农贸市场	余杭区良渚镇玉琼路
170	黄湖农贸市场	余杭区黄湖镇新大街
171	余杭镇施桥河贸易中心	余杭区余杭镇凤凰山路274号

注：排序不分前后。

（六）超市

21世纪，杭州大、中型超市增设蔬菜柜台或蔬菜专区，小型超市按实际需要也有蔬菜摊点，销售以品牌蔬菜和小包装净菜为主的各种蔬菜，方便人们购买（图10-5）。近年超市业发展迅速，大型、中型、便利超市已遍布全市城乡，消费者购买蔬菜方便，还能享受各类服务。杭州的外资大型超市品牌有沃尔玛9家、大润发6家（包括1家中型超市）、麦德龙2家、家乐福1家、欧尚1家。外资连锁便利超市在杭州发展较为快速，在杭门店分别有全家72家、屈臣氏38家、喜士多28家、罗森18家、万宁9家。国内超市品牌在杭门店众多，世纪联华超市在杭州拥有大型超市25家、中型超市35家、便利超市44家；物美有大型超市14家、中型超市5家；华润万家有大型超市10家、中型超市2家、连锁便利超市70家；汇德隆有大型超市4家、中型超市6家、连锁便利超市2家；永辉有大型超市2家；杭州三江购物超市有大型超市1家、中型超市8家。并且，联华快客在杭州有连锁便利超市直营门店51家；杭州华辰有31家；十足有24家；余杭禹倡商厦有9家等，主要分布在萧山区、江干区、拱墅区、西湖区、下城区、滨江区、上城区和富阳区。

图 10-5　超市蔬菜

第三节　蔬菜交易

一、鲜菜产销

（一）市区蔬菜管理

杭州市区供应的蔬菜主要来自郊区基地。1956—1990年，杭州市国营蔬菜商业部门购入基地蔬菜527万吨，销售519万吨，其中供应市区食用314万吨，年均9万吨，人日均250~300克，另外还有集贸市场补充，市民的蔬菜消费基本得到满足。

杭州蔬菜供应大体经历三个阶段。

1. 1949—1957年蔬菜自由交易时期

中华人民共和国成立初期，蔬菜产、供复苏，杭州市区的蔬菜供给量逐渐增加。1953年蔬菜上市量达到64 536吨，日均17.7万千克。市区蔬菜来源有二：一是市郊农民、商贩卖菜及蔬菜行成交，市场占有率约为2/3。批发成交集中于清泰门外天王桥向东至"落水埠头"、长约500米路两旁，农民与商贩交易，蔬菜行居间开价过秤，收取佣金。菜行亦为外地客户收购蔬菜，打件发运。同时，政府对市区的小菜场及摊贩进行整顿，市场由混乱变为安定，蔬菜交易摊由分散变为集中、由流动变为固定；农民进城卖菜，被指定在市场内出售，营业渐趋正常。二是杭州市供销合作社所属艮山、笕桥、拱墅、西湖、上塘区供销社，于1951年开始经营蔬菜。其购销方式沿用历史上形成的进场交易、自由选购，亦为农民代销，接受机关、团体等伙食单位预约供应。1954年逐步与农业生产合作社、互助组建立经营合同关系，掌握货源，市场占有率从1953年4季度的36.42%提高到1954年3季度的66.30%。同时，对主要蔬菜品种的价格实行挂牌收购，起到对私营成交的中心价作用，以抑制蔬菜行的提价或压价。

1955年起，先后对私营蔬菜行和蔬菜小贩进行社会主义改造，蔬菜行被取消，蔬菜小贩组成合作小组集体经营。蔬菜批发业务由市供销社蔬菜批发站（后为蔬菜批发商店）独家经营，江干区供销社蔬菜供应量见表10-3。供应市区的蔬菜，仍实行产销见面，议价成交；供应市区以外的蔬菜，实行收购经销和代销。蔬菜零售方式为小菜场（蔬菜合作小组）供应或农民自销。蔬菜自由购销，货品新鲜，菜价灵活，买菜方便，批零兴旺。

表10-3　江干区供销社部分年份蔬菜供应量　　　　　单位：吨

年份	1952	1953	1958	1961	1962	1963	1964
数量	11 460.8	9 059.4	52 083.5	22 165.8	26 398.0	26 215.0	26 830.0

2. 1958—1982年蔬菜统购包销时期

"大跃进"开始后，城市大办工业，市区人口与蔬菜消费量同步增加。为保障蔬菜供给，提出"生产什么收购什么，生产多少收购多少"的口号，实行统购包销，所购蔬菜统一分配到各菜场供应。基地菜采收后装框（铁丝做成的方形框），由双轮钢丝车（数框蔬菜装成一车）在早晨五六点钟菜农运到蔬菜批发市场，经商业部门验货定价开票后，到指定菜场卸货开确认单，一个月或长或短菜农以确认单到对应的批发市场结账汇款。批发市场设专营场地和专业人员操作，每个批发市场按地理位置划片对口数个至数十个菜场。每个菜场设若干个班组，3~4人为一组，1~2人站一柜，大的菜场设数柜为组，数组为班。市民选择蔬菜由柜员过秤报价，市民付款取菜，有时市民得排队买菜，由柜员依次拿取蔬菜，不论质量好坏不得挑选。菜场通常早晨6时开门营业，下午5时左右结束，夏季提前，冬季推后。菜场使用杆秤，后用电子秤，大件用磅秤。上班族买菜需起早，到下班时往往买不到菜，或买不到好菜。菜价差异不大，蔬菜"老、大、粗"现象明显。蔬菜经基地—批发市场—菜场，几经翻转，损伤、脱帮、腐烂常见。

1960年9月，为减少蔬菜流通环节，实行产销对口、直接挂钩，但对口过死，分配数量不平衡，品种单调，市民买菜困难。于1961年11月恢复由商业部门统一收购、统一分配，蔬菜供求矛盾有所缓和。1962—1963年，每年初农商部门安排年度、季度、月度生产计划，以年度计划为基础，分春、夏、秋、冬4个生产季节，根据市场情况和生产可能，逐季调整，再由区政府、公社逐级下达到生产大队和生产队，具体落实到地块进行种植。市蔬菜公司与各生产队签订"五定"购销合同，即定面积、定品种、定数量、定质量、定上市时间。按合同规定，蔬菜全部由市蔬菜公司统一收购，统一安排市场供应，生产队不能将基地蔬菜流入集市贸易，也不能远途运销，零售菜场和集体伙食单位不能直接向生产队采购蔬菜。投售蔬菜后，政府给生产队以物资奖励。奖励办法有四：一是综合换购奖，即按投售蔬菜的金额发给一定比例的购货券；二是花色品种奖，即投售花色细菜和市场供应不足的品种如韭芽、番茄、四季豆、大白菜等，奖励一定数量的布票；三是淡季上市奖，即投售淡季蔬菜，按上市量多少奖售化肥；四是评比奖，经评比对生产和交售蔬菜好的生产队给予奖励，政府保障平价供应给菜农口粮等基本生活资料。1963年，菜农口粮年均每人215~220千克（原粮，下同），部分生产队加上自留地粮食在内，可以达到年均每人230~235千克，并安排一定数量食油、食糖、卷烟等。实行统购包销后，市区蔬菜供应总量得到保障，但出现生产上大种大收、蔬菜质量下降、花色细菜减少、淡旺差距拉大状况。经多次调整，取消集贸市场，采取国有菜场独家供应等，又出现蔬菜市场统得过死、蔬菜供应较紧张的状况。

随后，杭州贯彻国民经济"调整、巩固、充实、提高"的方针，蔬菜产销实行"大管小活"，恢复集贸市场供应蔬菜，市郊蔬菜生产和市区蔬菜供应情况开始好转，蔬菜花色品种增加，质量提高，市民买菜状况改观。

"文化大革命"中，蔬菜行业严格实行统购包销。基地蔬菜一律由市蔬菜公司统一收购，统一分配，并对外地菜一概计划经营，统一采购调拨。市区的集贸市场被取缔，600多个蔬菜小贩有的被组织起来集体经营，有的被劝歇业。市区近百万人口的蔬菜供应全由42家菜场承担，居民排长队买菜。1977年12月，政府对市郊基地生产队实行"三定五保"政策。"三定"为：一是定收购，凡是按国家计划生产的蔬菜，由市蔬菜公司全部收购；二是定价格，保持全年收购价格水平的稳定，实行按质论价，安排季节差价和品种比价；三是定口粮，菜农的口粮标准，每人全年定为原粮250千克，可以到达275千克，按此计划，除去自产粮以外，差额部分由政府负责供应。生产队做到"五保证"：一是蔬菜基地要常年种植蔬菜；二是按下达的分品种蔬菜计划种足；三是基地生产的蔬菜全部卖给国家；四是出售给国家的蔬菜要符合规格和质量要求；五是上市时间必须服从市场需要。同时，进行"产销挂购、队场对口"试点，市蔬菜公司确定清泰门、艮山门、弄口三个批发部与四季青、东风（现彭埠镇）、笕桥三个公社对口，组织蔬菜上市。菜场对市蔬菜公司计划分配的蔬菜不准拒收，不准更改价格，不能退货。这种购销方式运行20余年，在基本保障蔬菜供应的同时，蔬菜"老、大、粗"严重、淡旺矛盾突出、时而居民买菜难（经常要排长队，开门1小时左右菜基本卖完，上午10时后往往买不到菜）。

3. 1983—1990年蔬菜产销体制改革时期

随着城市副食品流通体制改革的逐步深入，杭州市区蔬菜产销体制进行相应改革，实行管放结合、以放为主的政策，直至全面取消统购包销，放开流通渠道和价格。在国营菜场继续经营蔬菜的同时，市区恢复集（农）贸市场，超市开始尝试经营蔬菜。农民和商贩进场销售蔬菜，良性竞争，从早到晚供应，服务优良，地产菜新鲜，南北菜多样。

（二）鲜菜调动

1. 蔬菜调入

杭州市区调入蔬菜多在计划经济时期，由商业部门淡季调入大宗菜、平时调入时鲜菜。蔬菜统购包销时期，调入蔬菜春淡以萧山的豌豆、蚕豆和富阳、临安的迟竹笋为主，秋淡以福建潮州、浙江嘉兴的冬瓜和余杭塘栖的鲜藕为主，冬淡以湖州、嘉兴的大白菜、青菜为主。蔬菜放开经营后，调入的蔬菜春淡以福建福州、厦门的包心菜、浙江丽水的豌豆和余杭的茭白为主，秋淡以山西阳高的包心菜、马铃薯、浙江慈溪的冬瓜、金华的茭白和临安上溪的番茄、包心菜为主，冬淡以慈溪的大白菜为主。20世纪90年代调入蔬菜，冬春来自海南、广东，夏秋来自山东、宁夏。统购包销时期由市蔬菜公司直接采购调运，蔬菜购销体制改革后，除市蔬菜公司从远埠和二线基地直接采购外，大部分为个体商贩采购调运到杭州各蔬菜批发市场。

一些小宗蔬菜由农民或商贩自发来杭投售。统购包销时期，流入杭城的蔬菜品种不多，数量不大，交易方式为市蔬菜公司经销或代销。改革开放后，这种自发性流入交易逐渐形成和发展为市场批发，成为一种以市场为导向的主要交易形式，流入的蔬菜品种和数量同步增加，成为调剂和丰富蔬菜市场的重要途径，流入品种有时多达40多种，有福建的冬笋、番茄、黄瓜、四季豆、辣椒，广东的甜椒、荷兰豆、冬瓜，山东的津葱、番茄，四川的大蒜头，甘肃和内蒙古的马铃薯，江西的冬笋、白地瓜等。

2. 蔬菜调出

杭州蔬菜生产历史久、技术好，每当旺季，除供应市区外，有相当数量需要推销外调。因所产蔬菜品种多、质量好、上市早（同一品种比其他城市早），在国内享有良好声誉。调出品种以夏菜最多，有番茄（图10-6）、黄瓜、辣椒、四季豆、红茄、豇豆、冬瓜、洋葱；其他季节，春有青菜、芹菜、花菜、菠菜、包心菜、韭菜；秋有花菜、芋艿、冬瓜；冬有大白菜、青菜、萝卜、芹菜、花菜等。

图10-6 采收的番茄待调出

蔬菜的调出直接关系到市郊农民的收入，故有"夏菜半年粮"之说。市郊每年种植夏菜3万亩左右，产量约5万吨，上市旺季在5—7月，约有1万吨需在30～40天外销。市蔬菜公司和江干区农经委组织协调，市蔬菜公司采购供应部及笕桥（弄口批发市场）、彭埠（艮山门批发市场）、四季青（清泰门批发市场）市场分别与江干区乡镇蔬菜公司联营，统一收购外调。主要运销东北三省和上海等10多个城市。市蔬菜公司采购供应部统一接洽，平衡分配各联营体的货源，在商品质量和收购价格上，实行统一标准，按质论价，严格检验，统一包装，集中到火车站月台装车发运。据统计，1985—1990年，夏菜外调27 880吨，其中通过铁路外调的车皮为467个，计12 500吨。1978年向北京、哈尔滨、大庆、长春、吉林、牡丹江和福州等城市调出297个车皮，达11 500吨，其中北京117个车皮、4 500吨。1985年后，全国各大中城市改革蔬菜产销体制，生产发展，蔬菜自给率提高，杭州外调蔬菜逐年减少。1976—1980年，调出蔬菜184 150吨，1986—1990年，调出蔬菜81 435吨，减少55.78%。杭州市基地蔬菜的外调，或省内产区一些蔬菜的收购转调，既平衡市区蔬菜供应，又支援兄弟城市。1959年8月，杭州市委接到浙江省委"调运蔬菜进京"的指示，支援北京国庆10周年的蔬菜供应，作为一项政治任务。8月20日至10月20日，杭菜调运北京冬瓜70万千克、萝卜245万千克、青菜和白菜250万千克、四季豆10万千克、鲜藕和茭白5万千克、芋艿5万千克，共计585万千克。

长期以来，一些小宗蔬菜由农民或商贩自发运销市外，改革开放后这部分菜的品种数量大增，成为调菜的主力军，杭菜调运融入全国蔬菜大流通。

二、干（腌）菜产销

城乡居民几乎每家都腌制白菜应市或自食，有"秋分种菜小雪腌，冬至开缸吃过年"之说。中华人民共和国成立后，按照毛主席"发展经济、保障供给"和"备战、备荒、为人民"的指示，杭州市和各区、县（市）创办蔬菜加工厂、脱水厂等，加工蔬菜。

（一）冬腌菜

每年腌制冬腌菜是杭州人的习惯。以市郊种植的优良品种瓢羹白长梗白菜为主要原料腌制。此菜于9月下旬播种，11月中旬上市，12月上旬告终。腌制25~30日，即可食用，可贮存3~4个月，历来为广大居民所喜爱。以前市区居民几乎家家有一缸冬腌菜，在寒冬腊月，尤其是蔬菜冬淡和冰雪天气，成为家常必备菜。

由于城市发展，高层住宅增多，给腌制长梗白菜带来不便，加上人们生活习惯改变，认为"腌菜不如买菜方便"，长梗白菜销量减少。1986—1990年年均4 000吨，比前5年年均减少47%。菜源来自市郊基地占85%~

90％，来自远郊占10％~15％。价格按"度淡品种"安排，实行批发贴价、零售限价。1985—1990年每50千克，收购价为2.60~4.80元，批发价为1.50~2.80元，零售价为2.30~4.00元。供应方法，杭州市蔬菜公司按计划分配到各菜场敞开供应，并供应腌制食用粗盐（系食盐凭票期间），每50千克菜为0.75千克。

（二）脱水菜

中华人民共和国成立后，新兴蔬菜加工行业——脱水蔬菜开始发展。

1966年，杭州市蔬菜公司筹建杭州脱水菜厂，于翌年建成投产。1978年脱水菜厂并入杭州酱菜厂，脱水菜一度停产。1979年9月，市蔬菜公司弄口批发部重新组建脱水菜加工场，恢复脱水菜生产。1988年3月，脱水菜加工场从弄口批发部划出，纳入市蔬菜公司综合加工厂。1989年，为发展脱水菜的出口创汇，生产部门从综合加工厂划出，正式定名为杭州脱水菜厂。20世纪60—70年代，杭州脱水菜厂年脱水菜产量为60~70吨，个别年份多达100吨。80年代末，生产和经营范围逐渐扩大，1990年自产蔬菜脱水产品达到111吨，外购蔬菜加工产品654吨，外贸出口765吨，产品收购值468万元，创汇113.72万美元，杭州脱水菜厂跨入创汇百万美元企业行列。

1968年，杭州市郊乡（镇）办的东方红、笕桥、东风等脱水菜厂相继投产，每家厂初生产时脱水菜年产量20吨左右，后逐渐增大，1980年笕桥脱水菜厂达到100吨。1990年后，因蔬菜价格放开，鲜菜原料进价上升幅度很大，而脱水菜产品外贸收购价变动很小，厂家因生产困难而转产或歇业。

杭州市脱水菜品种有四季豆、胡萝卜、韭蒜（叶、茎）、生姜、洋葱（红、黄、白葱）、甜椒及青菜等（图10-7）。在蔬菜统购包销期间，鲜原料大部分购于市郊蔬菜基地，蔬菜市场放开以后，向市内外择优选购。

脱水菜产品全部由浙江省外贸公司、上海市土产进出口公司等收购，出口至香港、东南亚、中东和西欧一带。

图10-7　多品种脱水菜

（三）干菜

中华人民共和国成立初期，干菜、调味品（干货）商品由供销社经营。1962年，杭州市蔬菜公司建立干菜调味品批发部并参与经营。

干菜品种有两类：一是以鲜菜为原料加工的"三干两菜"，即萝卜干（图10-8）、辣椒干、笋干、榨菜、霉干菜等。萝卜干产自萧山区及市郊的九堡、丁桥，尤以萧山区产的著名；辣椒干市郊基地三个蔬菜乡均产；榨菜市郊彭埠乡加工一部分，大部分调入"川菜""浙菜"进行加工；笋干临安市昌化镇盛产；霉干菜产自萧山农村。二是以干货进市区的黑木耳、黄花菜、香菇等，绝大部分从省内外主产区调入。黑木耳从湖北省的汉口和陕西省的汉中地区调入。黄花菜从湖南省的邵东、祁东地区及浙江省的武义、桐庐调入。香菇从福建省的崇安和江西省的上饶地区及省内龙泉调入。在20世纪60—70年代，这类商品多数较紧缺，以计划分配或计划采调为主，如黑木耳、黄花菜、香菇、榨菜，由省副食品公司计划分配调入；对一些市场紧俏的品种如黑木耳、黄花菜，一般时期都实行定时限量凭证供应，每年春节，每户居民有一定数量的分配，平日只对"特需"单位经审批少量供应。其他调味类小商品敞开供应。一般年份主要商品年经营量：黑木耳10吨、黄花菜40吨、榨菜300~500吨、笋干150吨、萝卜干150吨、辣椒干50~100吨。放开经营后，加工厂自销量扩大，商业部门供货量逐渐减少（到1990年为480吨）。自20世纪80年代开始，随着农副产品逐渐放开，市区干菜调味品货源充沛，价

图 10-8　晒制萝卜干

格随行就市，多渠道流通，多部门经营，社会消费量增加。

三、居民供应

中华人民共和国成立后，在很长的计划经济时期，杭州市区居民的蔬菜都由国有集体菜场负责供应，日供应量350~400吨。市区国营菜场及零售网点百余个，大都分布在居民稠密地及商业街区。长期以来，菜场实行以菜为主、综合经营的方针，供应蔬菜、鲜肉、禽蛋、水产、豆制品等副食品。"菜篮子"商品一般都按不同规定、国家给予财政补贴，以减轻居民生活负

担。菜场按计划经营、商品由各专业公司计划分配供应，面向广大居民和集体伙食单位，一些紧俏商品实行凭票供应。1984年后，城市副食品流通体制改革逐步展开，取消蔬菜计划分配和供应，菜场除销售市蔬菜公司签订的合同菜外，其他蔬菜均自购自销。杭州放开蔬菜流通，市郊农民直接进城卖蔬菜的市场占有率达60%~70%。菜场经营量下降，1985—1990年市区43个国合菜场销售蔬菜269 539吨，年均44 923吨。同时集贸市场兴起，作为国有集体菜场的补充。集贸市场商品丰富、质量新鲜、价格灵活、买卖方便，越来越受居民欢迎。

元旦、五一、国庆、春节是全年的四大节日，副食品消费量大。政府十分重视节日蔬菜供应，春节的供应期定为10天，日期安排为"前七后三"，国庆节的供应期5天，元旦、五一各安排1天。这四个节日供应分别处于春秋冬三个淡季期间或前后。为满足人们欢度节日对蔬菜特别是花色细菜的需要，农商部门提前生产和组织蔬菜，投放市场，称为"度淡保节"。1989年国庆节正值中华人民共和国成立四十周年之大庆，节日5天供应蔬菜2 000吨，日均400吨，上市蔬菜品种38个，其中基地上市小白菜、芹菜、四季豆、黄瓜等18个，外地调入茭白、甜椒、番茄、包心菜、冬瓜及速冻豌豆、藕片等20个。并对小白菜、包心菜、茭白等7个品种实行贴价、零售限价供应，龙翔桥蔬菜副食品商场开展夜市供应，给予居民实惠和方便。

1990年春节供应期10天，杭州市区投放蔬菜4 630吨，供应品种以花色细菜为主，有冬笋、甜椒、番茄、黄瓜、四季豆、大葱、芹菜、菠菜及速冻菜等40多种。鲜菜批发部门提早开秤时间，全日营业发货，满足菜场、商贩进货，还为主要菜场送货上门。零售菜场副食品门类齐全，品种繁多。多种鲜嫩蔬菜、干菜调味品，应有尽有。各菜场开展节日优良服务活动，到街道、工厂、干休所出摊设点15个，为残疾人送货上门19次，供应烈军属2 478户。11个国营菜场节期供应荤菜500余吨。

萧山、余杭、富阳、桐庐、建德、临安、淳安县（市）城镇的蔬菜供应，中华人民共和国成立以前主要依靠城郊农民生产和销售，也有少许小商贩贩卖，逢年过节，从外地运销一部分蔬菜进行调剂，产销自由。自中华人民共和国成立以后，各县（市）城镇人口增多，蔬菜消费量增大，国营商业开始经营蔬菜。在社会主义对私改造中，蔬菜商贩组成合作商店供应蔬菜作为补充，城郊农民仍然自产自销。1958年5月，执行国务院《关于加强蔬菜生产和供应工作领导的通知》，县（市）国营商业健全经营机构，扩大蔬菜购销渠道，保障供给。县（市）的基地蔬菜，有的由国有蔬菜公司统购包销，安排城镇供应，有的仍由农民上集贸市场销售。1984年始，县（市）改革蔬菜购

销体制，实行市场调节，放开生产，放开经营，放开价格，多种经济成分参与，多条渠道流通。萧山市蔬菜公司1990年蔬菜供应量7 420吨，与其他方式销售蔬菜共同稳定市场。各县（市）蔬菜供应除淡季或大灾外基本上满足消费的需求。

第四节　蔬菜价格

南宋至晚清时期，蔬菜价格由市场自行调节，菜多价廉，菜少价贵。民国时期，多数蔬菜由农民与居民直接买卖，少数由商贩与居民交易。蔬菜价值在社会商品中处于较低层次。

中华人民共和国成立后，人民政府重视蔬菜价格。20世纪50年代，蔬菜价格逐步纳入计划管理，直至形成严格的价格体系，对稳定市场、安定人民生活起到一定作用。80年代，蔬菜产销体制与蔬菜价格体系同步改革，实行计划定价和议价并举，初步发挥市场对菜价的调节作用。

杭州蔬菜计划定价，兼顾生产者和消费者的利益。统购包销时期，杭州菜价总水平很低，在全国35个大中城市中排列第27至第30位，在浙江省9市国营商业蔬菜混合平均收购价中，为末位，零售价为第7位。放开蔬菜经营后，价格上升很快，无论在计划经济时期，还是市场经济时期，政府均安排财政补贴蔬菜价格。即使在放开蔬菜价格的6年中，财政补贴还达到1955万元，以稳定物价。

一、价格形式

从古代直至杭州解放初期，蔬菜价格均由市场自行调节，蔬菜产销淡与旺、上市时间早与晚，菜价均不相同，起伏较大。

1951年开始，杭州市区基层供销社经营蔬菜，对收购品种挂牌定价，相当于批发成交的中心价格，以保持蔬菜价格的基本稳定，抑制私营蔬菜行抬价或压价。1953年，省物价部门规定，在蔬菜类商品中，除宁波的大蒜和嘉兴的榨菜、生姜收购价格由省级专业公司掌握外，其余均由当地负责管理。杭州市区先由基层供销社经营蔬菜，随着经营比重的扩大，后由市供销社统一经营蔬菜，负责价格管理。1955年对私营批发商改造完成后，蔬菜批发市场全部由市供销社经营并管理价格。主要品种购销价实行计划管理，由政府定价，一般品种成交实行议价，政府出中心价、参考价、幅度价和最高价。

1958年杭州市区同浙江省各地一样，菜价逐步上升。1961年10月25日，省委下达《关于切实安排城镇、工矿区人民生活》的指示，对蔬菜价格进行整顿。遵照浙江省政府指示，1961年冬菜上市开始，取消杭州市青菜、白菜、大白菜、菠菜、包心菜、鲜雪菜、萝卜、冬瓜、南瓜、番茄、茄子、小白菜、洋葱、毛豆、四季豆、豇豆16个主要品种的旺季平均收购价和旺季最高收购价的制订权，由省商业厅行使，其余品种根据省定价格由杭州市自行安排。

1964年10月，执行浙江省商业厅转发商业部《城市蔬菜价格管理办法》，杭州市的蔬菜价格仍由省管。对原来管理的16个品种具体价格，改为占全部蔬菜购值80％以上的品种，由杭州市制订年度加权平均收购价总水平，每年上报省商业厅，经审批同意后下达执行。执行计划的调节度为上浮不超过6％，下浮不低于5％。

1982年4月，按照国家物价总局与商业部联合下发的《城市蔬菜价格管理办法》，蔬菜价格必须坚持计划为主的原则，按照不同季节、不同品种分别采取计划价、议价、集市价等不同形式，主要品种的零售价保持基本稳定，细小品种可适当灵活。主要品种不仅要从品种上划分，而且要从季节上划分，上市旺采的大宗蔬菜为主要品种。按照这一规定，杭州市逐步把细小品种及大宗菜的见新、落令期的价格不列入计划，而是按市场情况灵活作价。

1983年起，杭州市区逐步改革蔬菜价格机制，实行管放结合。管住80％大品种价格，放开20％小品种价格。1989年改为管60％品种的价格，放40％品种的价格。管的品种价格仍执行省定计划，放的品种挂中心成交价。

1985年，全面放开蔬菜价格。批发市场撤销中心成交价，实行随行就市。零售菜场撤销原定进销差率，自行定价。农贸市场商贩（菜农）讨价，居民可以还价。菜价大幅上涨，市区农贸市场零售价格上浮指数达118.9％。1986年，杭州市政府要求全年蔬菜价格力争稳定在上年放开后的价格总水平，对青菜、小白菜、大白菜、长梗白菜、包心菜、红茄、冬瓜、黄瓜、豇豆、四季豆等10个主要品种，实行最高限价，蔬菜收购保护价按1984年同期最高收购价安排。1986年下半年起，10个主要品种的菜场零售价重新纳入计划管理，政府财政给予补贴，作为市管价格，每年由市二商局、市物价局制订年度零售计划价格水平，市蔬菜公司分月掌握执行，零售菜场执行市蔬菜公司的牌价，非管品种批发市场随行就市，零售菜场恢复按规定进销差率确定零售价。

二、价格水平

中华人民共和国成立后，杭州市一直本着"菜农有合理的收入，消费者不增加或少增加支出"的原则安排蔬菜购销价格。由于杭州蔬菜单产较高，很长时期市区的菜价水平在全国大中城市中较低。1956—1984年价格放开前的29年间，蔬菜购销价格虽逐步上升，但总体平稳，零售价格指数上升幅度不大。据商业部统计，杭州市的混合平均收购价，1965年前全国60个大中城市、工矿区中排列第45至第60位，多数年份在50位以后。1978年后，在全国35个大中城市中，多数年份排列第27至第30位。1985年放开蔬菜价格后，基地蔬菜质量明显提高，品种结构改善，花色细菜比重扩大。同时蔬菜生产资料价格上涨，生产成本增加，蔬菜的外流量增加，购销价格和零售价格指数大幅度上升。1985年杭州市蔬菜混合平均零售价提高到全国35个大中城市第7位，1989年上升到第2位。市区国有商业每50千克蔬菜混合平均收购价，放开前29年年均为2.83元，放开后6年年均为10.13元，上升257.95％；每50千克混合平均零售价，放开前29年年均为4.72元，放开后6年年均为22.76元，上升382.20％。集贸市场的蔬菜，由农民现采现卖，质量好于国合菜场，菜价高于国合菜场。

青菜是杭州市区一种有代表性的蔬菜，历来的价格水平与粮、肉的比价较低，市区青菜与粮食、鲜肉比价见表10-4。

表10-4　杭州市区青菜与粮食、鲜肉比价

年份	交换品青菜每50千克零售价（元）	被交换品种			
		早籼米		猪肉	
		每500克零售价（元）	比价（500克）	每500克零售价（元）	比价（500克）
1933	1.50	0.051	29.41	0.320	4.69
1949	0.50	0.016	31.25	0.124	4.03
1952	3.10	0.117	26.50	0.596	5.20
1957	2.23	0.117	19.06	0.730	3.06
1961	3.62	0.117	30.94	0.860	4.21
1980	2.67	0.143	18.67	0.970	2.75
1984	2.52	0.143	17.62	1.190	2.12
1985	6.15	0.143	43.01	1.250	4.92
1988	7.98	0.143	55.80	1.390	5.74

三、差价

杭州市的蔬菜商品差价，主要有购批差价、批零差价、季节差价、质量

差价和远近差价等。

（一）购批差价

地产地销蔬菜，购批两个环节通常是连结进行，购批差价率在不同时期也不相同。杭州市区私营蔬菜行的佣金，中华人民共和国成立前向卖方收取12%~15%，中华人民共和国成立后逐步降为12%、10%和8%。国有公司1959年以前向卖方收3%，后调整为5%；供应加工的为5%~6%，调省内的为6%~8%，调省外的为10%~15%，差率以"保本微利"为原则。在正常经营情况下，调出省外较多的有一定利润，一般的只能保本，有时甚至稍有亏损。

（二）批零差价

1962年浙江省商业厅规定，自收购至零售的差率，杭州市总计不得超过35%。市区在1957年以前根据商改政策，即保证主业人员每月有25元的收入、企业有纯利15%~17%的原则，规定为每50千克基价1元以下的差率为100%，1~3元的为50%，3~5元的为30%，5元以上的为20%。当时零售毛利可有30%，纯利12%左右，基本符合政策。大宗菜的基价多在1元以下，种菜的与卖菜的收入相当，农民有意见。1958年调整基价，1元以下的为80%，1~2元的为50%，2~3元的为35%，3~4元的为30%，4~5元的为25%，5元以上的为20%，按此执行后，零售平均毛利为28%，纯利为6%~10%。之后又根据情况变化作多次调整，1985年3月15日价格放开前，基价5元以下的为45%，5~10元的为35%，10元以上的为25%。价格放开后，一度由零售菜场自主定价。1985年8月9日又规定原则上按原牌价差率执行。

（三）季节差价

蔬菜季节性强，有一个见新、旺盛、落令的过程，季节差价高低常差几倍至十几倍。"文化大革命"期间，曾有人认为"时新高价"是为少数人服务，人为缩小季节差价。杭州市区的青菜、萝卜、包心菜、番茄、辣椒、冬瓜、黄瓜7个主要品种，以月度平均收购价计算的季节差率，在"文化大革命"前平均为439.2%，1967—1976年为227.5%，导致农民集中种、集中收，蔬菜淡旺明显。1977年后，政府要求合理安排季节差价，1978—1980年平均上升到453.1%。1985年价格放开后，价格体系逐步趋向合理，以上7种蔬菜平均价格季节差率上升到498.7%。

（四）质量差价

对收购价大多采用幅度价，对零售价采用最高价，也有采用等级价，或将等级价和幅度价结合起来。1986年后，杭州市区10个蔬菜品种合同收购规定有最高收购价和最低保护价。幅度价的上限价格，按当时行情适当提高。按每50千克计：青菜，淡季7~14元，平季5~10元，旺季4~8元；大白菜，12月6~12元，1月7~14元，2月8~16元；长梗白菜4~4.5元；春包心菜7~12元；莴笋7~12元；黄瓜8~45元；红茄6~35元；冬瓜5~15元；萝卜48元。对商品质量，从商品种性、鲜嫩度、外型、整理装筐、纯菜度（即可食率）及卫生要求，分别制订质量等级标准，收购人员验质定价。在统购包销时期，"按质论价"难以实现，质量普遍较差。价格放开后，产销双方验货议价，质量差价得到体现，菜质大为提高。

（五）远近差价

20世纪50年代，按距市区远近定收购差价，杭州市区分为城郊、近郊、远郊3档。1960年前后为制止套购贩运，曾一度取消远近郊差价，实行远近一个价。1962年，为有利于商品正常流转，省商业厅提出恢复远近差价。1964年杭州市区规定收购价分远、近郊2档，远郊每50千克比近郊低于0.2~0.3元，远郊农民送菜进城，如按远郊价收购，则每50千克另贴运费0.05~0.15元，鼓励菜农进城及零售商向远郊进货。

由菜农代运的合同菜一律由菜场付给力费。1990年力费标准为50千克每个交通站4分（不足4站按4站计），含装卸费。力费由菜场支付，市蔬菜公司凭付费单给予菜场50%的补贴。

（六）牌市差价

蔬菜产销放开初的一段时期，国营菜场与集贸市场并存，其蔬菜价格不同，1986—1990年杭州市区蔬菜牌市差价见表10-5。

表10-5　1986—1990年杭州市区蔬菜牌市差价

年份	国营菜场			集贸市场			差价指数
	销售量（万千克）	销售额（万元）	价格（元/担）	销售量（万千克）	销售额（万元）	价格（元/担）	
1986	5 768	1 690	29.30	6 722	2 967	44.14	50.65
1987	6 217	2 377	38.24	7 227	4 159	57.55	50.50
1988	6 680	3 450	51.65	7 246	5 536	76.40	47.40
1989	6 600	4 051	61.93	7 966	7 974	100.11	61.65
1990	6 502	4 506	69.34	8 189	7 613	92.97	34.08

注：1担为50千克。

第五节 财政补贴

1969年前杭州国有商业蔬菜营销略有盈余，1970—1990年几乎连年亏损。只在1978年，天气好、人"给力"、蔬菜大丰收的情况下，营销扭亏转盈（在全国蔬菜工作会议上汇报盈余14.79万元），当时全国35个城市均亏，唯独杭州盈利。尔后，亏损不断上升，1989年亏442.97万元。

政府为了平抑蔬菜价格，实惠百姓，安排蔬菜财政补贴。1984年杭州市政府杭政（1984）318号《关于改革蔬菜产销体制的通知》规定："1985年蔬菜政策性亏损，经重新核定后，仍由市政府负担，由市蔬菜公司掌握使用"。1985年，杭州市执行浙江省政府浙政（1985）84号文件，即省政府批转商业厅等部门《关于进一步做好城市蔬菜产销工作的意见》："从1985年起，三年内仍按1984年财政实拨蔬菜亏损数额，列入地方财政预算，主要用于国营蔬菜公司为调节淡旺供应和平抑菜价的补贴"。

从1989年开始，杭州市政府对市蔬菜公司的补贴用途有二：一是用于经营蔬菜部分的经营管理费用，包括生产发展基金和奖励基金。全年定额包干使用，超亏不补，减亏留用；二是用于蔬菜经营购销倒挂，全年一次定额，在确保市场供应的前提下如有结余、减亏分成。遇特大自然灾害，经市政府批准，超亏超补。政策性亏损的财政补贴主要用于：①购销倒挂。供应市区居民食用的蔬菜倒挂，供应市区加工用的蔬菜倒挂；用保护价收购作饲料处理的蔬菜倒挂，多余蔬菜推销市外的倒挂；②扶持生产补贴。对生产资料的价格补贴和其他支出补贴，包括购买农药、化肥、小竹、农具等农业生产资料的补贴和其他支付给农业部门的款项；③向基地收购蔬菜的价格加价补贴和各种实物奖售；④商业设施补贴，包括建设商业网点、改造商业设施等。

1970年以来，杭州市财政一直补贴蔬菜购销的政策性亏损，其中1984—1990年，市区7年财政补贴总额为3 023万元，年均431.86万元。实际用于经营的政策性补贴2 761.43万元，用于经营蔬菜的人员1 100.61万元。7年经营蔬菜678 935吨，年均96 991吨，平均每百千克蔬菜补贴财政经费2.03元。

20世纪90年代始蔬菜进一步放开，营销亏损下降，政财补贴随之减少。各县历年的财政补贴与市区同步，用于扶助生产、发展生产和平抑蔬菜价格。

第十一章　蔬菜烹饪

　　杭州蔬菜烹饪历史悠久且特色明显，菜馆饭店讲究食材、刀工、火候，形、色、味、美、韵为一体，百姓旧时注重实用方便，新时讲究时鲜、营养和美味。当今菜馆家常菜的出现，小店排档的兴起，与市民烹饪相互交融。杭州名品便菜应有尽有，蔬菜以"主料、配料、调料、汁料""无孔不入"著称。笔者考证记载和《杭州菜谱》叙述如下。

第一节　沿　革

　　新石器时代，杭州居山的人们采食野菜蔬果。夏商周时，煨、烤、煮蔬菜，白菜、葫芦、竹笋供食。春秋战国时，猪、鸡动物性油脂、淡水鱼辅以蔬菜野味。隋唐时期杭州经济发展，城乡物资交流发达，民间菜品增加，饮食店铺时有所见。贯穿南北的京杭大运河使北方的烹饪方法传入杭州，烘、烧、蒸、酿、炖并行，蔬菜配制家畜水产共登盘餐，酸辣中调以滑甘，羹汤菜品盛行，口味"南北交融"。杭州菜"南料北烹""口味上乘"，被称"京杭大菜"。相传一和尚途经天竺山挖笋用火煨熟吃，鲜美无比。

　　南宋时期，都城临安（杭州）相当繁华，人口超百万。"自天竺及诸坊巷、大小铺席，连门俱是，既无空虚之屋。"《梦粱录》载"大内"：皇室家宴上菜24道。"凡饮食珍味，时新下饭，奇细蔬菜，品件不缺。"君臣迁居馒头山、六部桥一带，绅士、富豪、商贾云集金钗黛巷、元宝街、吉祥巷、梅花碑地带。山珍海味，南北的名菜、名厨接踵而来。"看盘如用猪、羊、鸡、鹅、连骨熟肉，并葱、韭、蒜、醋各一碟，三五人共浆水饭一桶而已。"14类蔬菜与各种鱼肉搭配，形成佳肴。北方大批名厨云集杭城，杭菜和浙江菜系从萌芽状态进入发展状态，蔬果为大宗，流行泥风灶，餐具改进。一批以地方风味命名的餐馆问世，火功菜甚多，酱腌菜盛行，雕瓜果、雕蜜饯和冷菜上桌，热菜造型。餐馆挂出"南食"，供应相应名馔，杭菜向外传播，活跃长江中下游。《武林旧事》载，市民以菜为料的菜肴有20种，御宴以菜为料的菜肴42种。官窑生产瓷质餐具逐步取代陶质餐具，设承办筵席的机构"四司六局"，采购蔬菜有"菜蔬局"。菜贩挑担深入街巷，不分冷热晴雨，全天叫卖，居民购食方便，市食点心四时皆有，任便索唤，不误主顾。《梦粱录》载，临安（今杭州）的男女菜贩都是高声吟叫，唱着小曲。《山家清供》载，两宋江浙名食102种，山林风味浓，乡土气息重，颇具特色。菜式花色丰富，小吃精品层出不穷。杭州当地菜与引进的新蔬菜融合，厨师选料以蔬果、水产品、禽畜、粮豆为大宗，形成杭州风味。

　　南宋建都时，宫廷菜和官府菜大盛，《梦粱录》载："南渡以来，二百多年，则水土既惯，饮食混淆，无南北之分矣"，皇室烹饪工艺复杂，酒店菜馆菜肴讲究。杭州菜兼收江南水乡之灵秀，受到中原文化之润泽，得益于富饶物产之便利，形成制作精细、清鲜爽脆、淡雅细腻的风格。原料的鲜、活、嫩，以时令菜肉鱼虾为主，讲究刀工，口味清鲜，突出本味，成为中国八大菜系之一浙菜中最主要的一支。诗人苏东坡曾盛赞"天下酒宴之盛，未有如杭城也"，且有"闻香下马"的典故。蔬菜烹饪讲究色、香、味，盛菜之器讲究形、意、美，品尝讲究礼、情、德，已形成杭州特色的"菜文化"。

图11-1　优质鞭笋

　　杭州素菜讲究时令性，笋被杭州人认为是"蔬菜中第一品"。笋的吃法很有讲究，春夏之交食春笋，赞"油焖春笋"；夏秋之交食鞭笋（图11-1），品"糟脍鞭笋"；十月之后食冬笋，有"虾子冬笋"。西湖莼菜以其做的"西湖莼菜汤"色泽悦目、清香可口而盛名。杭州居民一日三餐都有蔬菜上桌，咸菜、萝卜为家常菜，还喜欢饭锅蒸黄芽菜。杭州人夏令早餐习惯吃泡饭，"冷饭头儿茶泡泡，霉干菜儿过一吊"，意思是霉干菜过泡饭。除夕家宴，或宴请客人，席有莲子、枣子、瓜子、核桃、细沙做成的八宝糯米饭和甜点心。八月十五，民间有吃南瓜糯米饭习惯。杭州寺院众多，以蔬菜为原料的素食甚多，《梦粱录》载有夺真鸡、两熟鱼、假炙鸭、假羊时件、假煎白肠等上百个品种，素面有笋辣面、三鲜面等。除天竺、灵隐、虎跑、净慈、六和塔各寺院、房头办有斋堂、素食店外，市区著名素食店有功德林、素春斋、素香斋、素馨斋四家。素春斋集寺院、宫廷、民间素肴于一厨，素料荤做，以荤托素，味可乱真。人们以"岳飞报国、秦桧为奸"典故制作的"葱包桧"广为流传（图11-2）。

清朝涌现出众多名厨良庖，《杭俗遗风补辑》载："他家用汤皆以肉骨煮成，独彼用火腿或笋煮成，故其味优于他人也。"片儿川面以雪里蕻菜、笋片、猪肉片烧制成，市民赞许。桂花鲜栗羹配以著名的西湖藕粉，为大众美食。"葱包桧儿"以烤熟油炸桧同葱段卷入含甜面酱的春饼，用铁板压烤，表皮金黄，葱香可口。《杭州府志》载：谷蔬属"莴苣其心脆美

图 11-2　葱包桧销售店

最宜点茶俗呼倭笋万历志浦象坤东郊土物莴苣诗白苣生可食"。并载有霉干菜、冬腌菜。《康熙钱塘县志》载有笋干、腌笋。

民国初期，杭州饮食业保持清末态势。民国十七年7月13日，著名文学家鲁迅来杭曾应友人宴请，品尝后对"清炖笋干尖"大为欣赏。民国十八年（公元1929年）西湖博览会开幕，蔬菜烹饪独具特色，带动杭州饮食业发展。民国二十年《杭州市经济调查》载，全市饮食店1 421家。抗日战争时期，杭州饮食业受挫。民国三十六年《浙江工商年鉴》载，市区菜馆、饭庄、面店只有537家，并继续减少，饮食市场凋零。抗日战争胜利后，原迁重庆的杭州财团和名厨返杭时引进川菜，与杭菜磨合，调治禽畜蔬果，保持菜品的鲜嫩特色，清鲜醇浓并重，以清鲜为主，鱼香、麻辣正当，大众便餐菜、家常风味菜和民间小吃菜款式增加。

中华人民共和国成立后，杭州蔬菜烹饪业经历三个时期。

1949—1956年为复苏期，恢复历史上的好传统。1953年，市区饭菜面店已恢复到706户，其中菜馆378户，从业人员4 940人。其主体是私营，经营规模一般较小，多数是夫妻店和摊贩，经营分工有别，特色明显，日夜供应，群众称便。菜馆业的经营注重民间的传统习俗、四季的食俗更换、婚丧喜庆的习惯和假日旅游的规律。

1957—1976年为动荡期，发展波动。1957年，浙江省贸易公司在杭举办全省饮食展览会，展示20天，展出1 000多个菜点品种。同年，对名菜名点或价格较高的菜实行半卖或大盆改小盆等，使群众上得起馆子尝得起

名菜。1958年，在"大跃进"和"公社化"运动中，菜品经营网点锐减，菜点品种单一，服务项目"千篇一律"，供应比较紧张，店堂拥挤。1958年以后，把便利居民消费的"小、密、多"网点布局变成过分集中的"大、稀、少"服务点。市区网点从合并前1957年的2 550个，减少到1958年底660个，1960年底371个。而接待人数增加，从1957年日平均接待13万人次，增加到1961年23万人次，出现"吃一批、站一批、等一批"现象。1963年，开展"三大观点"（即生产观点、群众观点、政治观点）教育，增加花色品种，早市、夜宵、正餐、点心交叉上市。1964年逐步恢复群众喜爱的特色菜点和服务方式，饮食市场紧张状况稍有改变。同年3月，杭州按照商业部"面向大众，适应多种消费需要"原则，调整行业。4月贯彻"促进生产发展，逐步改善人民生活，勤俭经营，灵活经营，薄利多销，多中取得，增加积累"方针，降低菜点起售价、推出经济实惠的饭菜和小吃。"文化大革命"期间，具有优良传统的名店、名菜、名点受冲击而消失，花色品种减少。1972年，杭州市区饮食网点只有291个，名菜馆烧家常菜，"菜肴大锅烧，胀面加冷交"，经营网点与群众需要极不适应，菜品供应紧张，就餐排队拥挤。

1977—1990年为跃升期，全面提升。改革开放后，杭州市民家务劳动逐步社会化，就餐人数越来越多。据1978年10月16日一天统计，中午就餐顾客近6万人。市区284个饮食店的总座位只有9 495个，平均每个座位要周转6次，闹市区要周转8~9次，出现"早点排长队，中餐挤成堆"的状况。杭州开始改变国营企业独家经营，饮食业逐步形成多种经济成分、多种经营方式、各行各类大办的局面。20世纪80年代，初步形成吃、住、行、玩、买"一条龙"、多功能、多层次、多格调的旅游体系。1985年后，以西湖为中心的"三江两湖"（钱塘江、富春江、新安江、西湖、千岛湖）旅游业拓展，餐饮业繁荣。每到春节期间，增加"年夜饭"包桌、名菜点预订，供应节日家庭菜肴半成品。1986年举办引进菜系大会串，不少店在店堂内开辟专用蔬菜、鱼鲜、活禽柜，任顾客挑选，活杀现烹。1989年，确定"高中低兼顾，突出中低档经营，坚持为该市居民和外地游客服务并重、高质量全方位服务"的经营方针，全市饮服行业开展优质产品、优良服务、优美环境的创"三优"活动。杭州市饮食服务公司还举办杭、川、闽、鲁、淮、扬六帮菜肴展销。是年，轮流应市的大类品种由过去10多种增加到60多种。1990年，全社会饮食网点达11 188个，从业人员32 666人，其中集体企业1 052家、9 568人；有证个体饮食店9 933个、18 516人。是年9月25日至10月15日，在杭州举行由国家商业部、中国烹饪协会主办，杭州市饮食服务公司、杭州烹饪协会承办的"迎亚运全国名小吃展示销售活动"，向世界特别是亚洲各国弘扬和介绍中国的饮食文化，各地蔬菜烹饪又一次在杭州交融，参展小吃品种500多个，杭州饮食界61家店、400余个品种参展。展销活动盛况空前，轰动杭城，尤其是4天夜市，吴山路一带摩肩接踵，消费者称："全国名点摆到家门口，大饱眼福口福。"同年，知味观发扬尊老爱老传统美德，举办"寿星宴"，为在杭90岁以上的老年人每人免费供应一桌点心，共供应"寿星宴"178桌，名菜名馆亲民近民，走近大众。

改革开放给杭州餐饮业带来变化有六：一是餐饮业形成国营（合作）、私营、三资经营的三足鼎立局面；二是采用先进工艺，创新花色品种。利用野生蔬菜，引进玉米笋、绿花菜等新食料。普遍使用冰柜、煤气炉、红外线烤箱、微波炉、不锈钢工作台、自动刀具等饮食机械设备；三是注重营养配膳，做菜讲究膳食结构合理和营养平衡，强调三低两高（低糖、低盐、低脂肪、高蛋白质、高纤维素），鸡鸭鱼鲜和蔬菜水果利用率提高，破坏营养素和有损健康的技法减少，推出营养菜谱、食疗菜谱、健美菜谱、养生菜谱和优育菜谱；四是重视造型艺术。采用食雕、冷拼、围边和热菜装饰，表现时代精神和民族风格，赋予菜品新的情韵，提高艺术审美价值；五是烹饪工艺逐步规范，讲究菜点的每道工序、各种用料，形成菜谱；六是筵席趋向"小"（规模与格局）、"精"（菜点数量与质量）、"全"（营养配伍）、"特"（地方风情和民族特色）、"雅"（讲究卫生，注重礼仪，陶冶情操，净化心灵），推出新式筵席不下1 000种。杭州的酒楼、菜馆以崭新的面貌出现在公众面前：环境装饰华美或古朴；"食不厌精、脍不厌细"的杭州菜肴精髓再现；"色、香、味、美、鲜"与服务的细致周到匹配；精致的味道、和谐的气息让顾客暖心。杭州烹饪呈现出"四名"（名店多、名师多、名菜多、名点多）、"四美"（选料美、工艺美、风味美、餐具美）、"四新"（厨师文化素质新、店堂装磺设计新、经营管理模式新、筵席编排格调新）、"四快"（科技成果应用快、流行菜式转换快、服务方式改进快、筵间娱乐变化快）的特色。宾馆、饭店、酒楼、茶社注重服务质量，采用筵席预约、上门服务、列队迎宾、微笑接待、价格优惠、赠送礼品、剩菜打包、信息反馈等多种形式，惠及百姓。21世纪，各种便民小吃兴起，美食一条街、"外卖小哥"为"上班族"和游客提供便利。

第二节　菜馆烹饪

一、各式菜馆

清代，开设"小有天""聚丰园""宴宾楼"，合称杭州三大菜馆。清道光二十八年（公元1848年），开设"楼外楼"酒家（图11-3）。清同治六年（公元1867年），"奎元馆"面馆开业。同治十年（公元1871年），甬籍商人在贡院科举考场附近开设"状元楼"面菜馆。晚清时期开业五柳居、太和园、王润兴菜馆（图11-4）等。民国十八年西湖博览会开幕，使杭州饮食业迅速发展。民国二十年，据《杭州市经济调查》记载，全市饮食店达到1 421家。抗日战争爆发后，菜馆大减。据民国三十六年《浙江工商年鉴》载，杭州市区只有菜馆73家、饭庄180家、面食点心店284家。饮食市场凋零。民国三十八年，杭州市区菜馆只剩65家、面点馆151家。

中华人民共和国成立初，杭州中菜馆按经营规模分菜馆、饭店、酒店三个类型。菜馆，以烹制规格较高的筵席酒菜和风味菜肴为主，

图11-3　湖上帮代表——楼外楼菜馆

图11-4　城里帮代表——王润兴菜馆

蔬菜食材精良，设备装潢及餐具器皿比较讲究。饭店大者谓其称，小者称小饭馆，均以普通蔬菜择优烹饪。大者以经营较经济实惠的普通酒席、大众和菜为主，陈设一般，大吃小酌随便；小饭馆也叫便饭馆，设施简陋，薄利经销，多是车夫、搬运工人等体力劳动者用餐。酒店，多数较小，柜菜低档价

廉，品种简单，五香豆、豆腐干也是常见。菜馆、饭店、酒店三者分属于不同的同业公会，其经营范围未经双方公会许可不得跨越变动。店有帮、客有异，各显特色，相对安逸又相互竞争。从业人员有一定经营技能，营业时间长达15小时，节日假期通宵供应。

1956年，对私营企业进行社会主义改造，有领导、有计划地调整杭州市区网点布局，实行分级划类经营。大型店职工不过20人，中型店10人左右，有的楼下经营大众面点，楼上专辟餐厅雅座，小型店只有1~2个职工。当时汇集的地方风味有杭、京、粤、川、冀、鲁、徽、津、鄂、苏、甬、锡等10多个帮别，南北蔬菜上桌，大小馆子齐全。一般只做中晚饭市，不做早场，部分店专做夜场。早市以点心为主，夜市以面食小吃为主。自1955年9月起，城乡居民粮食实行凭票定量供应，群众上馆子吃"社会粮"的较为普遍。

20世纪50年代末至60年代初，由于网点撤并，饮食业人员减少较多，行业内大中小规模比例失调。1961年2月，按全省统一安排，杭州市有16家国营菜馆实行高价经营，简称"高价饭馆"，使有限的货源活跃市场，回笼货币。随着副食品货源逐步增多，高价饭馆于1963年8月退出高价商品经营。

1963—1965年，杭州市饮食业经过调整，恢复分级划类经营，采取定网点规模、定经营范围、定营业时间、定企业人员、定劳动效率、定流动资金的六定措施。网点从50个增加到75个，其中分布在闹市区37个、一般地段26个、偏僻地区12个。1966年，根据商业部《关于饮食业进一步贯彻"面向大众，适应消费者多种需要"经营方针的若干意见的通知》，强调分类分等经营，正确处理适应多种需要和发挥企业专长的关系。在"文化大革命"十年中，综合经营代替分级划类专业经营，饮食业再现混乱。

1979年，社会各界兴办菜馆，分级划类经营逐步恢复和完善。1983年，杭州市区根据省饮服公司提出的《浙江省国营饮食服务企业分级划类经营试行意见》精神，把菜饭馆分成特级、甲级、乙级和丙级4种，以方便市民用膳。今百姓上菜馆已成常态，饭馆排档普遍（图11-5）。

二、烹饪特色

南宋期间，杭州菜成为中国"南食"的主要支柱，直到中华人民共和国成立后，杭菜是全国八大菜系之一"浙菜"的核心部分，其特点是选料严谨、制作精巧、清鲜爽嫩、细腻淡雅、注重原味和因时制宜。

宋室南渡建都临安，杭州成为中国七大古都之一，杭州饮食的烹饪技艺达到鼎盛时期，出现不同风味的专营酒楼。北方人大量南迁临安（即杭州），汴梁（今开封）的许多酒楼、食店也迁到杭城，全国各地菜系汇集到西子湖畔、钱塘江边，成为中国历史上南北习俗和烹调技术的大会集，各路流派的烹技被归类为15种，后合并成大类。杭州菜在这个基础上，集前代饮食业发展之大成，扬江南鱼米之乡、物产丰盛之优势，融合西湖胜迹的文采风貌，"南料北烹"，形成其独特的风味，成为具有古都风格的"京杭菜肴"。

图 11-5 美食一条街——高银街

民国时期，杭菜的烹饪技艺形成两大流派：一是以楼外楼、天外天等为代表的"湖上帮"。它的主要服务对象是达官贵人、巨贾豪商、社会名流、文人墨客、四海游人，故菜馆特别注重材料的新鲜嫩美，并以西湖所产的鲜活鱼虾和近郊的时鲜蔬菜作主料，其工艺注重刀功火候、风味特色。名菜有西湖醋鱼、龙井虾仁、春笋步鱼、生炒鳝片、鸡火莼菜汤等；二是以湖滨一带的天香楼、德胜馆及清河坊的王润兴为代表的"城里帮"，它的主要服务对象是商贾、市民以及公务人员。该帮菜肴制作原料大多以肉、禽、鱼鲜和各式蔬菜为主，粗细搭配、高雅与实惠结合，在大众化菜肴中，独具匠心。代表作有木郎（即包头鱼鱼头）砂锅豆腐、咸件儿、虾子冬笋、清蒸鲋鱼、全家福等。其"东坡肉"以酒代水、焖蒸结合、酥香不腻。在黄萍荪的《旧时杭帮饭绝招》一书中，称咸件儿、木郎砂锅豆腐为本帮菜中的"双绝"。"三大京菜馆"——聚丰园、宴宾楼、小有天擅长爆、扒、溜，重视吊汤，丰富杭菜内涵，代表作有生爆鳝片、溜松花、清扒鱼翅等。西湖四周众多寺院的素菜，以淮扬风味为主的素春斋净素菜肴、清真寺等少数民族菜点，亦对杭菜的定型、升华起到锦上添花的作用。20世纪30年代，楼外楼的"西湖醋鱼"和天香楼的"东坡肉"誉满海内外。

中华人民共和国成立初期，各帮师傅靠手做秤、嘴验味、眼看色的老法

传艺，各流派风味各异，技艺高低悬殊，菜点规格、质量不够稳定。拜师学艺要经"三年学徒，四年半作髓"的磨练。

1956年3月，浙江省饮食服务公司组织部分市县饮食服务公司在杭州举办大型饮食食品展览会，将部分名菜点推向社会定点展销。杭州烹饪技艺还推向国外。1959年10月，杭州酒家经理、著名老厨师封月生由国家科委委派，以烹饪专家身份赴捷克斯洛伐克"布拉格·杭州饭店"传授中菜技艺。这是浙江省第一个以专家身份出国的厨师。20世纪60年代初，为克服自然灾害造成的困难，杭州饮食业的烹饪技能，侧重于"素菜荤烧""粗菜细做"以杂代全等办法，用豆腐、茄子、青菜等烧出价廉物美的菜肴，用一种鱼类原料，烹饪几十种不同口味的菜品。"文化大革命"中，厨师减少，有的转业改行。传统的严格操作程序如小锅操作、原汁扣汤、准确调味等被随意改变，菜点质量一度下降。

20世纪80年代，杭菜享受盛誉。1981年《中国小吃》（浙江风味）出版，收集浙江各地的风味点心87个，其中以杭州地区为多，有幸福双、猫耳朵、虾爆鳝面、吴山酥油饼等20多个。1981年2月，应美国费城中华文化中心邀请，天香楼经理吴国良等六位高厨赴美进行烹饪技艺交流，1982年4月回国。此后，杭州市饮食服务公司在北京开设杭州奎元馆、在天津开设浙江餐厅，并与同行联营，在北京、西安、福州开设"杭州知味观"和"杭州素春斋"。1983年11月，商业部举办全国首届烹饪名师技术表演鉴定会，杭州厨师在会上表演的西湖醋鱼、叫化童鸡、龙井虾仁等烹饪技艺赢得专家好评。翌年，杭州烹饪协会成立，组织全市宾馆饭店、菜馆酒家举办烹饪大赛。国务院总理周恩来生前陪同外宾来杭时对杭州菜的烹饪十分关心，一些名厨就此创制出大型宴席菜"西湖十景宴"，得到外宾好评。同时制作近百个创新菜、传统菜和雕刻食品，以丰富杭州菜肴品种，提高厨师技艺。1985年，杭州市饮食服务公司与浙江省农业厅合作，组织制作推广"蜗牛菜肴"，有10家店挂牌供应。1985年始，先后引进扬帮素菜40种、淮扬风味菜点30种、天津风味菜肴80种、苏州风味菜肴（苏州得月楼风味等）30种、上海猪油菜饭和温州风味小吃等。太和园闽菜厅还专门聘请福建师傅传授闽菜烹饪技艺。1985—1987年，引进成都菜点、北京便宜坊烤鸭及舟山海鲜烹饪工艺。

1986年"杭州市引进菜系大会串"，邀请鲁、川、粤、苏、闽、浙6大菜系、仿宋菜、西菜（点）、苏式糕团等著名厨师60余人（其中特级厨师30多人）来杭献技传艺。这些高厨分别在杭州酒家、天香楼、知味观、新会酒家、太和园、便宜坊、成都酒家等14家名店进行对口会串，供应名菜名点。然后各路技艺表演交流，外地名师献出120余种佳肴名点，对提升杭菜技艺起到较大作用。1987年，组织全市小点心汇报展览，以推动大众点心供应状况的好转。1987年3月，"杭州西安饺子馆"开张，引进全国闻名的西安饺子。除富有特色的唐都水饺外，还有以蒸饺为主的饺子宴，推出百饺百型、百饺百味、百饺百格的制作技艺。主要品种有燕窝饺和太后火锅等108种，一席少则十多道，多则二三十道。与此同时，杭州当地菜新品推出，微辣型杭椒与鲜嫩牛柳结合，烹饪出尖椒牛柳，颇受食客喜爱。1988年，各饮食店厨师踊跃参加全市技术比武、考核活动。杭州酒家、天香楼等还参加全省商业职工技术操作比武，分别获得三级厨师组第一名、餐服组第一名。1989年，杭州市属饮服业举办风味小吃展销和"美点周"，开展传统创新点心比赛评比等活动。国家特级厨师胡忠英、陆魁德于同年5月在全国第二届烹饪技术比赛中获得金银铜牌多块。1989年9—10月，日本的中国料理调理士会的四位进修人员在杭州素春斋接受培训，学会杭州素菜烹饪技艺。

　　1990年国庆期间，杭州市饮食服务公司和市烹饪协会承办商业部交办的"迎亚运全国名、小吃展示销售活动"。京、津、沪、穗和昆明等26个城市近百家饮食店，派出包括40多名特级师的150多位点心技师来杭献技。期间，参加上海"亚太地区烹饪文化年会"的台湾、香港和新加坡等全体代表专程抵杭观摩，对小吃点心倍加赞赏。活动结束后，杭州市区有12家店引进外地名小吃30多种，其中昆明过桥米线，先在杭州酒家扎根，后推向全市。随后，杭菜特色进一步显现，G20峰会期间，精美烹品招待国际友人，赞誉不绝。主要菜品见表11-1。

表11-1　杭州G20峰会主要菜品

菜名	寓意	菜名	寓意
富贵八小碟	八方迎客	鲜莲子炖老鸭	大展宏图
杏仁大明虾	紧密合作	黑椒澳洲牛柳	共谋发展
孜然烤羊排	千秋盛世	杭州笋干卷	众志成城
西湖菊花鱼	四海欢庆	新派叫花鸡	名扬天下
鲜鲍菇扒时蔬	包罗万象	京扒扇形蔬	风景如画
生炒牛松饭	携手共赢	美点映双辉	共建和平
黑米露汤圆	潮涌钱塘	环球鲜果盒	承载梦想

第十二章　蔬菜科技

第一节　机构和组织

自古以来，民间不断对蔬菜品种和生产技术进行改良。隋唐时期，人们经贯穿南北的京杭大运河把北方蔬菜良种和技术传入杭州。南宋时期，皇室迁都杭城，"大内"设菜蔬局。为适应皇室和官府人员饮食习惯，人们从蔬菜的生产到烹饪进行改进。

民国三十二年，杭县、余杭县农业推广所开始兼管蔬菜。是年成立的桐庐、分水、新登、建德、寿昌、临安、昌化、於潜县农业推广所，对蔬菜略有管理。

中华人民共和国成立后，各县、区陆续建立新的农业技术推广所（站），杭州东郊的农业技术推广部门兼管蔬菜较多。中华人民共和国成立初期，蔬菜技术由农业行政部门统一管理。1949年，杭州市民政局设农业科管理市郊农业（蔬菜）工作。1953年，建立杭州市人民委员会郊区办事处，由农业科负责市郊农业（蔬菜）管理和技术指导。1955年4月，执行杭州市人委郊办（55）734号文件，建立笕桥区、上塘区和艮山区三个农业技术推广站，兼管江干、拱墅等地蔬菜技术推广。西湖区建立农业技术推广站，兼管西湖区蔬菜技术推广。同年8月，成立杭州市蔬菜技术推广站，址在新塘乡三叉村东方红合作社，有蔬菜干部3人，负责市郊蔬菜技术指导和推广工作，隶属市人民委员会郊区办事处和市农林水利局双重领导。1957年，建立杭州市种子工作站，后从事部分蔬菜种子工作。1958年市蔬菜技术推广站撤销，蔬菜生产技术由笕桥区农业技术推广站管理。1961年，建立杭州市病虫观测站。1962年杭州市蔬菜公司开设蔬菜种子批发部。20世纪70年代中期，杭州市辖7个县各形成四级农技推广网络，设县农科所、公社农科站、大队农科队、生产队农科组，开展蔬菜科学实验、技术推广和农民培训。1977年成立杭州市植保植检站。1978年，按照全国科学大会精神，加强蔬菜科技队伍建设和成果管理。1980年，建立杭州市种子公司，在市农业局内办公，逐步开展蔬菜良种引进和示范推广。是年，成立杭州市土壤肥料站，逐步开展蔬菜土壤普查和施肥优化工作。1983年，成立杭州市农业局系统优秀科技成果评选小组，负责农业系统的蔬菜等科技成果评选（此前科技成果只作交流不评奖）。随后，杭州市蔬菜科研站改为杭州市蔬菜科研所，红茄育种和蔬菜种苗研究取得显著成绩，为加速科技成果转化成生产力，设立杭州红茄研究中心和杭州三叶蔬菜种苗公司（图12-1）。

1984年，杭州市植保植检站改设杭州市植保站和杭州市植检站，逐步开展蔬菜病虫的测报、检疫和防治指导。是年，余杭、临安、富阳和桐庐县建立农业技术推广中心，后萧山、建德、淳安县相继建立农业技术推广中心，从事蔬菜等技术推广工作。1985年，全市国家编制从事蔬菜技术推广53人。1987年，成立杭州市农作物品种审定小组，设果蔬（瓜菜）专业组，负责全市蔬菜新品种初审和杭州蔬菜地方品种认定。1988年，遵照改革开放总设计师邓小平提出的科学技术是第一生产力的指示，蔬菜科技机构得以增强和完善，相关行业也从事蔬菜科技工作。20世纪80年代末，杭州市农机管理站在市郊彭埠镇六堡村进行蔬菜大棚机耕示范，逐步开展蔬菜农机的应用和管理。到1990年，江干区建立蔬菜技术推广中心，西湖、拱墅、滨江、萧山、余杭、临安、富阳、桐庐、建德、淳安县（市、区）建立农业技术推广中心，设蔬菜（园艺、果蔬、农作）站，杭州经济技术开发区配备蔬菜科技人员。市蔬菜公司设生产科，部分县、区设蔬菜（果品）公司并配备

图12-1　杭州市蔬菜科研所设立"公司"和"中心"

技术人员。

1983年，全市公社（乡镇）从事果蔬工作41人取得农民技术员合格证。1987年，全市农业系统蔬菜技术人员开始实行技术职务评聘制。1988年，执行中国科协、农业部、林业部和水利部联合颁发的农民技术人员职称评定和晋升试行通则，杭州市农业局开展农民技术人员职称评定工作，其直属单位首次聘任果蔬（含食用菌）农业技术职务19人，一批公社（乡镇）蔬菜工作者获得技术职称。1990年，经杭州市农民技术职称评委会审核与推荐，浙江省农民技术职称评委会评定，蔬菜科学试验示范推广取得卓著成绩的江干区四季青乡张咬齐被评定为高级农民技师。

杭州市郊主菜区——江干区农林水利局和区科委十分重视蔬菜科技工作，指导各乡镇建立蔬菜良种场，配备蔬菜技术员。全区40多个村都设农科队，配备蔬菜辅导员、植保员和蔬菜产销联络员，有的村还配农资管理员，通称蔬菜生产四大员，开展蔬菜科研、生产、示范、推广工作。区蔬菜试验场、乡镇良种场、村农科队形成三级蔬菜科技网，实行技、农、贸相结合和产、供、销一体的管理体制，笕桥蔬菜良种场每年制种育苗，带动农民科学种菜。

一、在杭省级蔬菜相关单位

主要有浙江省农业厅、浙江大学、浙江省农业科学研究院和浙江农林大学等，以蔬菜科研、示范、推广相结合，新品种新技术首先在杭州示范推广，人们称为"近水楼台先得月"。

（一）浙江省农业厅

地址在杭州市江干区凤起东路，设农作物管理局蔬菜科。浙江省农业厅行政管理与技术推广相结合，引进蔬菜新品种、新技术、新设施，以杭州市郊菜区为重要基地，组织科技协作，开展示范推广。全面指导杭州市蔬菜生产发展和科技推广，以温室栽培为主要内容，在杭州市各县（市）、区建立大量试验示范基地，带动蔬菜产业的科学发展。现为浙江省农业农村厅。

（二）浙江省林业厅

地址在杭州市江干区凯旋路，行政管理与技术推广相结合，开展多年生蔬菜示范推广。

（三）浙江大学

学校前身为创立于1897年的求是书院，1928年定名国立浙江大学。

1937年浙江大学举校西迁，在贵州遵义、湄潭等地办学，1946年秋回迁杭州。1952年，浙江大学部分系科转入中国科学院和其他高校，主体部分在杭州重组为若干所院校，后分别发展为浙江大学、杭州大学、浙江农业大学和浙江医科大学。1998年，同根同源的四校实现合并，组建新的浙江大学，原浙江农业大学校区成为浙江大学华家池校区（图12-2）。

图12-2 浙江大学华家池校区

浙江农业大学校址在杭州市江干区凯旋路（华家池），设园艺系，其蔬菜专业属全国重点学科，国内外享有盛名。20世纪20—30年代，属国立第三中山大学农学系。先后改名为浙江大学农学院、浙江农业大学等，其园艺系设蔬菜教研室、蔬菜研究所、蔬菜实验农场和食用菌研究所。以杭州市郊为主要基地，教学与科研、生产相结合，开展浙大长萝卜和番茄的选育，植物生长激素在蔬菜上的应用，西菜新品种的选育，食用菌的选育，西子大葱和西甜瓜的选育，蔬菜采后技术研究，地膜覆盖技术研究，长江流域番茄大白菜高产栽培试验推广，杭州市郊蔬菜主要品种资源开发等。参与杭州蔬菜研究的还有科技食品系、土壤化学系、植保系、农机系等。

（四）浙江省农业科学研究院

地址在杭州市江干区石桥路，简称省农科院，其园艺所蔬菜研究室设白菜类、豆类、茄果类、食用菌、水生蔬菜、高山蔬菜等课题组，专题进行各种蔬菜的研究和推广，科技人员以"三结合"搞科研。80年代，白菜组驻江干区笕桥镇黄家村农科队，番茄组驻江干区笕桥镇弄口村农科队，后驻临安市上溪乡，研究高山蔬菜；豆类组驻江干区四季青乡常青村；水生蔬菜组驻半山区农村；食用菌组面向富阳等地注重食用菌新技术推广。浙江省农科院对杭州蔬菜生产促进较大的有：番茄、大白菜、豇豆系列新品种的培育与应用，高山蔬菜、食用菌、水生蔬菜、无土栽培、地膜覆盖技术的应用等。该院从事杭州蔬菜科研和推广的机构还有：园艺所果树研究室、植保所等。21世纪，专设蔬菜研究所，对杭州蔬菜生产水平的提高作出新的贡献。

（五）浙江农林大学

校址在临安市，建于1958年，时称天目林学院，1966年更名为浙江林学院，1970年7月与浙江农业大学合并，1979年2月恢复独立办学，2010年更名浙江农林大学，进行多年生蔬菜的研究。以临安市为主要基地，试验、示范和推广竹笋提前上市技术、高产优质栽培技术，研究香椿、蕨菜的繁殖、采收和加工技术。

（六）浙江省糖烟酒菜公司

地址在杭州市上城区中山路，开展以高山蔬菜为主的蔬菜技术推广和商品经营。

（七）浙江省园艺学会

地址在杭州市江干区凯旋路浙江大学华家池校区内，设蔬菜学组、果树学组、西甜瓜和采后技术组。开展茄果类、白菜类、食用菌、"无公害"蔬菜、地膜应用、塑料棚推广等学术交流和研讨，并组成协作组，开展蔬菜科研攻关和技术推广。

二、市级蔬菜相关单位

（一）杭州市农业局

原址在杭州南山路262号。2019年机构改革，市政府设杭州市农业农村局，现址在杭州市钱江新城市民中心，管理全市蔬菜生产。

20世纪50—60年代设杭州市农业（水）局，管理蔬菜生产。70年代一度停止对基地蔬菜的管理。1982年1月配备蔬菜干部，开展全市蔬菜调研，协调并指导县（区）全面管理蔬菜生产。是年8月，杭州市政府发出《关于市农业局建立蔬菜科、蔬菜科研站以及改变江干蔬菜试验场领导关系的通知》杭政〔1982〕194号文件，当年市农业局蔬菜工作岗位设在特产科，1983年建立蔬菜科，后有园艺科、园艺处、农作物处。现杭州市农业农村局设种植业和种业管理处。从事全市蔬菜生产行政管理与技术推广，组织实施项目，引进蔬菜新品种、新技术、新设施，以市郊菜区为重点，指导县、区（市）开展蔬菜业现代化建设，推动全市蔬菜行政管理与科技进步相互促进。局内其他处（科）室按照各自职能，支持蔬菜业发展。80年代至21世纪前叶，杭州市农业局对"菜篮子"工程建设作出巨大贡献。

（二）杭州市林业水利局

原址在杭州市上城区清泰街，1988年搬至江干区采荷支路5号，后迁至杭州市德胜路353号，行政管理与技术推广相结合，开展以竹笋为主的多年生蔬菜优良品种和先进技术示范推广。

（三）杭州市贸易局（商务局）

原址在杭州市延安路484号市府综合办公楼，现址在杭州市钱江新城市民中心，负责建立健全包括蔬菜等主要生活必需品市场供应应急管理机制，会同有关部门组织实施主要生活必需品的市场调控；负责"菜篮子"等重要商品的储备供应；监测、分析市场运行和商品的供求状况，进行预测预警、信息发布和信息引导。

（四）杭州市供销合作社联合社

地址在杭州市江干区凯旋路58号，为杭州市供销合作社的联合组织，简称市供销社。全系统由6个市级（集团）公司、11个区县（市）供销社组成。在发展系统经济的同时，以"三农"服务为宗旨，开展蔬菜相关工作。

（五）杭州市农业科学研究院

地址在杭州市西湖区转塘街道洗泗路261号，成立于2004年3月，是根据杭州市委、市政府整合农业科技资源的要求，撤消原4个农口研究所（杭州市蔬菜科学研究所、杭州市农业科学研究所等），建立新的蔬菜科研所等。

属重新组建的综合性农业科研、推广机构，为市政府直属事业单位（图12-3）。

蔬菜科研所设蔬菜研究室、食用菌菌种站、蔬菜良种推广站，有杭州三叶蔬菜种苗公司、国家食用菌产业技术体系杭州综合试验站、杭州市珍稀食用菌科技创新服务平台。科技人员

图12-3　杭州市农业科学研究院

18人，其中高级11人、中级5人、硕博士8人。主要开展茄果类蔬菜育种、设施蔬菜栽培、山地蔬菜栽培技术研究，以及食（药）用菌种质资源开发、良种繁育和农业废弃物资源化循环利用技术研究。

2004年以来，主持承担国家、省、市科技项目90余项，获省、市科技成果奖励13项、专利4项。育成"杭茄"系列茄子、"采风""千丽"系列辣椒、

"杭杂"系列番茄,有10个蔬菜品种通过省农作物品种审(认)定,形成育、繁、推一体化的茄果类育种创新体系,年推广自育良种10万亩次以上;在珍稀食(药)用菌种质资源保藏与开发利用、农业废弃物资源化循环利用研究应用方面走在全省前列,年推广食用菌3 000万袋以上。

1. 杭州市蔬菜科学研究所

原址在江干区机场路一巷37号。1964年6月,省整编精简委员会浙编字32号和杭州市人委简字第243号批准建立杭州江干蔬菜试验场,为全民所有制单位,由江干区农水局代管。1969年7月随江干区和西湖区合并,改名为杭州市郊区蔬菜试验场,归属郊区领导。后改名为江干区蔬菜试验场。1984年2月建立杭州市蔬菜科学研究站,尔后江干区蔬菜试验场改名并升级为杭州市蔬菜试验场,作为市蔬菜科学研究站的科研基地。市蔬菜科研站和市蔬菜试验场属国家事业单位,两块牌子一套班子。1990年1月省科委、编委和省财政厅批准,市蔬菜科学研究站改名为杭州市蔬菜科学研究所,其行政主管归属市农业局、业务主管归属市科委。同年经杭州市编委〔1990〕11号文件批复,为市级正科级农业科研事业单位。1996年因城市建设需要搬迁至余杭区乔司镇学稼村。2004年被撤消并入杭州市农业科学研究院。

2. 杭州市农业科学研究所

原址在杭州珊瑚沙,简称市农科所,下设杭州市菌种站,开展食用菌新品种、西甜瓜和蔬菜无土栽培等研究,指导生产者进行示范和推广。2004年被撤销并入杭州市农业科学研究院。

(六)杭州种业集团有限公司

成立于2016年,是杭州市委、市政府在原杭州市良种引进公司基础上组建的国有独资有限责任公司,是一家集科研、生产、营销、服务为一体的多领域、多元化现代农业企业集团,开展蔬菜良种引进和配套技术的推广(图12-4)。

图12-4 杭州市领导为杭州种业集团成立揭牌

杭州市良种引进公司成立于1993年，经事转企改制后，现更名为杭州利丰种子有限公司，是杭州种业集团法人独资有限责任公司，生产经营稻、麦、油菜、玉米、瓜菜等农作物种子种苗，拥有"天虹"和"利丰"两大品牌。

（七）杭州市种子公司

成立于1980年，先后更名为杭州市种子技术推广站、杭州市种子总站、杭州市种子服务总站，2020年与杭州市植保土肥服务总站等单位合并成立杭州市农业技术推广中心。曾从事蔬菜等农作物新品种区试、审定、种子质量管理；蔬菜种子执法；种子生产、经营许可证管理。

（八）杭州市蔬菜公司

地址在杭州建国中路，设生产技术科，配合市郊及临安市农业部门，推广蔬菜新品种、新技术，开展蔬菜贮藏加工和产销衔接研究。统购包销时期，市蔬菜公司指派一名驻村蔬菜联络员或乡镇蔬菜生产技术指导员，协助菜区实现蔬菜产销对接，开展蔬菜新品种和新技术示范推广。

（九）杭州市园艺学会

原址在杭州市农业局内，设蔬菜学组，开展蔬菜学术交流，组织蔬菜科研活动，推广蔬菜新品种和新技术。现址在杭州种业集团有限公司。

（十）杭州市蔬菜产业协会

由杭州市民政局于2005年批准登记的社会团体，业务主管单位为杭州市农业局。开展与该会业务范围有关的交流、技术咨询、技术培训，以加强蔬菜产销体系、提升行业管理水平，更好地发挥蔬菜产业对农业增效、农民增收、稳定市场的作用。现址在杭州市农业科学研究院。

（十一）杭州市食用菌协会

原址在杭州珊湖沙杭州市农业科学研究所内，于1989年建立，组织食用菌科研活动和新品种新技术推广。现址在杭州市农业科学研究院。

三、科技协作组

20世纪50年代开始，浙江大学农学院等单位牵头，在杭州市郊菜区开展生产、科研、教学三结合的高产协作活动，进行一系列技术改革：改浅耕为深耕高畦，改偏施氮肥为合理搭配施肥，改稀植为密植，改自然留种为选用良种，改治病虫为防病虫，改抗灾为防灾，改粗放管理为细致管理。至70年代，大规模应用现代技术，并与传统技术相结合，以提高蔬菜生产水平。

1982年，农业部组织建立长江流域蔬菜高产协作组，由上海市农业局牵头，杭州市农业局和江干区农林水利局参加，后省农业厅、浙江农业大学、省农科院、市蔬菜科研所加入，又吸收周边城市相关部门参加，开展蔬菜高产协作活动，建立中国园艺学会长江蔬菜协会。随后，杭州市农业局牵头组织省、市、区（县、市）农业和科研等单位，建立专题协作组，在杭州市着重研制并推广《杭州市春植番茄高产栽培技术规范》和《晚熟大白菜高产栽培模式》，推动全市蔬菜高产（图12-5）。杭州市科委立项并组织建立杭州市蔬菜地膜覆盖栽培技术协作组，市农业局、市蔬菜公司、江干区科委、富阳县农业局参加，推广地膜覆盖技术。1983年，杭州市农业局组织成立杭州市蔬菜高产协作组和杭州市高山蔬菜推广协作组，组织省、市、区（县、市）农业、科教、商业部门参加，开展蔬菜优质高产技术和高山蔬菜示范推广。与此同时，相关单位纷纷组建协作组，全力推广蔬菜先进技术：食用菌协作组推广平菇、香菇、草菇、金针菇等；植物激素应用协作组推广防落素

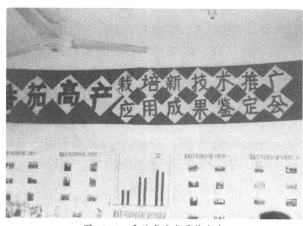

图12-5　番茄高产成果鉴定会

保果技术，以及矮壮素、健壮素、多效唑、爱多收等应用技术；蔬菜灌溉技术改进协作组推广喷滴灌技术；竹笋早熟栽培协作组推广竹笋早熟高产技术；大白菜三大病害防治协作组推广霜霉病、炭疽病和病毒病的综防技术；工厂化育苗协作组突破传统土温床育苗方式，应用快速育苗技术；草莓、西瓜、芦笋等协作组开展对应种类蔬菜的产供销一条龙服务。

第二节　成　果

一、成果应用

南宋时期，杭州蔬菜生产在应用传统技术基础上，从北方引进新品种新技术，蔬菜生产在当时具较高水平。《梦粱录》载："夏初茄瓠新出。""四月园圃瓜茄初生"。杭州东园人家，移用西安取地热种菜技术，利用炭火热，浸

种、催芽、育苗，培育壮苗，早熟栽培茄、瓜、豆类蔬菜。江干区一带是南宋的官园，宫廷特供蔬菜多出于此。

民国时期，国立第三中山大学农学系教授、中国园艺学奠基人吴耕民带学生，利用城市垃圾、草料腐熟产生的发酵热，在冬季和早春果菜育苗中应用。茄瓜登市早，价格高，每担约十块银圆，销往上海则更高，农民争相模仿。吴耕民还从国外引进番茄、洋葱、甘蓝、甜椒、蘑菇等新品种，选育浙大长萝卜，首先在杭州种植。

中华人民共和国成立后，科技人员与菜农在长期实践中，摸索出夏菜育苗"三高三低"控温壮苗技术。先把吸水的种子用纱布包裹并缚在人体贴身催芽，保温30℃以上促发芽，播种后利用垃圾发酵生热，通过苗床的门窗开启关闭控温，长出2片子叶时控温18～22℃，假植后控温28℃左右，假植成活后控温18～22℃，使苗矮壮，4～6片真叶后保温28℃以上促花芽分化，定植前3～5天，控温12℃左右，进行低温炼苗，适应外界自然环境。菜农培育的壮苗除自种外，还有出售。

20世纪60—70年代，浙江农业大学多名蔬菜专家在杭州郊区试验、示范蔬菜新品种新技术。李曙轩教授应用植物激素促进果菜类蔬菜结果和番茄催熟，首先在杭州郊区取得成功，应用的激素和蔬菜种类不断增加，并推广全国；科技人员与菜农创造"三层楼加围墙"蔬菜栽培技术，在番茄地上播种苋菜或小白菜或五月慢青菜，间隔6株番茄留一穴种冬瓜（冬瓜间距约2.5米），前期番茄、叶菜、冬瓜共生，后期冬瓜蔓在番茄架上延伸，夏季适当遮阳保护番茄果实，整块地四周种植四季豆，藤沿篱生长。1962年，市郊大面积蔬菜亩产首次突破万斤关，达到5 100千克。1965—1972年，蔬菜年亩产稳定在6 000千克以上，1978年达7 500千克，为历史最高。这两项既是先进生产技术，也是科研成果，在蔬菜生产上应用数十年，并在全国推广应用。

1978年改革开放后，改变以往"科技成果不评定，只作经验介绍和示范应用"的做法，各级政府进一步重视蔬菜科学研究，建立机构，增加投入，培养人才，科技成果不断涌现。1978—1985年，杭州科技人员参与或在杭州基地完成的蔬菜项目，获农业优秀科技成果奖66项，其中全国一等奖4项、二等奖2项、三等奖2项，省级二等奖9项、三等奖13项、四等奖12项，市级二等奖4项、三等奖17项、四等奖3项（表12-1、表12-2）。

表12-1 在杭州完成的蔬菜科技推广和科技进步奖不完全名录

获奖年份	成果名称	第一完成单位或成研地点	授奖等级						
			国家级	省政府	市政府	省农业厅	省商业厅	省科委	其他
1978	高产冬瓜栽培技术试验亩产2万斤	江干区览桥			2				
1978	耐高温白菜杂交新品种选育	江干区四季青			3				
1979	大白菜及甘蓝无性繁殖	浙江农业大学		2					
1979	大白菜新品种城青2号	省农科院		2					
1980	西瓜良种——浙蜜1号选育	浙江农业大学			4				
1980	加速西湖莼菜的发展	西湖区							市科委3
1980	做好杭州市"蔬菜淡季"生产和供应几点建议	市科技情报所							市科委3
1980	塑料大棚薄膜覆盖番茄高产栽培	江干区			3				
1980	晚熟大白菜引种试种推广	江干区			3				
1980	生姜贮藏保鲜	市蔬菜公司					3		
1981	马铃薯贮藏保鲜	市蔬菜公司					3		
1981	山东大葱引种试种及推广	市蔬菜公司					2		
1981	番茄新品种"浙红20"的推广应用	省农科院	1	2					
1981	豆豆新品种选育	江干区			2				
1981	红心红肉胡萝卜推广应用	江干区			3				
1982	杂优黄瓜"杭青2号"选育	江干区		4	2				
1982	罐藏番茄新品种选育	浙江农业大学		4					
1983	蘑菇健壮剂推广	浙江农业大学	1						
1983	蔬菜杂交优势推广利用	江干区			3				
1983	关于发展杭州市水生蔬菜生产的调研	市农业局				2			市科委2
1984	蔬菜地膜覆盖栽培技术大面积推广	江干区科委			3				
1984	番茄新品种"浙杂6-73"的推广	浙江农业大学		4					

（续表一）

获奖年份	成果名称	第一完成单位或研究地点	国家级	省政府	市政府	省农业厅	省商业厅	省科委	其他
1984	浙江省蔬菜地方品种目录	省农科院		4					
1984	"之豆28-2"豆豆新品种选育	省农科院	2	2					
1984	"京丰1号"甘蓝引种试种	省农科院				4			
1985	"早白"和"城青2号"大白菜推广应用	省农科院				4			
1985	聚乙烯地膜覆盖栽培技术	浙江农业大学	1						
1985	蘑菇罐藏优良品种筛选和单产提高研究	浙江农业大学	3						
1985	平菇的引种和筛选	市农科所							市农业局进步奖
1985	杭州市晚熟大白菜高产栽培模式推广	市农业局				3			
1985	平菇露地人工栽培技术推广	市农科所				3			
1985	冬瓜杂交优势利用试验	江干区			3				
1985	"常青5号"油冬儿菜选育	江干区				3			
1985	化学除草剂在蔬菜上应用	江干区			3				
1986	番茄高产栽培技术推广应用	市农业局				3			
1986	秋冬大白菜三大病害防治	省植保站				3			
1986	引种无锡中介菜栽培试验	市蔬菜科研所							市农业局进步奖
1986	塑料薄膜大、中、小棚在蔬菜上应用	江干区			3				
1987	杭州市蔬菜采后处理调研	浙江农业大学							市科委2
1987	塑料大棚夏菜快速育苗技术研究	市蔬菜科研所							市农业局进步奖
1987	大葱高产栽培技术研究	市蔬菜科研所				4			
1987	金针菇菌种筛选及生料栽培技术研究	市农科所			3	3			
1987	无菜合成料、合成碎土栽培蘑菇技术推广	富阳县农业局			3	2			
1987	长江中下游"无公害"蔬菜生产技术开发与应用	全国植保总站	3						
1987	杭州市"无公害"蔬菜病虫综合防治技术	江干区			3				

（续表二）

获奖年份	成果名称	第一完成单位或研究地点	授奖等级						其他
			国家级	省政府	市政府	省农业厅	省商业厅	省科委	
1987	瓜螟生物学特性和防治方法研究	浙江农业大学		3					市农业局进步奖
1987	应用地膜促进西瓜丰产早熟技术效益探讨	余杭区农业局			3				
1988	中介变白的引种推广及高产栽培技术研究	省农科院		3					
1988	白菜的叶球形成的生理研究	浙江农业大学	1			4			
1988	市郊蔬菜主要品种资源开发及利用	江干区			3	4			
1988	"杭州鸡爪×吉林早尖"一代杂种推广应用	江干区		4	3				
1988	蔬菜工厂化育苗技术研究	省农科院		3	3				
1988	蘑菇高产模式栽培技术	富阳县农业局		3	3				市农业局进步奖
1988	蘑菇棉子壳制种技术的改进推广	富阳县农业局			3				
1988	生姜姜瘟病防治方法研究	市农科所	2						
1988	长江流域番茄大白菜高产综合技术的试验与推广	杭州市等			2				
1988	杭州市蔬菜区域化研究	市蔬菜科研所			2				
1989	食用莲藕栽培技术研究	浙江农业大学			3		2		
1989	塑料薄膜覆盖棚栽春黄瓜高产栽培技术	江干区			3				市农业局进步奖
1989	西湖莼菜高产优质栽培技术研究	市蔬菜科研所		3		4			
1989	竹荪人工栽培技术研究	市农科所			3				市农业局进步奖
1989	"浙蜜2号"西瓜品种选育	浙江农业大学		3					
1989	山地西瓜制种及栽培技术研究	市农科所			4				
1989	杭州市蔬菜采后处理调研	浙江农业大学						3	
1990	榨菜品种选育	浙江农业大学		4					
1990	西瓜双膜覆盖早熟栽培技术推广	市农科所			4				

注：国家级指农业部同级及以上级别。

表12-2　杭州市部分蔬菜科技情报调研成果

成果名称	主要特点
做好杭州市"蔬菜淡季"生产和供应几点建议	1980年，通过实地调查，分析蔬菜淡季的基本原因，提出解决淡季的设想和建议，供市政府决策参考
杭州市郊蔬菜主要品种资源及开发利用	1982—1986年，调查、收集、整理成"杭州市区蔬菜主要品种资源及其利用"一书，入编的蔬菜有13类、55个种或变种、197个品种
关于发展杭州市水生蔬菜生产的调研	1983年通过调研，阐述杭州曾有"绕郭菱藕一千顷，三秋菱歌满街头"盛况，提出发展水生蔬菜五点建议
加速"西湖莼菜"开发利用调研	阐述"西湖莼菜"种植历史和食用药用经济价值，分析发展莼菜的有利条件和必要性，提出相应措施
杭州市蔬菜采后处理调研	1987年，全省首次提出"小包装净菜"上市，开辟杭州蔬菜与国际接轨的新思路，引起社会较大效应
杭州市"菜篮子"工程研究	以杭州市为重点，研究出"菜篮子"工程建设的方案。全省相关单位协作完成

1982年始，杭州市农业局将蔬菜生产的技术推广和行政管理结合起来，组织各区、县（市）按照市政府和省农业厅蔬菜工作要求，以"近郊为主、远郊为辅、外埠调剂"设想，科学规划全市蔬菜生产，建设"五大菜区"。1983年，杭州市农业局与浙江省农科院、临安县农业局科技人员赴临安县上溪高山试种番茄成功后，组织临安、淳安、建德、桐庐、富阳、余杭等区、县（市）蔬菜主管部门成立高山蔬菜推广协作组，推广种植高山蔬菜14种，5年累计推广1.28万亩，生产高山蔬菜1.64万吨，增值387万余元，创汇30多万元，并编印《高山蔬菜》一书，作为高山蔬菜栽培工具书。是年，杭州市农业局在省内率先主持研制《杭州市晚熟大白菜高产栽培模式》，成为全省第一个农作物高产栽培模式，到1985年推广5 000余亩，增产6 535吨，增值115万元。1984年，杭州市农业局接受市政府农贸处转交的由台湾引进的黄秋葵种子，在余杭区大观山试种成功，后又与相关单位一起引进蔬菜新品种30余个，择优进行大面积推广。杭州市农作物品种审定小组果蔬（瓜菜）专业组先后审定12个蔬菜新品种和认定36个杭州蔬菜地方品种。杭州市农业局牵头组成协作组，开展番茄高产栽培技术推广，杭州番茄大面积高产；实施"万亩油冬儿优质高产"项目获市政府农业丰收一等奖。杭州市开展以夏菜为重点、保护地栽培为主要内容、提高蔬菜生产水平为目标的高产协作活动，取得多项成果，获得省农业厅、市政府的相应奖励。并将各项科技成果组装成套，推进全市蔬菜高产。浙江农业大学吕家龙教授与市农业局封立忠等共同完成蔬菜采后处理调研，在全省首次提出并倡导"小包装净菜"上市，已在超市全面推广（图12-6）。

图 12-6　小包装净菜

以杭州市郊菜区为试验基地，浙江省农业科学院园艺所育成国内领先的之豇28-2豇豆新品种，又相继选育出之豇844、之豇19、之豇特早、之豇特长、之豇矮蔓、之青3号、秋豇512、紫秋豇6号等新品种，首先在杭州种植。育成的城青1号、城青2号大白菜新品种，成为杭州主栽品种。省农科院园艺所和杭州罐头厂共同完成的番茄新品种"浙红20"的推广应用获农牧渔业部科技进步一等奖。市郊笕桥镇黄家村的大白菜还销往北京、天津等大城市。育成的早熟5号大白菜成为杭州广为栽种并市民普遍喜爱的夏秋叶菜。育成的浙杂、浙粉系列番茄新品种，长期在杭种植。省农业厅在市郊弄口村大型温室进行蔬菜育苗试验示范，向杭州菜区提供大批优质菜苗，传授现代育苗技术；市蔬菜科研所开展蔬菜工厂化电加温育苗，大幅度缩短苗龄，给菜农带来方便，逐步替代垃圾酿热温床育苗技术；育成的杭茄一号茄子新品种，在杭州大面积推广；1990年，杭州市蔬菜科研所引种并推广新的蔬菜品种6个，生产蔬菜杂交一代种子310千克、常规蔬菜良种9 500千克，培育茄、瓜、豆种苗28万株，向市场提供新鲜蔬菜28吨。

竹笋科技进步，使其资源得以开发。中国林科院亚热带林业研究所与余杭县南山林场合作，开展"竹卵园蟓防治技术研究"，解决毛竹基地的虫害难题，1989年获林业部科技进步三等奖。杭州市林业水利局组织富阳县、余杭县、临安县林业部门，实施"毛竹用材林改建笋材两用林技术推广"项目，促进毛竹笋资源的开发，1990年获市政府科技进步三等奖。余杭县森防站实施"开花苦竹复壮技术"推广项目，调动产地农民经营苦竹资源的积极性，1990年获市政府科技进步三等奖。

临安县林业技术服务总站根据该县三口镇鲍子豪在雷竹园堆放竹叶、出现提早出笋的现象，实施"雷竹提早出笋及高产栽培试验"项目，总结春笋冬出栽培技术经验，使菜笋上市提早数月，价格提高10倍以上，1992年获杭州市政府科技进步三等奖。临安县竹笋服务中心在全县实施"食用竹笋高产技术推广"项目，推广春笋冬出栽培技术，成倍提高雷竹笋产值，促进农民兴竹致富，1993年获杭州市政府"星火"三等奖。杭州市林水局组织余杭、临安、富阳等县实施"优良竹笋高产模式栽培技术推广"和"十万亩菜竹笋综合配套技术开发示范及全程服务合作协会试点"项目，全面推广菜竹笋丰产稳产栽培技术，促进了菜竹笋产业的大发展，先后在1993年获林业部科技进步三等奖和1994年获浙江省政府"星火"二等奖。

浙江林学院与临安市、余杭市、富阳市林业局合作，实施"笋用竹二季高产经营技术研究"项目，总结出提高毛竹冬笋和春笋产量的调控技术，使竹笋产量增加20％，1997年获林业部科技进步三等奖。杭州市林水局组织临安、余杭、富阳等县（市），实施"优良食用笋早出高产技术推广"项目，在重点菜竹笋产区全面推广覆盖早出技术，培育一批兴竹致富的示范户，1997年获浙江省政府"星火"二等奖。临安市林业技术服务总站实施"笋干竹低产林改造技术推广"项目，促进山区笋干竹从粗放经营向集约经营的转变，1998年获浙江省政府"星火"二等奖。

1982—1990年，据不完全统计，38个果蔬科技项目累计推广面积122.15万亩，增产优质蔬菜66.25万千克、水果（果用瓜）28.48万千克，增加收入15 386.05万元。其中推广莼菜高产栽培技术（1987—1990年）1 181亩，总产852.32吨，出口193.4吨，创汇54.27万美元。与此同时，综合应用科技成果，采用科学的思维、决策和管理，制订《杭州市蔬菜生产发展规划》，建设并提升五大菜区（常年性菜区、季节性菜区、水生蔬菜区、高山蔬菜区和特种蔬菜区），实施新一轮"菜篮子"工程等，推动全市蔬菜生产发展，蔬菜从70年代农业中的"小儿科"变成年产值超亿元的"菜篮宝"，成为农业十二个产业经济地位之首。

二、成果展览

1961年1月，杭州市人民委员会举办首次杭州市农业展览会，参展蔬菜3项，其中1960年笕桥公社庆春生产队的258亩菜地，采取夏菜秋播、冬菜春播、秋菜提前播、春菜退后播等技术措施，蔬菜亩产9 000千克，采收蔬菜品种23个，四季均衡上市；1977年，市革命委员会举办杭州市科技成果展览，江干区"蔬菜杂交优势利用"项目参展；1990年，市农工商联合公司等10余个单位组成杭州市农垦展销团，赴北京参加全国第八届农垦产品展销会，蘑菇、金针菇、竹荪等食用菌罐头和萧山萝卜干参展，萧山"劲丰"牌萝卜干获农垦产品产销奖。1990年10月11日，市农业局发出关于参加"全国菜篮子工程成果观摩会"筹备工作的通知，市农业局和市水产局等8

个单位组团，1991年4月参加由农业部和中国科协主办的全国"菜篮子"工程成果观摩会，杭州蔬菜良种和高山蔬菜获得好评。时任中共中央政治局常委宋平同志、国家副主席王震同志、国务院副总理田纪云同志都观摩"杭州蔬菜"，田纪云同志对杭州展题字"菜篮子工程成果累累，大有作为"。

三、成果交流

20世纪50年代初开始，杭州菜农受聘周边城市传授技术，春、秋两季全国众多城市菜农来杭学习取经。浙江省内多数县城有杭州种菜师傅，杭州市郊主菜区几乎每个村都有菜农到广西、贵州等省传授种菜技术。

20世纪80年代，农业部组织建立的长江流域蔬菜高产协作组（上海等10市），每年春、秋组织两次交流，蔬菜专家轮流到各市现场考察，相互学习，促进长江流域各城市蔬菜生产水平共同提高。1982年5月和1984年5月，长江流域蔬菜高产协作组专家两次到杭州考察番茄生产，评价杭州番茄"平均亩产始终名列长江流域各省市前茅"。1985年，全市10个番茄示范点16.46亩示范田，平均亩产5 649.9千克，亩产值1 366.46元，比对照增产20%~45%，其中草庄示范点亩产7 543.5千克。大白菜高产栽培技术1983—1985年累计示范面积94.79亩，亩产4 864.85千克，比对照增47.9%，年均亩产值598.67元，比对照增194.25元，推广5 132.27亩次，增产大白菜653 856千克，增加产值1 157 394.63元。杭州市农业局、江干区农林水利局等参加的"长江流域番茄大白菜高产技术试验与推广"，获农业部科技进步二等奖。浙江大学吕家龙和杭州市农业局封立忠等被中国园艺学会长江蔬菜协会授予突出贡献奖，颁奖词评价受奖者"在农业部长江流域高产技术协作20年（1982—2002）中，为蔬菜事业的发展作出了重大贡献"。

"派出去请进来"促进杭州蔬菜与国内外的交流。杭州农民作为蔬菜专家，被派到几内亚、乌干达等非洲国家传授种植蔬菜经验。

1973年8月至1975年9月，江干区四季青乡菜农赵小海受农牧渔业部和省农业厅援外办派驻几内亚，援助蔬菜生产。

1974年6月至1976年4月和1976年7月至1978年1月，杭州市郊区农业局蔬菜技术员袁居正分别受农牧渔业部和浙江省农业厅援外办派驻乌干达，援助蔬菜生产。

1974年12月至1977年10月和1978年1月至1981年1月，杭州市江干区笕桥公社菜农王森林分别受农牧渔业部和浙江省农业厅援外办派驻乌干达，援助蔬菜生产，后又被聘请到中非总统府种菜，表现突出，被该国总统科林巴授予三级骑士勋章。

1982年10月至1984年10月，杭州市江干区笕桥乡水墩村菜农金观荣受农牧渔业部和浙江省农业厅援外办派驻乌干达，援助蔬菜生产。

1984年1月至1987年12月，杭州市江干区笕桥乡水墩村菜农金观根受农牧渔业部和浙江省农业厅援外办派驻乌干达，援助蔬菜生产。

1974年1月至1976年6月，杭州市江干区彭埠乡新风村菜农高毛银受浙江省农业厅援外办派驻乍得，援助蔬菜生产。

1987年1月至1989年，杭州市江干区笕桥镇蔬菜工作者金观荣受浙江省农业厅援外办派驻中非，援助蔬菜生产。

1987年2—12月，杭州市江干区笕桥镇弄口村洪月强赴日本静冈县实习蔬菜栽培技术。

1987年4月，杭州市江干区农林水利局蒋春生赴美国实习蔬菜技术。

1987年至1989年5月，杭州市江干区笕桥镇水墩村菜农金观荣赴中非作蔬菜劳务输出。

1987年，杭州市蔬菜科研所汪忆春自费赴美国进修博士研究生。

1989年2月，杭州市农业局安志云一行4人赴香港考察果蔬保鲜技术。

与此同时，国外专家纷纷来杭考察。1987年，美国世界园艺学会理事一行2人和澳大利亚蔬菜专家一行3人分别到市蔬菜试验场参观访问和考察蔬菜加工。1988年，澳大利亚蔬菜专家一行3人和日本园艺代表团一行2人分别到市蔬菜试验场考察蔬菜加工处理和蔬菜花卉管理。1989年，日本园艺代表团一行2人到市蔬菜试验场考察蔬菜花卉。1990年，日本蔬菜代表团一行2人到市蔬菜试验场参观访问。1992年，日本蔬菜专家竹内常雄考察市郊和萧山蔬菜生产，指导杭州蔬菜无土栽培技术，并为蔬菜工作者讲课（图12-7）。

与此同时，烹饪技艺交流颇具特色。1959年10月，杭州酒家经理、著名老厨师封月生由国家科委委派，以烹饪专家身份赴捷克斯洛伐克"布拉格·杭州饭店"传授中菜技艺。1981年2—4月，应美国费城中华文化中心邀请，天香楼经理吴国良等六位高厨赴美进行烹饪技艺交流。1982年5月，国家

图12-7　日本蔬菜专家竹内常雄指导无土栽培技术

特级厨师胡忠英、陆魁德在全国第二届烹饪技术比赛中获得金银铜牌多块。1989年9—10月，日本的中国料理调理士会4位进修人员在杭州素春斋接受培训，学会杭州素菜烹饪技艺。

有的成果得到奖励，有的成果没有得到奖励，但两者都在生产上得到推广应用。在杭完成和应用的部分科技成果见表12-3。

表12-3　在杭完成和应用的部分蔬菜科技成果

成果名称	主要特点
浙大长萝卜选育	1947年秋，吴耕民在古荡农家地选取细长萝卜培育而成，单个重1.5~2千克
浙蜜1号西瓜高产栽培试验	1975—1979年栽培试验，比一般品种增产二至三成，亩产3 000~3 500千克，最高达5 000千克
杭青2号黄瓜选育	1977年在四季青乡育成，瓜水分多，带甘味，可代水果，产量高，外观美，属杂种一代、杭州主栽品种
弄口早椒选育	20世纪70年代在笕桥镇弄口村农科队育成，抗性强，产量高，品质好，外观美，青时微辣，红时浓辣，属杂种一代、杭州主栽品种
常青一号油冬儿青菜选育	在江干区四季青镇常青村育成，植株基部膨大，缩腰，生长速度快，抗病毒强，叶片绿色，品质优良，适于秋冬季栽种
三红胡萝卜选育	20世纪70年代末从日本引进的红胡萝卜中选育红肉、红心、红皮品种，定名为"三红胡萝卜"，加工脱水比本地胡萝卜利用率高
浙蜜2号西瓜品种选育	在杭育成，中熟偏早，果椭园，底色深绿具墨绿色隐条纹，肉质松脆、味鲜甜，果实采收成熟度弹性大，耐贮运，抗病、耐湿、易栽培
冬瓜高产栽培技术研究	1977年通过选用良种，培育壮苗，搭篱式棚架和合理密植，在笕桥镇弄口村栽培亩产为10 676~10 349千克
蔬菜地膜覆盖栽培技术多品种、大面积推广	蔬菜地膜覆盖1980年20余亩迅速发展到1983年16 306亩，由蔬菜应用发展到西瓜、花生、甘蔗等作物，表现提早成熟3~10天，亩增纯收入60~80元
平菇露地栽培技术推广	1981年从上海等地引进，1984年推广11万平方米，4年累计推广19万平方米，产鲜菇1 900吨左右
大白菜城青2号高产栽培技术	在杭育成，结球性好，抗病性较强，亩产5 250千克，比城阳青增产30％左右，属杂种一代、中晚熟优良品种
大棚番茄高产栽培技术试验	采用塑料大棚栽培、早播、延长采收期方式，从4月中旬初采到8月上旬，比露地长30天左右四季青乡三堡村栽培番茄亩产9 747千克，比露地增产1.4倍
晚熟大白菜高产栽培研究	引种青杂3号大白菜，具抗病、晚熟、高产的特点，四季青乡常青村栽培2.59亩，亩产6 797.96千克，留地保养可延至翌年1月下旬采收
黄瓜杭青2号高产栽培研究	利用塑料大棚栽培，亩产超万元，亩产值超千元，比原种植的杭州青皮黄瓜亩增值150~200元
秋冬大白菜三大病害（软腐、霜霉、病毒病）防治研究	针对白菜三大病害1982年大流行，1984—1986年研究抗、耐病品种和茬口，实行轮作，适时迟播，科学用药，推广近万亩

（续表一）

成果名称	主要特点
瓜螟生物学特性和防治方法研究	摸清瓜螟的寄主范围及在杭州郊区大田葫芦科蔬菜生长季节中的发生规律，提出技术措施
大葱高产栽培技术研究	3月上旬播种，通过改进施肥和培土方法，12月中下旬采收，亩产1 500千克以上，增产50％，最高亩产达3 834千克
番茄高产栽培技术推广应用	推广塑料薄膜覆盖（地膜套小棚、地膜、小棚）；增施磷、钾肥；采用一杆半整枝等三项技术，亩产比对照增49.7％
长江流域番茄大白菜高产综合技术的试验与推广	1982—1986年，杭州等11个市大白菜平均亩产2 126.6千克、番茄平均亩产2 242.7千克，分别比协作前增产38.9％和36.1％
引种无锡中介茭栽培试验	1983年引进，采用早种促早发、养好再生苗技术，秋茭提早一个月、夏茭延长半个月采收，于"秋淡"应市，1986年市郊栽培156.7亩，双季平均亩产2 473.4千克，比当地品种增30％
无粪合成料、合成碎土栽培蘑菇技术推广	1984年秋引进"无粪合成料"及"和成碎土"栽培蘑菇技术并进行整合，比常规栽培单产提高31.58％～59.53％
长江中下游"无公害"蔬菜生产技术开发与应用	1984—1986年，在杭州等地推广7项配套技术：农业防治，选用抗病品种，优先使用微生物农药，改进使用高效低毒低残留农药，控制安全间隔期，检测农药残留
塑料大棚夏菜快速育苗技术研究	1984—1987年，采用塑料大棚套小棚、电热酿热相结合的育苗设施，形成配套技术，比传统温床育苗增强抗灾能力，提高秧苗素质，缩短苗龄，省工节种，降低成本，操作方便
蘑菇棉壳菌种的制作技术	1984—1988年，对菌种培养料配方、堆制工艺、菌种含水量、pH值、栽培性能进行研究，取得成套技术
粮食、棉籽壳料制作蘑菇种技术的改进及推广	1985年，一改粮食水煮为水浸，二改接种瓶口用草料封口，三改棉籽壳不加麸皮，成品率从50％提高到88.7％
金针菇菌种筛选及生料栽培技术研究	1985—1986年，筛选出4个优良菌株，11月中旬播种，采用生料栽培、播后遮光技术，每投生料500千克比熟料栽培节省140元
杭州市"无公害"蔬菜病虫综合防治技术	1985—1987年，筛选推广23种高效低毒低残留新农药，协调生物防治和化学防治，制定科学用药规范、"四虫四害"预测预报方法和12种主要蔬菜"无公害"栽培配套技术，推广23.01万亩，亩增蔬菜720千克
化学除草剂在蔬菜上推广应用	1986年，筛选出5种除草剂："丁草胺""杀草丹""扑草净"于作物播种后出芽前作土壤处理，"稳杀得"在双子叶蔬菜上作茎叶处理，"草甘膦"用于沟边路边荒地杂草，除草防效达58％～93％，比人工除草省成本9.04～33.3元每亩
蔬菜工厂化育苗技术开发研究	1986—1988年，采用工厂化育苗研究和示范，番茄苗龄60天左右、甜椒90天左右、辣椒80天左右、黄瓜40～45天，比常规育苗分别缩短约50天、60天、40天、10天，供应带钵大苗、不带钵中苗及盘栽小苗

（续表二）

成果名称	主要特点
生姜姜瘟病防治方法研究	1986—1988年，明确杭州引起姜瘟病病原菌，摸清病害发生规律，提出农业和化防结合的综防技术，累计应用748.32亩，平均防效达72.77%
"秋淡"蔬菜品种开发应用	1986年以来，筛选"秋淡"品种10个，提出一套栽培技术，1990年在杭州等全省推广4万余亩，为市场提供鲜菜6万多吨
杭州淡季蔬菜引种及栽培技术研究	1987年始从国内外引种金丝瓜、西葫芦、木耳菜、黄秋葵、甜豌豆、大青豆、矮豇豆等33个新品种，部分品种得以推广，以增加"淡季"蔬菜供应
辣椒"杭州鸡爪×吉林早尖"一代杂种的推广应用	系"弄口早椒"，20世纪70年代末至1988年逐步成为杭州主栽品种，大面积平均亩产1717.5千克，比本地鸡爪椒增加47.17%，小面积亩产达2763.9千克，比本地鸡爪椒增加2.4倍
竹荪人工栽培技术的研究	以半腐竹料为栽培基物进行大田畦式生料栽培和竹林地条沟式生料栽培，每平方米产量（干品）分别达115.7克和88.2克的较高产量
山地西瓜制种及栽培技术研究	选择坐西北朝东南土层深厚肥沃、保水力强的山地，父母本播差为13～15天，制种亩产籽5.15千克，纯度96.71%
高山蔬菜推广	利用高山与平原气温差异生产夏秋城郊不易生产的番茄、甜椒、四季豆等14种蔬菜，在海拔600～1000米山地推广1.28万亩，产量1.64万吨，增值387万余元，以改善城镇"淡季"蔬菜供应，增加山区农民收益
蔬菜杂交优势利用推广	利用杂交优势，番茄、黄瓜、辣椒推广杂种一代，增产蔬菜11600吨，增加产值145.6万元
蔬菜嫁接技术试验	用先进的顶插接技术，在黄瓜、红茄、西瓜上应用
塑料薄膜大、中、小棚在蔬菜上推广应用	应用塑料薄膜设施，研究出茄果类、瓜类、叶菜类、葱蒜类蔬菜配套栽培技术，1986年推广6000亩，夏菜提早上市20～40天，亩产番茄10000千克、黄瓜8500千克、长瓜7500千克，比露地栽培增30%～80%
塑料薄膜覆盖棚栽春黄瓜高产栽培技术研究	1987—1989年，采用"杭青二号、一号"黄瓜品种和大棚多层覆盖保温、延长覆盖期、应用保果灵防止早期落果技术，黄瓜提早15～30天上市，平均亩产6761千克，亩净收入3027元，比中、小棚分别增产六成和七成，增收1倍以上，增淡压旺效果明显
应用地膜促进西瓜丰产早熟技术试验	1987年，5—6月西瓜用地膜覆盖比露地土温增5.9～10.6℃，明显保水保土保肥，在3300亩西瓜上应用，平均亩增产657.5千克、纯增值165.69元
杭州市蔬菜区域化研究	1988年，应用数学模型、定量择优选用原则，采纳城市发展观点，提出杭州蔬菜基地东移的建议
西湖莼菜高产优质技术研究	选择水质清净常年流动、土壤有机质含量高、偏酸性的山垅田，施足基肥，追肥少量多次，采用综合防治病虫和养鱼除草技术，1989年总产345.7吨，比1986年增4倍
西瓜双膜覆盖早熟栽培技术推广	1989—1990年，1000余亩西瓜采用以双膜覆盖、增温为中心的规范化栽培技术，比常规栽培提早15～25天上市，亩增产10%～15%
现代化农业蔬菜示范园区	在余杭乔司学稼村100亩菜地，引进以色列功能齐全大温室，开展耕作机械化、排灌自流化、植保施肥现代化生产，并进行无土栽培试验

（续表三）

成果名称	主要特点
蔬菜优质高产示范坊	在余杭五常、安吉山川、江干彭埠、丁桥建立30亩蔬菜高产优质多品种示范坊，为全省建立新菜区作示范
草莓保鲜技术研究	在建德和富阳草莓生产基地进行草莓保鲜技术研究及小包装试验
蘑菇高产模式栽培技术	应用蘑菇高产模式栽培技术，1990年推广30.89万平方米，比非模式栽培增产33.23％，增收36.57％
名特蔬菜引种试种及栽培技术研究	1990年始引种木耳菜、菜心、芥兰、西芹、西兰花、荷兰香菜、紫甘蓝、红菜苔等名特蔬菜30多种，生产蔬菜作宾馆、酒家、饭店特需，后进入百姓家

　　蔬菜科技成果还有：草菇高产栽培技术研究、络麻收后种蔬菜高产高效益技术推广、山地西瓜优质高产及基地开发技术研究、食用笋高产栽培技术应用推广、绿芦笋早产高产栽培技术研究推广、毛竹笋低产地改造和高产笋用山技术推广、长瓜高产栽培、洋葱高产栽培、莴笋高产栽培、香菇春季制种及其栽培技术应用、叶菜新优品种及高产栽培技术推广、魔芋引种栽培产品开发及全程服务、杭州市毛竹用林改建笋材两用林技术推广、韭菜迟眼蕈蚊发生规律及防治技术研究、荸荠病害防治技术研究、蔬菜采后处理、蔬菜贮藏保鲜研究、用地窖和玻璃窖贮藏生姜探讨、天仙庙菜库洋葱大葱马铃薯贮藏及气体贮藏番茄试验、四季青乡常青村土温室贮藏大白菜包心菜试验、利用紫阳和南山防空洞冬暖夏凉自然温度进行基地菜和外地菜贮藏保鲜试验、龙翔桥菜场和茅廊巷菜场净菜小包装试验、山东大葱引种试验、胡瓜贮藏加工试验等。

第十三章　主栽品种

一、鲜食玉米

（一）金银208（图13-1）

该品种为黄白双色超甜玉米，平均鲜穗亩产877.43千克。生育期81.3天，株高147.1厘米，穗位高28.7厘米，双穗率14.8％，空杆率0.0％，倒折率0.2％。果穗锥形，籽粒黄白色，穗长18.1厘米，穗粗4.5厘米，秃尖长1.1厘米，穗行数14.4行，行粒数32.6粒，单穗重208.1克，净穗率72.1％，鲜千粒重346.9克，出籽率70.2％。口感好，甜度高，皮薄渣少，品质优，2018—2019年连续获评浙江省优质甜玉米品种。无感大斑病、茎腐病，抗小斑病，高感心叶玉米螟。适合早春保护地栽培。

图13-1　金银208玉米

（二）申科甜2号（图13-2）

该品种为杂交一代水果型超甜玉米，春播出苗至采收鲜果穗90.8天左右，株型平展，株高225.2厘米，穗位高98.5厘米，叶色浓绿。果穗筒形，穗轴白色，穗长19.0厘米，穗粗4.8厘米，穗行数14.0行，行粒数34.9粒，籽粒黄白相间，排列整齐，有光泽，商品外观性好，蒸煮风味佳，甜度高，皮薄渣少。单穗重295.8克，平均鲜穗亩产905.3千克，2019年获评浙江省优质甜玉米品种。后期保绿度好，茎杆粗壮，抗倒性强，抗小斑病、高抗大

图 13-2　申科甜 2 号玉米

斑病、中抗纹枯病、高抗茎腐病。适合浙江春秋季栽培。

（三）杭糯玉 21（图 13-3）

该品种生育期（出苗至采收鲜穗）83.6 天，比对照"浙糯玉 5 号"长 0.8 天；株型半紧凑，上部叶片茂盛，株高 211.0 厘米，穗位高 84.5 厘米，双穗率 0.4％，空秆率 0.2％，倒伏率 1％，倒折率 0.0％；果穗较大，锥形，籽粒白色，甜糯粒比例 1∶3，排列整齐，穗长 18.2 厘米，穗粗 5.2 厘米，秃尖长 1.4 厘米，穗行数 13.5 行，行粒数 35.7 粒；单穗鲜重 250.0 克，净穗率 76.2％，鲜千粒重 350.1 克，出籽率 66.1％。直链淀粉含量 2.3％，感官品质、蒸煮品质佳，2019 年获浙江省优质甜糯玉米品种第 1 名。中抗小斑病级，抗大斑病级，纹枯病株率 67.1％。

图 13-3　杭糯玉 21 玉米

（四）沪紫黑糯 1 号（图 13-4）

该品种春播出苗至采收 84 天，株型半紧凑，株高 190 厘米，穗位高 80 厘米，茎秆坚硬，抗倒性好，穗长 18.0 厘米，穗粗 5.0 厘米，穗行数 16.0

行，行粒数30粒，穗轴白色，籽粒紫黑色，排列整齐，商品性好。单穗重300克，平均亩产900千克以上。转色快，适宜采收期长，鲜食品质优良，口感香甜糯。鲜穗推荐带苞叶蒸煮，风味最佳，勿水煮。田间抗病性较强，抗大斑病、小斑病、黑粉病、茎腐病、矮花叶病和纹枯病。

图13-4　沪紫黑糯1号玉米

二、西瓜

（一）浙蜜3号（图13-5）

该品种是杂交一代中熟偏早品种。果实发育期32—35天。植株长势稳健，易坐果，较抗病，耐湿。果实高圆形，果面光滑，底色深绿，间有墨绿色隐条纹，外形美观。瓤红色，肉质细脆，鲜甜爽口。单瓜重5~6千克，中心糖度12度左右，边缘糖度9度左右，糖度梯度小，品质佳，较耐贮运。

图13-5　浙蜜3号西瓜

（二）利丰4号（图13-6）

该品种是杂交一代中早熟新品种，开花到果实成熟30天左右。果实圆球至高圆球形，单瓜重6~9千克。果皮浅绿底覆墨绿色条纹，带蜡粉。果肉鲜红色，品质好，肉质松脆，甜而多汁，中心糖度12~13度，2019年获浙江省十佳西甜瓜品种。不易裂果，较耐运输。适合保护地及露地栽培。

图13-6　利丰4号西瓜

三、甜瓜

利丰佳密（图13-7）

该品种是最新育成的高品质、耐裂、丰产型甜瓜新品种。果实发育期

45天左右，全生育期110天左右。该品种植株生长势稳健，株型紧凑，抗病性强，耐热，不易早衰，座果性好。灰绿底，网纹细密全，外形美观。果肉橘红，肉质细、酥脆，风味好，肉厚，中心可溶性固形物含量18%左右，平均单果重2.5千克左右，不易裂瓜，商品率高，耐储运。适宜浙江地区保护地与露地栽培。

图13-7　利丰佳密甜瓜

四、大豆

（一）浙鲜9号（图13-8）

2017—2020年浙江省种植业主导品种。该品种生长期85天，有限结荚习性，株型收敛，株高33.8厘米，主茎节数8.6个，有效分枝2.4个。叶片卵圆形，白花，灰毛，青荚淡绿色，弯镰刀形。单株有效荚数19.5个，标准荚长6.4厘米，宽1.4厘米，每荚粒数2.0粒，百荚鲜重316.7克，百粒鲜重88.6克。籽粒圆形，种皮绿色，子叶黄色，脐黄色。鲜豆口感香甜柔糯。中抗大豆花叶病毒SC15株系、中感SC18株系。平均鲜荚亩产654.8千克。适宜在浙江地区作春播鲜食大豆品种种植。2019年以1 050千克创造了鲜食春大豆鲜荚亩产的浙江农业之最。

图13-8　浙鲜9号大豆

（二）浙鲜12号（图13-9）

该品种生育期平均79.5天。有限结荚习性，株型收敛，株高37.0厘米，主茎节数9.2个，有效分枝数2.9个。叶片卵圆形，白花，灰毛，青荚淡绿，弯镰形。单株有效荚数24.0个，标准荚长5.4厘米，宽1.3厘米，每荚粒数2.1粒，鲜百荚重261.8克，鲜百粒重72.3克。感大豆花叶病毒病SC15，中感SC18株系。淀粉含量4.3%，可溶性总糖含量2.7%。该品种属鲜食春大豆。长势较好，生育期较早，鼓粒饱满，丰产性较好，品质较优。适宜在浙江省作鲜食春大豆种植。

图13-9　浙鲜12号大豆

（三）新3号（图13-10）

该品种株高62厘米左右，叶片椭圆形，白花，鲜荚绒毛灰白色，鲜荚绿色；有限结荚习性，株型紧凑，分枝数3~4个，主茎节数9~10节；单株有效荚数24.5个，多粒荚率66.1%，单株鲜荚重36.8克，每500克标准荚数163.5个，标准荚率60.0%，二粒标准荚长6.1厘米，荚宽1.3厘米，百粒鲜重67.8克；口感品质糯；种子种皮绿色，脐色白色，籽粒圆形；播种到成熟全生育期82天。

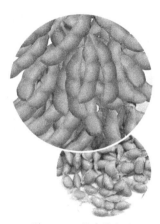

图13-10　新3号大豆

（四）浙鲜86（图13-11）

该品种平均生育期75.4天。有限结荚习性，株型收敛，株高59.6厘米，主茎节数12.1个，有效分枝数2.5个。叶片卵圆形，荚形较直，鲜荚绿色，荚型较大，茸毛灰色。单株有效荚数30.9个，每荚粒数1.9个，鲜百荚重344.1克，鲜百粒重84.6克。标准荚长5.9厘米，宽1.4厘米，标准荚率73.4%。平均淀粉含量4.7%，可溶性总糖含量2.2%。感大豆花叶病毒病SC15株系，中抗SC18株系。中感炭疽病。该品种属于优质鲜食秋大豆，结荚性好且集中，标准荚率较高，商品性好，适宜在浙江省作鲜食秋大豆种植。

图13-11　浙鲜86大豆

（五）开科源12号（图13-12）

该品种株高71厘米左右，叶片椭圆形，紫花，鲜荚绒毛灰白色，鲜荚绿色；有限结荚习性，株型紧凑，分枝数2~3个，主茎节数10~11节；单株有效荚数19.2个，多粒荚率69.5%，单株鲜荚重35.2克，每500克标准荚数171.4个，标准荚率68.5%，二粒标准荚长5.8厘米，荚宽1.2厘米，百粒鲜重72.3克；口感品质糯；种子种皮绿色，脐色淡褐，籽粒圆形；播种到成熟全生育期89天。

图13-12　开科源12号大豆

五、茄子

（一）杭茄2010（图13-13）

该品种长势强，株型直立紧凑，始花节位在第8至第9节，耐低温性好；平均株高约80厘米，果长30~35厘米，果径2.2~2.4厘米，单果重80克左右，果形长直，果面光滑，果皮紫红亮丽，果肉白而嫩糯，商品率高，产量高，抗性较强，栽培容易。

图13-13　杭茄2010茄子

（二）浙茄10号（图13-14）

该品种为杂交一代茄子新品种，生长势中等，坐果率高，丰产性好，平均亩产4 000千克；果实长且粗细均匀，果皮紫红色，商品性好，中抗黄萎病和青枯病，适宜浙江露地和保护地栽培。

图13-14　浙茄10号茄子

六、叶菜

（一）双耐（图13-15）

该品种为新一代小白菜专用品种。耐热性好、抗病性强、生长旺盛；叶面光滑、无毛、叶色翠绿；叶片厚、叶质糯、软叶率高；株型美观，品质优良，适于作夏季小白菜栽培。

（二）速生20（图13-16）

该品种为小白菜专用优良品种。生长势强，速生性好；耐热性和抗病性强；叶面光滑、无毛、有光泽，叶色嫩绿，叶柄宽白；高产易栽，产量较同类型小白菜可增产20％以上，2017年获杭州秋季蔬菜品种展示会推介品种。

图13-15　双耐小白菜

图13-16　速生20小白菜

（三）浙白6号（图13-17）

该品种为新一代小白菜专用品种。生长势强、生长速度快；叶片光滑、无毛、翠绿、较长型；叶质糯、风味佳、株型美观；较耐热耐寒、适应性广、抗病性强；适于作小白菜周年栽培，冬春季比同类小白菜品种丰产20％以上。

图13-17　浙白6号小白菜

（四）长梗白菜（精选种）（图13-18）

传统名菜长梗白菜精选而成。该品种植株直立，株高40~50厘米，叶面光滑，叶色浅绿，梗扁且洁白，充分成熟后纤维稍发达，单株重可达1.5千克，适宜腌制加工。每亩播种量100克，育苗移栽，一般每亩产量4 000~5 000千克。较耐热，较耐寒，抗病性中等；适应性广，栽培易。

图13-18　长梗白菜

（五）早熟5号（图13-19）

该品种早熟，耐热、耐湿，高抗病毒病、霜霉病、软腐病、炭疽病，适于高温、多雨时期作小白菜栽培，播种期弹性大。播种后25天左右就可收获，也可早秋作结球白菜栽培，生长期50~55天，叶球重1.5千克左右。

（六）杭绿3号（图13-20）

该品种耐热耐湿，高温不易拔节。束腰好、株型整齐美观。叶柄基部肥厚，叶片深绿、叶柄色泽鲜绿。品质柔嫩、纤维少，商品性状优良，适宜夏秋及早春栽培。一般播种后30~40天收获，适合试种成功的城市近郊保护地及露地栽培。获2020年中国·浙

图13-19　早熟5号白菜

图 13-20　杭绿 3 号

江瓜菜种业博览会推介品种。

（七）杭州油冬儿（精选种）（图 13-21）

传统名菜杭州油冬儿精选而成。该品种植株直立，有明显束腰，株高 25 厘米左右。叶色浓绿全缘，叶面光滑，叶脉明显，叶片椭圆形，叶柄绿白色，叶背后有蜡质。单株重 250～500 克，耐热，纤维少，组织嫩。霜后品质更佳，2 月下旬抽薹，也是较好的薹用菜。育苗移栽，密度亩栽 8 000 株，每亩产量 3 000～3 500 千克。抗病、耐寒，适宜条件下产量稳定，霜冻后采收品质佳。

图 13-21　杭州油冬儿

（八）黄芽 14（图 13-22）

该品种株高 25～30 厘米，开展度 30 厘米×30 厘米，叶色浓绿，叶面皱缩或成泡状凸起，叶脉明显，叶缘向外翻卷，全缘，叶球矮桩形，舒心，结球紧实，球高 22 厘米，横径 14 厘米，外部叶黄绿，心叶黄色，单球重 0.5 千克左右。质嫩，味佳，品质优。抗病性强，耐寒、不耐热，需肥量大，在适宜条件下产量稳定；对土壤要求高，软叶率高；抗病毒病，适于晚播晚收。

图 13-22　黄芽 14

七、辣椒

(一)杭椒1号(图13-23)

该品种植株直立,主茎第7至第9节着生第一朵雌花,果实羊角形,果顶渐尖,果长10~12厘米,嫩椒深绿色,微辣,胎座小,品质优,耐寒、耐热性较强,适于保护地及露地栽培。早熟,从定植到采收25~30天,可连续采收90~150天。

图 13-23 杭椒 1 号

图 13-24 杭椒 12 号

(二)杭椒12号(图13-24)

该品种早熟,始花节位第8至第9节,果实生长快,条形好、上下基本一致,商品性佳。株高70厘米,开展度80厘米,果实细长,最大果纵径19厘米,横径2厘米,单果重26克,适合采收小椒和中椒,颜色淡绿色,辣味中等,皮薄肉嫩,品质优,抗病毒病能力强,前期产量高,总产量更高,比传统杭椒高15%左右,适宜露地栽培、高山越夏和保护地栽培。杭椒12号易感烟草花叶病毒,高抗黄瓜花叶病毒,中抗疫病,对炭疽病有较强抗性。

八、番茄

(一)浙樱粉1号(图13-25)

该品种无限生长,生长势强;早熟,具单性结实特性,结果性好,连续结果能力强;幼果淡绿色、有绿果肩,成熟果粉红色、着色一致、具光泽,商品性好,果实圆形,可溶性固形物达9%以上,风味品质佳,单果重18克左右;综合抗病性强,基肥重施有机肥,加强根外追施硼肥和钙肥,适当控水;秋季栽培注意番茄黄化曲叶病毒病的防控。

图 13-25 浙樱粉 1 号

(二)黄妃(图13-26)

该品种是无限生长类型樱桃番茄,早熟品种,生长势强,第一穗果节位7节左右,以后每隔3叶长1花序,每花序视节位不同可开花10~100朵不等,单穗自然坐果数多的可达50果以上,生产中视节位不同一般坐果4~35果。果实圆形,黄色,平均单果质量12~14克。果实硬度中等,可溶性固形物含量9%~11%,风味浓、口感特佳。较抗灰霉病,适应性好。

图 13-26 黄妃

(三)奥美拉1618(图13-27)

该品种是抗番茄黄叶曲叶病毒杂交一代番茄新品种;早熟,无限生长类型,长势较强;果实大红色,色泽鲜艳;果形圆整,平均单果重200克左右,连续坐果能力强;果实较硬,耐贮运性好;综合抗性好,抗番茄黄化曲叶病毒病、枯萎病和灰叶斑。

九、西兰花

(一) 国王6号 (图13-28)

该品种为一代杂种早熟西兰花品种。平原秋种移栽后65天左右收获，春播和高山移栽50~60天上市。球色深绿，蕾粒中细，花球高圆，茎杆粗壮，青梗，口感鲜甜，单球重380~800克，高产稳产，喜冷耐寒（结球期温度0~12℃，零下8℃花球基本不受影响）。每亩栽2 300~2 500棵，平均亩产量1 500千克。

(二) 台绿3号 (图13-29)

该品种为杂交一代品种，长势较强，株形半直立，叶片数较少；花球高圆形，紧实，蕾粒中细，球茎较粗，不易空心；单球质量0.66千克，平均亩产1 400千克；中熟偏迟，从定植到采收85~95天；耐寒性强，球色低温不发紫。适合浙江秋冬季种植。

十、松花菜

(一) 浙017 (图13-30)

该品种是早中熟一代杂交种，秋季定植至花球收获65~70天。植株直立，株型紧凑，株高约50厘米，开展度70厘米。莲座叶色深绿，叶缘波状，蜡粉多，有叶翼，叶片长

图13-27　奥美拉1618

图13-28　国王6号西兰花

图13-29　台绿3号西兰花

椭圆形，最大叶长56厘米，宽25厘米。花球扁平圆形，球径23厘米，单球重量1.5千克。花球乳白松大，花梗淡绿色，花层较薄，不易毛花。花球可溶性糖2.6%，花球甜脆味美，品质优良。每亩种植密度宜在2 200株左右，产量可达2 300千克以上。

（二）台松65天（图13-31）

该品种是早中熟品种。生长快速，株形大，耐热、耐湿。结球期适温16~26℃，单球重1~2千克，秋种定植后65~75天，春种定植后50天可采收。花菜品质佳，球形扁平美观，花球雪白松大，蕾枝浅，青梗，肉质柔软，甜脆好吃。

十一、黄瓜

（一）圣绿10-9（图13-32）

该品种植株长势较强，叶片中等大小，叶色绿。主蔓结瓜为主，持续结瓜能力强，瓜条长35厘米左右，瓜把约为瓜长的1/8，瓜色亮绿有光泽，刺瘤明显，无棱，口感脆甜，商品瓜率高，丰产稳产性好。抗霜霉病、白粉病、枯萎病、病毒病等病害，侧枝少，管理省工。

（二）碧翠19（图13-33）

该品种是欧洲温室型水果黄瓜新品种，植株生长势强、茎粗、节间短。强雌性体，第二节开始着生雌花，每节雌花2朵左右。每节可坐瓜1~2条，连续坐果性强。瓜条直，商品瓜长16厘米左右，瓜粗2.5~3厘米，单瓜重85~90克。瓜条光皮无刺，品质鲜嫩松脆，有清香味，口感好。

图13-30　浙017松花菜

图13-31　台松65天松花菜

图13-32　圣绿10-9黄瓜

耐低温、弱光、较耐寒。抗白粉病，耐病毒病和霜霉病。

十二、南瓜

禄福305（图13-34）

该品种是小型栗子香味南瓜。长势较旺。抗性好，适应性强；瓜形稍扁圆，单瓜重约500克，瓜色绿有大白斑条。瓜肉深黄，粉糯，有粟香，后熟后糖度可达13度。

十三、瓠瓜

（一）浙蒲6号（图13-35）

该品种早熟，对低温弱光和盐碱耐受能力强，特适宜于保护地早熟栽培。分枝性强，叶绿色，侧蔓第1节即可发生雌花，雌花开花至商品成熟8~12天。坐果性好，平均单株结瓜6~7条；瓜条长棒形、上下端粗细均匀，商品瓜长35~40厘米，横径约5厘米，瓜皮绿色亮丽，密生白色短茸毛，单瓜重约450克。肉质致密，氨基酸含量高，口味佳。前期产量极高，商品性好。抗病毒病和白粉病能力较强。适宜于保护地早熟栽培、露地栽培和高山栽培。浙蒲6号近年来在杭州山区种植表现早熟性突出，耐低温、弱光照能力强，坐果率高，嫩瓜上下端粗细较均匀，为山地设施早熟栽培的首选品种。

图13-33 碧翠19黄瓜

图13-34 禄福305南瓜

图13-35 浙蒲6号瓠瓜

（二）浙蒲9号（图13-36）

该品种早中熟，生长势强，耐热性好；以侧蔓结瓜为主，连续坐果能力强，丰产性好。商品瓜皮色油绿，瓜条短棒形，长约25厘米、横径6~7厘米，上下粗细较一致，单瓜重约450克；采收弹性大、耐储运性好；鲜味浓，鲜味相关氨基酸（游离谷氨酸）含量高，品质佳。抗枯萎病，适应性广。

图13-36　浙蒲9号瓠瓜

附　录

附录一　杭州市关于蔬菜工作的文件

杭州市公营小菜场管理规则

民国三十五年2月5日，省政府743次会议通过

第一条　凡在本市区内小菜场营业者均依照本规则管理之

第二条　凡承租小菜场摊位者须向市政府领取申请书依法填送并觅具铺保经本府核准后发给营业执照及号牌随缴牌照费五佰元

第三条　承租者如欲变更原填申请书同任何一项者须报告市政府卫生局查核

第四条　小菜场摊位分甲乙丙丁四等甲等每月租金国币壹万元乙等八千元丙等六千元丁等四千元其在菜场边露天摆设之固定摊位每月租金二千元前项租金数额系以米每石国币五万元为标准以后得视米价涨落情形每三个月调整一次

第五条　小菜场摊位类别如下猪肉类牛肉类肉类鲜鱼类腌腊类鲜蛋类鸡鸭类蔬菜类豆腐类南货类调味类点心类以上各类之外如认为事实上需要宜另设摊位者由市政府卫生局随时指定之

第六条　小菜场内每类摊位数目及其租金由市政府核定之

第七条　摊位租金须于上月末日以前向市政府财政局缴纳之

第八条　凡租期不满一月者其租金仍按照一个月租额缴纳

第九条　承租摊位时期第一个月不满一月者其租金按日计算于承租时缴足

第十条　承租者在有效期内如欲退租须于十日前向市政府声明并于撤去摊位时缴销执照租照及号牌

第十一条　营业执照或号牌如有遗失须依本规则第二条之规定补领

第十二条　承租者不得将摊位转租或让与他人营业

第十三条　承租者摆设摊位不得逾越规定地位之外

第十四条　场内摊位均依分类营业承租者一经认定不得中途变换或销售他物

第十五条　场内摊位经市政府指定后不得私自迁移或与其他承租者互换

第十六条　凡病死陈腐及一切有碍卫生之食物不得在场内贩卖

第十七条　各摊位垃圾污物须随时清除并不得任意抛弃于场内外余地

第十八条　未领营业执照之一切商贩不得在场内外余地摆设摊担或逗留

第十九条　凡在场内营业者不得有争闹及强卖欺骗等情事

第二十条　摊户遇本政府小菜场管理人员及取缔警查验号牌或执照时应即交阅并须服从指导

第二十一条　凡摊户有下列各款之一者不得在场内营业一患传染病者二有神经病者三酗酒滋事者

第二十二条　各摊位如须装置应照市政府定式制之

第二十三条　各摊位须一律用市秤

第二十四条　小菜场营业时间由政府随时规定之

第二十五条　凡违本规则者依左(下)列各款处罚之

一、违反第二条第三条者处二千元之罚金

二、违反第七条欠租之一个月者除追缴原租外并得将该摊位执照及号牌吊销如避匿不缴得向保人追偿

三、违反第十条者仍须缴下月租金

四、违反第十一条第十四条者处罚金一千元

五、违反第十二条第十五条第二十条处罚金一万元并得酌量情形吊销其租执照及号牌

六、违反第十六条第十七条各处罚金四千元

七、违反第二十三条者处罚金一万元并得酌量情形吊销其租执照及号牌

第二十六条　本规则经杭州市参议会通过由市政府公布施行

杭州市人民委员会关于改进蔬菜产销工作的指示

（56）杭办字第2802号

（作者注：中华人民共和国成立后第一个杭州市级政府关于蔬菜工作的文件）

市人委郊办、供销社、商业局：

兹随文印发关于改进蔬菜产销工作的指示（草稿），希市人委郊区办事处和市供销合作社迅即会同有关单位，先按指示（草稿）中的规定拟订具体实施办法试行，并及时将试行情况和存在问题报告市人委，以便研究修正。

去年四季度，我们遵照上级指示，采取措施，改进了本市蔬菜的生产和供应工作，并取得了成绩。今年预计蔬菜的种植面积达7万亩次以上，年产量为200~160万担；而本市全年消费量仅110万担左右，加上外销量，也只160~170万担。所以总的说来，如无重大自然灾害，全年产销已能够平衡。

蔬菜具有季节生产、全年消费的特点，旺季剩余、淡季不足的情况非常突出。一年来，蔬菜生产合作社虽然增添了温床，培育了秋番茄、秋黄瓜、山东大白菜、马铃薯等新品种，使青菜、芹菜、番茄、菠菜、辣椒等很多品种提前上市，但由于蔬菜生产受自然灾害影响较大，储藏设备缺乏，市供销合作社对菜价的管理又比较死板，因此在冬春、夏秋季节交替前期，市场上还有供应紧张的情况，不能完全解决淡旺季的供求矛盾。

为了进一步发展蔬菜生产，改善供应状况，特就蔬菜生产、销售中的若干问题作如下指示：

（一）关于蔬菜的生产储藏问题

根据本市的具体条件，蔬菜应当做到生产自给。就当前的情况看，总的产量上已达到这一要求，无须再扩大菜区。但在生产季节上和品种安排上还存在不少问题，主要是有时生产过剩，有时生产不足（一年之中大约在3月、6月、11月、12月有余，1月、2月和7月下半月到9月上半月不足）；有的品种过剩，有的品种不足；培育的新品种不多，前三个季度虽然先后试种了50种左右夏、冬蔬菜新品种，但还不能充分满足一年四季各方面的需要，特别是缺乏耐高温和严寒的新品种。

市人民委员会郊区办事处应该会同有关单位全面深入地调查和分析市场销售情况，将现有的蔬菜品种进行全面的排队，具体研究确定哪些品种生产过多，哪些品种生产不足，有计划地指导蔬菜生产合作社适当增加不足品种的生产，缩小多余品种的生产，使产供销大体上得以平衡。在扩大新品种方面，郊区办事处要积极组织力量，有目的地到产地去学习培育经验，并在郊区增开必要的苗圃、温室，协助蔬菜生产合作社试种，以满足各阶层居民的特殊需要。在试种过程中，应当加强检查，帮助社里解决具体问题。

为了增加冬春、夏秋交替前期蔬菜的供应量，逐步消除惯常的供应紧张现象，应当在部分菜区有计划地推广提前育苗、分批播种、排开生产的办法，使某些春菜能提早上市，某些夏菜能拉长供应期。另一方面，还要积极采取措施防御自然灾害，力争在严寒和高温季节能够增产。从几年来的情况看，农民对抵抗干旱的办法较多，对抵抗冰冻、水涝和高温的办法较少；但在农业合作化以后，有的合作社也已创造了一些化钱不多而效果显著的经验，如用适时播种、合理施肥、撒盖稻草等办法防冻，用深沟、高畦的办法防涝等。对这些经验应当很好地加以总结推广，同时要进一步发动广大社员群众继续摸索创造抗灾办法，以逐步减轻自然灾害的影响。

鉴于当前农业科学技术还很落后，蔬菜生产合作社的经济力量又不够充裕，对自然灾害的抵抗能力将不能不受到一定限制；即使在采取上述措施以后，估计仍有受灾的可能。因此，蔬菜生产合作社应该结合本身的具体条件，发展养猪、养鸡、养鸭等副业生产，从多方面增加收入，以弥补因意外灾害而遭到的损失。

要调剂蔬菜淡旺季的供应量，除了改进耕作技术，增加蔬菜品种以外，还应做好蔬菜的储藏和加工复制工作。目前市供销合作社和蔬菜生产合作社都没有储藏设备，原有的分散加工能力也没有很好地组织，在生产旺登的时期，往往造成大批的积压和很大的腐烂损失。为了改变这种情况，各蔬菜生产合作社应购置腌制干菜设备，大量加工干菜；市供销合作社对多余蔬菜应及时收购，除加工一部分干菜外，还要储藏一定数量的鲜菜，以弥补淡季供应的不足。储藏鲜菜所需的冷藏库，市供销合作社应立即着手设计筹建。

（二）关于开放蔬菜自由市场和蔬菜的价格管理问题

蔬菜的产销特点，明显地要求我们在经营上尽量缩短流转的时间，减少流转环节。目前郊区蔬菜约有2/3通过市供销合作社的蔬菜营业部代销给小贩和部分集体伙食单位，供销社代农民司秤、收款、开发票，向农民收取5%的手续费。由于蔬菜成交时间集中，交易面广，每天清早营业部人员忙不过来，以致很多农民每天黎明前起身，等候五六个小时才能脱售，这样既疲劳了农民，又不利于及时供应。另一方面，过去对蔬菜价格的管理也较死板，对于应有的季节差价、品质差价等没有适时调整，即使调整，幅度也不尽恰当，这样对产销双方都是不利的。

今后市供销合作社的蔬菜营业部应改为蔬菜市场，本市的蔬菜供应主要由农民与小贩直接经营，供销社的任务是：向外地采购蔬菜，弥补本市淡季供应的不足，向外地运销蔬菜，减少旺季蔬菜的积压和损失，保证菜农的利益；同时加强对蔬菜市场的检查，管理蔬菜价格。市场交易费用应由原来的5%调整为1%。

对于蔬菜来讲，所谓稳定价格应当是按全年统扯，大体稳定，但日常的具体价格，必须灵活掌握：蔬菜采青期、旺登期、落龄期的供求情况不同，价格应该相适应地调高或降低；如果供求变化较快，也应当允许市场每天价格不同，早晚价格不同，这样才能够既增加农民收入，又使消费者能吃到更多的新鲜蔬菜。为了充分考虑产销双方的意见，照顾双方的利益，今后市供销社应就每个季度的主要蔬菜品种，与生产合作社协商确定中等价格作为批发牌价，由市场成交时参照这一价格，根据按质论价的原则，自行分析定价。少量的零星品种，可以由农业社自行订价。在零售市场上，可以用批发牌价作基数。加上合理的批零差价定出最高价格，作为零售牌价。在这一价格水平以下，根据按质论价原则自由议价。

对于试育成功的新品种，应该允许它在初销时期适当提高价格，等到大批生产、成本降低以后，再根据可能情况降低价格。

产销直接交易以后，对小贩的管理应当加强。市供销社要迅即着手对小贩进行社会主义改造，把他们组织起来，编成合作小组，分散经营，统一管理，以便于加强对他们的领导。

为了适应购销关系的转变，市供销社要在11月内做好各项准备工作，以便争取从今年12月起正式实行。

杭州市人民委员会

1956年10月26日

杭州市人民委员会关于发展蔬菜生产的指示

(59)杭农字第548号
(作者注：实行蔬菜计划经济)

各县人委、联社、区人委、公社、生产队(包括大队)、市人委各办公室、局、处、委、行、院、市属工厂、学校、各农、林、渔、牧场、果园，各有关公司：

本市的蔬菜生产和供应情况，一般是好的，基本上做到数量充足，质量鲜嫩，品种多样，价格便宜。去年大跃进以来，工矿区人口迅速增加，新的蔬菜基地没有及时相应地建立，出现了蔬菜基地分布不合理的现象；农村食堂化以后，自给性的蔬菜生产安排不足，造成蔬菜倒流农村；加上播种时间过于集中，品种搭配不够合理以及市场分布、供应方法没有相应地及时改进，造成旺季过多，淡季太少，淡旺悬殊。为了迅速解决这些问题，本委特作如下指示：

(一)认真贯彻执行中央指示的"郊区为城市服务"的方针和"就地生产，就地供应，划片包干，保证自给"的原则。根据这一精神，近郊区的农业生产应该"以蔬菜为纲"，积极发展其他副食品生产。菜、粮、棉、麻等各种作物能够同时兼顾的，应积极兼顾，如果粮、棉、麻等作物和蔬菜生产发生矛盾时，必须首先保证蔬菜生产的发展。远郊区的生产一般仍然以粮、棉、麻、油为主；但蔬菜生产，也要积极发展。要以食堂为单位固定适当数量的蔬菜基地，并充分利用自留地和零星闲地，多种蔬菜，保证自给，争取外售，至少不要再向城市买菜。

(二)近郊区和城镇附近，要根据人口的多少建立商品性的蔬菜基地，划分地区，包干供应。这样既能保证城市和工矿区所需蔬菜的及时供应，又能减少运输里程和经营环节，有利于促进生产。蔬菜基地的数量，按每人每天一斤鲜菜的标准计算(各种损耗除外)，大体每人平均需要菜地四至五厘，市区、工矿区和城镇约有人口九十余万，共需建立蔬菜基地四万亩左右。

根据"就地生产、就地供应"的原则，市区和主要工矿区，由近郊的以生产蔬菜为主的公社和生产队负责供应，供销业务由市直接领导和管理。市区的上城、下城、江干区，由四季青公社和笕桥公司的景芳、六甲、皋塘、青锋、七星等生产大队负责包干。拱墅区由塘河公社和笕桥的潮王大队、四维的瓜山大队负责供应。西湖区由西湖、古荡两公社建立蔬菜基地和蔬菜生产专业队，力争自行解决。其他半钢、闲钢、制氧厂和其他工矿区，分别由所在地的人民公社建立与人口相适应的蔬菜基地和蔬菜生产专业队负责供应。各县、联社的主要城镇，由各该城镇所在的人民公社建立与人口相适应的蔬菜基地和蔬菜生产专业队，负责城镇人民的蔬菜供应，并由各城镇党委负责领导和管理。各机关、企业、学校、团体，凡是有条件的都应当积极利用空闲土地种植蔬菜，以解决部分蔬菜的自给。

（三）为了使新蔬菜基地迅速建立起来，使蔬菜生产规划迅速落实，对有关具体问题规定如下：

1. 因为按照市的计划规定发展商品蔬菜而减少粮食种植面积的，应当相应减少粮食"三定"的包干产量，余粮地区减少购粮任务，缺粮地区补足口粮供应，使菜农的口粮有确实保证。

2. 市区、城镇和工矿区的粪便、杂肥分配，应当首先满足蔬菜生产的需要，适当兼顾粮、棉区；化肥分配，对蔬菜生产也要优先给予照顾。

3. 组织新老菜区相互挂钩，由老菜区带新菜区，负责繁育和供给种子，并派出生产能手到新菜区传授技术；在可能的条件下协助解决生产工具和设备上的困难。

4. 商业部门对于新菜区所需要的生产资料，如玻璃、小竹、稻草等，要积极协助解决。

（四）解决蔬菜的生产和供应问题，各级领导必须认真抓好以下几个工作：

第一，各级领导要加强对菜农的政治思想教育，提高菜农的政治思想觉悟，使他们认识到发展蔬菜生产对巩固工农联盟、支援城市工业建设、增加收入、改善生活的重要意义和作用，同时要充分发动群众，树立自力更生的观点，解决蔬菜生产上的具体困难。要经常组织蔬菜生产的检查、总结、评比、竞赛工作，大鼓干劲，充分调动菜农的生产积极性，推动蔬菜生产，并且要根据全年蔬菜生产计划，按季布置，分月检查，定期汇报，具体掌握蔬菜面积、产量和进度，保证蔬菜的按时供应。

第二，切实解决蔬菜生产中的具体问题，计划层层安排落实。在劳力安排上，应当把蔬菜生产所必须的劳力固定下来，大体上平均二到三亩菜地安排一个正劳动力，在一般情况下不能调动；对于种子问题，应当固定种子地的面积，贯彻执行"自选、自留、自繁、自用"的方针，一般种子做到基本自给。

第三，加强计划管理，改进栽培技术，增加复种指数，提高单位面积产量，减少淡旺季差距。近郊的老菜区应当在保证完成计划面积和多种、高产的基础上，以发展质量高、技术性强的蔬菜，和增加花色品种为主；远郊及新菜区在目前应按计划面积种植产量高、栽培容易的大宗蔬菜为主，首先达到数量上能

够满足供应。为了调剂淡旺季，要加强蔬菜生产的计划性，根据品种和季节特点，适当岔开播种时间，达到分批成熟、分批上市，同时要扩大蔬菜的加工贮藏，力争做到淡季的正常供应。

第四，加强蔬菜市场管理，改进供销工作，市副食品生产指挥部对蔬菜的产、供、销实行统一领导，密切相互之间的协作，蔬菜供应点和从业人员不应太少，过去减少过多的地方，应当视需要情况适当恢复。各菜场和集体伙食单位，在划片包干范围内，根据品种供应计划，可以直接与生产单位挂钩，订立产销合同，减少经营环节，减轻运输压力。农民自己生产的蔬菜，允许在遵守市场管理的原则下，自由出售。

（五）各地对秋菜生产进行一次全面检查，没有播种下去的要立即抢播下去，已经播种下去的要做好浇水、施肥、除草和间苗、补苗、保苗等培育管理工作，劳力不足的，要调配起来，促使迅速生长，力求充分满足国庆节前后的蔬菜供应。

以上各点，希各级领导认真研究贯彻执行。

杭州市人民委员会
1959 年 8 月 20 日

杭州市人民政府关于改革蔬菜产销体制的通知

杭政〔1984〕318号

(作者注:蔬菜产销放开)

各区人民政府,市政府直属各单位:

为了充分调动菜农和商业职工的积极性,搞好蔬菜的生产和供应工作,更好地为城市人民服务,经市委、市政府研究,决定对现行蔬菜产销体制进行改革。

一、将蔬菜生产由集体经营、统一分配的体制,改为以家庭承包为主的生产责任制。承包土地的对象以务农劳力为主,承包期一定五年不变。对良种培育、病虫害防治和排灌等农业基础设施的管理,仍由集体经营,做好服务工作。

二、承包的蔬菜基地,必须保证种菜,不得改种其他作物,不得建房或改作它用,不得荒芜。生产的蔬菜必须首先卖在杭州市内。多余的蔬菜经过区政府批准后,有组织、有计划外调。国家对菜农所需的生产资料和生活资料仍按原标准供应,但应与家庭联产承包责任制挂钩,并制定相应的奖罚措施。

三、为了确保本市蔬菜的供应,实行"管六放四"的原则。对占基地百分之六十的十个品种(青菜、大白菜、包心菜、长梗白菜、花菜、豇豆、刀豆、毛豆、萝卜、冬瓜)下达指导性计划,乡、村要负责把分品种面积承包到户,签订种植计划和分季上市计划的合同,按品种面积上下不超过百分之十的幅度进行检查,违反合同,应承担经济责任;占基地面积百分之四十的其他品种,由承包户自行安排种植。

四、蔬菜产销体制改革以后,国营商业要继续发挥主渠道的作用。市蔬菜公司应积极支持生产,参与生产,为产前产后提供各项服务;配合各乡政府检查蔬菜面积的种植情况,重点是管的十个品种的落实情况;负责全市蔬菜的余缺调剂,收购管的品种成交后的多余部分;管好价格,做好蔬菜加工工作。

五、现有国营、集体菜场经营蔬菜的网点和人员不能减少。各菜场要搞好蔬菜的销售服务工作列为自己的首要任务。市蔬菜公司要规定各菜场的蔬菜经销定额,制订相应的奖罚措施,进行定期检查、督促。

六、江干区和市蔬菜公司要共同负责做好蔬菜的产销平衡工作。乡和村要编报月、旬的蔬菜上市预报(包括分品种的留地面积,上市数量)。各区要将各菜场当天蔬菜的进销情况汇总上报市蔬菜公司,发现问题,要及时研究解决。

七、改变进货渠道，将原来的计划分配改为多渠道进货。菜场可以进入交易市场采购；可以向菜农签订合同直接采购；可以收购菜农上市投售的蔬菜；也可以向外地自行采购。承包户可以把菜送到交易市场，产销见面，直接成交；可以以村为单位自办菜场，实行产销一条龙；可以与国营、集体菜场联合经销；可以直接卖给集体伙食单位、有证专业购销户，全体商贩，或者进入农贸市场自销。除延安路、解放路、湖滨路、西湖风景点外，允许菜农在适当地点设摊卖菜或串街走巷卖菜。市、区工商行政管理部门和市公安局交通管理处，要为菜农卖菜提供方便。各乡可以成立蔬菜公司或农工商公司，协调全乡产、供、销活动。

八、将市蔬菜公司所属各批发部改为交易市场。市蔬菜公司要切实加强对交易市场的领导和管理，积极提供市场信息，做好服务工作。农方也可以以乡为单位自办交易市场，为菜农提供方便。

九、价格是最有效的调节手段，合理的价格是保证国民经济活而不乱的重要条件，价格体系的改革是整个经济体制改革的成败关键。蔬菜购销价格的调整，涉及广大菜农和消费者的切身利益，一定要采取慎重的态度，属于管的十个品种的成交价，采取上下50％以内的中心浮动价。中心价按物价部门规定的年度计划价格总水平执行，根据季节差价和质量差价随时调节；对某些一时紧俏的蔬菜，经过农商双方协商，中心价可适当提高，本市成交多余部分的蔬菜（指管的十个品种）以保护价收购，即按中心价下浮50％的价格收购。无食用价值的菜不收购。属于放的品种，价格随行就市。市场零售价，不论是管或放的品种，均按实际进价加上规定的进销差执行。在蔬菜淡季时为了适当减轻城市消费者的负担，在一定时间里对某些品种规定零售最高限价，其购销倒挂部分，由国家补贴，列入政策性亏损。一九八五年蔬菜政策性亏损，以重新核定后，仍由市财政负担，由市蔬菜公司掌握使用。农方的淡季补贴仍切块给区政府掌握使用。但产销双方必须从降低成本、提高产量质量、改善经营管理着手，努力减轻国家财政负担。

十、市供应服务局和各区人民政府，对蔬菜产销体制的改革，要加强领导，组织精干的工作班子，进行检查指导，及时总结经验，使之进一步完善。市各有关部门要密切配合，帮助解决问题，积极支持这一改革。

杭州市人民政府

一九八四年十二月二十二日

杭州市人民政府关于蔬菜产销工作若干问题的通知

杭政〔1989〕51号

（作者注：20世纪80年代末蔬菜工作指导方针）

各县（市）、区人民政府，市政府直属各单位：

我市自实行蔬菜产销体制改革以来，蔬菜市场基本稳定，保证了城市人民吃菜的基本需要。为了进一步做好蔬菜产销工作，发展蔬菜生产，增加市场有效供给，现将有关问题通知如下：

一、完善和发展以近郊为主的多层次的蔬菜商品基地

今年，我市将适当增加市郊常年蔬菜基地面积，巩固提高二线基地和县级基地，以逐步完善、发展"三级基地"保障体系。市郊常年蔬菜基地面积，新增6 500亩，核定总面积为31 500亩。新增面积全部放在江干区，并应贯彻集中连片的原则，加速新菜园建设。各县（市）拥有的11 700多亩常年蔬菜基地，要加强管理，提高科学种菜水平，增加基础设施建设，提高单位面积产量，确保当地供应，逐步改变城乡蔬菜倒流、菜价倒挂的不正常现象。

市区现有3 000亩二线基地要充分运用当地自然条件，增加品种，提高产量，更好地发挥补充城市淡季供应的作用。

蔬菜基地面积必须种足种好，不准弃耕抛荒，不准改种其他作物或移作他用，不得粗放耕作。对弃耕抛荒的承包户，要停止享受菜农待遇，收取抛荒费，具体办法由各县（市）、区政府制定。

二、努力保持蔬菜价格基本稳定

今年市区蔬菜社会零售价格上涨幅度，力求做到明显低于上年。为加强对大路菜的指导性计划价格管理，主要品种从原定的10个调整为12个，即：青菜、小白菜、包心菜、大白菜、长梗白菜、红茄、冬瓜、黄瓜、豇豆、刀豆、萝卜、莴苣笋。以上12个品种，由市物价局、二商局下达年度价格水平，市蔬菜公司具体掌握执行。

三、坚持实行合同定购制

蔬菜实行"合同定购，进场成交，按质论价，执行最低保护价"的办法，实践证明是行之有效的，但定购方法还需进一步完善。合同定购任务要落实到蔬菜承包户，优先保证种菜专业大户生产经营的需要，并与国家给予的各项优惠

政策和乡（镇）、村以工补菜措施挂钩。农商双方都必须严格遵守合同，确保合同任务的完成，并承担经济责任。

四、有计划有重点地引导菜农发展蔬菜适度规模经营

各级政府要认真总结菜区已经涌现的各种类型的蔬菜规模经营的经验，结合完善联产承包责任制，因地制宜地推行适度规模经营。根据当前的实际情况，户为单位的经营规模不宜过大，一般以5亩左右为宜，对规模经营的场、户，要在农资供应、园艺设施、技术指导和产品销售等方面给予扶持。

五、切实抓好菜区园田基础设施建设，推广科学种菜

菜区建设应以治水改土，提高抗灾能力为重点。要狠抓水利建设，切实解决好排涝问题；要进一步改良土壤，有计划地增加菜区新的"海绵地"，同时加速新菜区的改造治理；要继续扩大蔬菜保护地栽培面积。要发挥已经形成的三级良种服务体系的作用，提纯复壮传统优良品种，引进培植"保淡""抗灾"新品种，主攻"秋淡"当家品种。

六、发挥国营商业主导作用，努力稳定蔬菜市场

市蔬菜公司要运用自身在资金、设施、信息、商路等方面优势和政府赋予的各种经济手段，精心安排好市场供应，更好地发挥调节淡旺、平抑菜价、稳定市场的主导作用。全年市区市场投放量应确保5.5万吨，力争6.25万吨。此项指标应分解落实到市、区各菜场，并加强检查督促。要继续办好国营蔬菜批发成交市场，充分发挥其吸引菜源、反馈信息、引导生产、组织供应的枢纽作用。各区蔬菜行业应接受市蔬菜公司的业务指导和管理，并在实践中不断探索，总结经验，把蔬菜进一步办好。

菜场要坚持以本业为主，在搞好蔬菜供应的同时，扩大其他副食品经营，不得改行转业。各主管部门应建立健全奖惩制度，并把蔬菜经营情况作为考核菜场的主要指标。菜场要进一步提高服务质量，改善服务态度，严格执行供应政策和物价政策，努力做好各项供应服务工作。

七、切实加强对蔬菜工作的领导

蔬菜市场供应，关系到广大人民群众的日常生活，既是一项经济任务，也是一项政治任务，必须实行市长、县长、区长负责制。要把搞好蔬菜产销工作，同稳定经济、稳定市场的大局结合起来。各级政府的主要领导要亲自过问，并由一位领导分管，加强协调，及时解决存在问题。农业、二商、供销、财税、物价、工商等有关部门，要密切配合，各司其职，努力搞好蔬菜生产和供应。

杭州市人民政府

一九八九年十月五日

附录二　蔬菜基地建设保护条例

浙江省关于保护蔬菜基地暂行规定

（1982年3月6日浙江省第五届人民代表大会常务委员会第十三次会议通过）

　　第一条　为了确保蔬菜基地面积的稳定，坚决制止侵占蔬菜基地，保证城镇和工矿区人民的蔬菜供应，根据国务院的有关规定和《浙江省关于国家建设征用土地和农村社队建设用地管理办法（试行）》（以下简称《土地管理办法》），制定本规定。

　　第二条　凡经省、市、县人民政府批准建立的常年固定蔬菜基地，均属本规定保护范围。凡是经批准建立的各城市、县城和主要工矿区成片集中的蔬菜基地，均应划为保护区，设立标志，明文公布，列入城市（城镇）和工矿区的总体建设规划。

　　第三条　菜地一律不准买卖、租借；不准以菜地作为投资联合办企业和造房出租；不准弄虚作假，以菜地冒充耕地、杂地征用。

　　第四条　不准占用蔬菜基地进行基本建设。凡是侵占蔬菜基地进行基本建设的项目，计划部门不准审批，设计部门不准设计，施工部门不准承建，银行不准拨款、贷款。如因国家重大建设项目的特殊需要，非征菜地不可的，需经省人民政府批准。并按照先补后用的原则，在补充落实新菜地后，才能使用。征用菜地，按章加收菜地建设费。

　　第五条　蔬菜社队改善社员住宅条件，要根据国家有关规定，本着节约用地的原则，统一规划，经市、县人民政府批准后实施。菜农不得自行侵占菜地建房。社队也不得把菜地划给社员建房。

　　第六条　自本规定公布之日起，对于违反本规定的行为，应从严处理。任何单位和个人擅自动用菜地搞的建筑物，一律拆除，并没收其建筑物资和施工工具，拍卖归公。设计、施工单位的收入也予以没收。公社、大队、生产队或个人侵占菜地非法所得的经济收入和其他报酬，一律没收归公。对有关人员及其主管领导，要追究责任，给予经济处罚或行政处分。

第七条　对侵占的蔬菜基地，要严格进行清理。过去未按规定手续批准、擅自占用的菜地，凡能够恢复种菜的，应立即收回种菜。已经无法收回种菜的，在《土地管理办法》公布之后占用的，按该法第二十条的规定处理；在《土地管理办法》公布之前占用的，按该法第二十一条的规定处理。

第八条　补足菜地面积。对过去各地擅自征用和占用未补的菜地面积，由市、县负责调整补足。社队自行占用的，由社队负责补足。近几年城市人口增加，菜地面积不足的，要适当增加。

第九条　各级人民政府和各部门，蔬菜基地人民公社、生产大队、生产队和社员，都要认真执行保护蔬菜基地暂行规定。市、县土地管理部门和蔬菜领导小组负责监督实施，有权制止和处理违反本规定的行为。对不服从处理的，可由市、县人民政府作出决定，或依法提请人民法院裁决，强制执行。任何单位、个人有权检举、揭发、控告违反本规定的行为，有关部门要认真进行调查处理。不得对检举揭发人进行打击报复。

第十条　征用菜地加收的菜地建设费和违反本规定的罚没收入，由市、县蔬菜领导小组办公室统一收取和管理，用于菜地建设，不得移作它用。并可从罚没收入中提取一定的比例，经市、县财政部门批准，用于奖励维护和执行本规定有显著成绩的基层单位和个人。

第十一条　本规定自公布之日起施行。过去有关规定如有与本规定抵触的，均以此为准。各市、县人民政府可根据本规定，结合当地情况，制订具体实施办法。

杭州市蔬菜基地建设保护条例

（1994年6月2日杭州市第八届人民代表大会常务委员会第十三次会议通过）

第一条 为加强蔬菜基地的建设、保护和管理，稳定蔬菜基地面积，保证蔬菜有效供给，根据《浙江省蔬菜基地建设保护条例》和有关法律、法规的规定，结合本市实际，制定本条例。

第二条 本条例所称的蔬菜基地，是指市人民政府根据城市人口对蔬菜的需求和建设用地发展趋势的预测而批准建立的常年蔬菜基地。

第三条 市人民政府负责组织实施本条例。市土地管理部门和市农业综合行政主管部门按照各自职责分工，负责蔬菜基地的建设、保护和管理工作。

第四条 蔬菜基地建设规划应与城市总体规划相衔接，统一布局，合理安排，实行长期保护。

第五条 市蔬菜基地的面积按市区常住人口人均面积不少于零点零二五亩的标准确定，由市人民政府下达给有关区人民政府实施。

第六条 建立蔬菜后备基地，用于弥补蔬菜基地因人口增长或建设用地征用而造成的面积不足。其面积按不少于蔬菜基地总面积百分之十的比例确定。对蔬菜后备基地应有计划地安排资金、技术的投入，逐步建设成规范化的蔬菜基地。

第七条 蔬菜基地的具体范围，由市土地管理部门、农业综合行政主管部门和计划、城市规划等部门会同区人民政府划定，经市人民政府批准后，由市土地管理部门、区人民政府分别登记造册。市人民政府统一设立保护标志，并发布公告。禁止任何单位和个人破坏或擅自移动保护标志。

第八条 蔬菜基地必须常年种植蔬菜，不得荒芜，不得改变蔬菜基地的使用性质。禁止在蔬菜基地内取土、挖沙等毁坏菜地的行为。

第九条 蔬菜基地一经划定，必须严格保护。确因国家和省重大建设项目或实施经批准的城市规划需要，非征用蔬菜基地不可的，必须先补后征，以征一亩补不少于一点五亩的原则，在蔬菜后备基地中补足菜地。符合前款规定征用蔬菜基地的，必须在规划定点前向市土地管理部门提出申请，经市规划管理部门签署意见后，报市人民政府审查同意，再按规定的程序和权限报经批准。

第十条 征用蔬菜基地和蔬菜后备基地，用地单位除按规定缴纳征地费用外，必须事先按省人民政府规定的标准缴纳菜地开发建设基金。菜地开发建设基金由市人民政府委托市土地管理部门统一收取，全额交纳市财政，按预算外资金管理，实行财政专户储存，利息纳入菜地开发建设基金。菜地开发建设基金由市人民政府专款用于蔬菜基地的开发、建设和改造，优先用于被征蔬菜基地所在区的蔬菜基地开发、建设和改造，以及技术推广、技术培训和科学研究等项支出。菜地开发建设基金不得截留或挪用，未经省人民政府批准不得减免。财政、审计部门对菜地开发建设基金的收取、使用和管理实施检查、监督。

第十一条 任何单位和个人不得非法侵占或损坏蔬菜基地的基础设施。征用蔬菜基地的建设项目的规划设计，应征得市水利行政主管部门同意。未征得市水利行政主管部门同意的，市土地管理部门不得审核报批征地手续。在蔬菜基地内或周围施工的建设单位，在开工前必须采取有效措施保护蔬菜基地水利网络系统整体功能正常发挥，如因施工影响其正常功能发挥的，建设单位必须在规定期限内采取有效措施加以修复。

第十二条 禁止向蔬菜基地和蔬菜后备基地倾倒、排放有害物质。不得在蔬菜基地和蔬菜后备基地的周围建设有污染环境，影响蔬菜生产的项目。已经建设的有污染项目，应采取有效措施，限期整治，无法治理的，应予以搬迁。

第十三条 市、区人民政府应扶持蔬菜基地的建设，增加资金投入，加强蔬菜基地的排灌、道路、供电等基础设施建设，提高蔬菜基地的生产能力。市、区人民政府应创造条件，建立蔬菜生产风险保障机制，提供生产、技术、经营等社会化服务，保护菜农利益。

第十四条 建立蔬菜基地和蔬菜后备基地建设保护监督检查制度。市人民政府应组织市土地管理部门、农业综合行政主管部门、城市规划部门及其他有关部门和区人民政府，定期对蔬菜基地建设保护情况进行检查，并向市人大常委会报告检查情况。被检查的单位和个人应如实提供有关情况和资料，不得隐瞒和拒绝。

第十五条 违反本条例规定，有下列行为之一的，依照《中华人民共和国土地管理法》《浙江省土地管理实施办法》的有关规定处罚：

（一）未经批准或采取欺骗手段骗取批准，或超过批准用地数量非法占用蔬菜基地的；

（二）买卖或以其他形式非法转让蔬菜基地的；

（三）无权批准或超越批准权限非法批准征用、使用蔬菜基地的。

第十六条　征用蔬菜基地后未动工兴建，致使菜地荒芜的，按《浙江省土地管理实施办法》的有关规定处理。菜地连续荒芜满六个月的，由乡（镇）人民政府按不低于同类菜地年产值一点五倍的标准收取抛荒费；满一年的，按同类菜地年产值三倍的标准收取抛荒费，并可由农业集体经济组织收回土地承包经营权。

第十七条　违反本条例规定，改变蔬菜基地使用性质的，由农业综合行政主管部门责令其恢复原状，并可处以二百元以上二千元以下的罚款。

第十八条　违反本条例规定，在蔬菜基地内取土、挖沙等毁坏菜地的，由土地管理部门责令其限期恢复原状，并可处以一千元以上五千元以下的罚款。

第十九条　违反本条例规定，擅自移动或破坏蔬菜基地保护标志的，由农业综合行政主管部门责令其恢复原状，并可处以五百元以下的罚款。

第二十条　非法侵占或损坏蔬菜基地基础设施的，由农业综合行政主管部门责令其限期恢复原状，赔偿损失，并可处以一千元以上一万元以下的罚款。

第二十一条　违反本条例规定，在蔬菜基地和蔬菜后备基地内排放、倾倒有害物质的，由环境保护部门按环境保护的有关法律、法规规定处理。

第二十二条　违反本条例规定，未按农药使用管理规定使用农药或在蔬菜基地内使用国家禁止使用的农药或其他化学物品的，由农业综合行政主管部门责令其停止使用，没收其所使用的农药或其他化学物品，监督销毁受污染的蔬菜，并可处以一百元以上一千元以下的罚款。

第二十三条　截留、挪用菜地开发建设基金的，由市财政、审计部门责令退赔；对主要责任人员，由其所在单位或上级机关给予行政处分。

第二十四条　农业综合行政主管部门、土地管理部门和其他有关部门的工作人员，在蔬菜基地建设、保护和管理工作中有徇私舞弊、玩忽职守等行为的，依照有关法律、法规规定处理。

附录三　先进蔬菜工作者（不完全名录）

　　杭州市蔬菜业的成绩是各级各地蔬菜工作者的劳动结晶。在一个特殊的历史时期，江干区成为杭州主菜区，蒋妙玉区长等历届领导工作得力，给城市人们提供蔬菜保障。杭州市政府给予江干区政府蔬菜生产特别奖，区政府表彰相关蔬菜先进工作者。

一、劳动模范（集体）

　　杭州市江干区出席浙江省1962年度农业劳动模范代表大会共有12个单位，其中纯蔬菜生产的单位7个，兼营蔬菜生产的单位3个，从事粮食生产的单位2个。1963年，上述单位中的四季青公社望江大队又出席华东地区农业先进集体表彰大会。出席浙江省1962年度劳动模范代表大会的蔬菜生产单位事迹简介如下。

　　笕桥公社白石大队依照党的领导，发展蔬菜生产，蔬菜亩产超万斤。1962年生产蔬菜64 850千克，品种121个。彭埠公社新风大队几年坚持自选自繁自用蔬菜良种，产量年年提高，取得选留花菜大蒜良种经验。1962年采购种子支出比1960年低五成五，亩产蔬菜5 250千克，比1960年增加45.8%。四季青公社三叉大队氨水肥效高，蔬菜品质好，广泛施用氨水取得经验，1962年亩施氨水71.5千克，生产蔬菜品种114个、亩产7 147.5千克。笕桥公社羊多肥多菜多，1962年户均养羊5.5头，亩产蔬菜5 500千克。四季青公社望江大队连续四年蔬菜大面积高产，基地蔬菜亩产为1959年7 665千克、1960年9 780千克、1961年10 340千克、1962年12 517千克。四季青公社御道大队优质生产品种多，1962年基地蔬菜亩产6 000千克，品种85个。四季青公社观音塘大队多种经营，综合利用，全面生产，1962年蔬菜亩产7 358千克，蘑菇4.5千克/平方米。彭埠公社皋塘大队精选良种，优质高产，蔬菜亩产6 000千克，1961年选留良种1 250多千克，1962年亩产蔬菜6 030千克。笕桥公社黎明大队多种生产多品种，蔬菜亩产超万斤，连年高产，1961年亩产蔬菜5 045千克，1962年亩产蔬菜6 021.5千克。

二、先进集体

1982年7月15日，在杭州市郊笕桥礼堂召开"江干区上半年度蔬菜生产先进集体表彰大会"。杭州市委副书记高峰、副市长许行贯、顾维良及市计委、蔬菜办公室、工商局、农业局、蔬菜公司、区乡村干部共700余人参加。受到表彰奖励的有一等奖：四季青乡光明大队、御道大队、笕桥镇弄口大队；二等奖：四季青乡定海大队、彭埠镇皋塘大队、笕桥镇青峰大队；三等奖：四季青乡常青大队、三叉大队、彭埠镇彭埠大队、建华大队、笕桥镇黎明大队、红星大队。

三、先进个人

（一）1986年11月，杭州市江干区农业经济委员会、江干区蔬菜办公室公布"杭州市江干区优秀菜农、蔬菜产销服务先进工作者"名单，其中"优秀菜农"94人，"蔬菜产销服务先进工作者"53人。

优秀菜农有：四季青乡蔡培正、盛咬琪、华兰英、金福生、张杏珠、裘其友、陈根生、许生龙、沈国强、陈东海、李连法、孙雪章、夏小凤、郭妙生、张立军、祝喜泉、沈茶香、汪阿牛、王文虎、徐奎德、王丽荣、范妙千、戴祖恒、王培芬、葛金连、王文根、王雪珍、平雪林、戚礼生、任兴海；笕桥镇戚阿水、沈汉珍、沈钰明、支金龙、王炳会、谢其福、孙文水、罗长根、沈永根、黄祖荣、章妙法、周阿丰、郭春松、莫金夫、俞毛银、叶金海、陈新有、汤水根、王老虎、蔡水法、周永林、项永泉、戚成林、方巧琴、王忠财、张成林、施开友、孙顺法、王招富、高有根、曹和生、王水清、蒋长富、施阿来、茅成喜；彭埠镇沈雪林、吴又根、何金木、邹水土、戴阿花、陈连兴、杨双林、顾玉培、殷来法、闻加宏、郑炳松、高炳荣、郑水根、吴成林、陈积虎、蔡成法、张才荣、何阿毛、冯水根、沈永泉、张水泉、高宝生、陈宝兴、周成根、高宜根、汪金水、陈卫根、汪才富、汪桂法、陈本香、夏土林、阮坤泉、徐恒佐、马夫洪、周明章。

蔬菜产销服务先进工作者有：四季青乡赵小海、葛荣根、陈炳贤、张金宝、朱阿根、沈友才、周水花、莫明达、王荣生、汤炳法、沈顺炳、夏阿华、章金生、孙雪兴、沈雪珍、金锦财；笕桥镇王宝华、黄增才、周文财、李金木、华德贤、陈祥德、周樟根、高德奎、金水良、金水芳、董毛儿、林清华、单荣在、陈水兴、屠坤财、倪春泉、王志遐、俞金时；彭埠镇戚海尧、褚长根、傅德庆、潭毛银、陈明忠、劳云生、沈阿虎、周成高、蒋再兴、周岳法、陈良德、郑炳贤、瞿荣福、徐惠兴、陈法顺、陈喜、许荣兴、汤阿兴、陆炳炎。

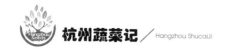

（二）1990年2月，杭州市江干区政府公布1989年度优秀菜农和蔬菜产销服务先进工作者名单。

优秀菜农有：四季青乡郭妙生、罗瑞春、缪宝木、盛咬琪、高双喜、裘其友、潘炎、金兴法、陈忠泉、徐小土、周阿牛、杜庆荣、徐荣福、邵国富、包志明、徐奎德、方志坤、吴桂珍（女）、王松达、戚礼生、周永兴、朱毛法、高杏梅（女）、孙雪兴、金锦财；彭埠镇沈雪林、陈卫根、汪金水、赵祖昌、黄耀松、柴金良、冯水根、沈忠泉、沈永泉、周荣生、郭耀根、陈永根、陈积虎、鲁金法、钟永法、周明章、张才荣、戴吕云、周华兴、周水土、干阿毛、周玉花、杨双林、胡爱凤（女）、高丙荣、杨掌兴、蒋再兴、闻嘉鸿、钱金财、戚文虎、张炳林、陈炳相、戚阿土；笕桥镇冯水元、沈荣泉、姜毛银、金菊花、平高生、陈新青、罗长根、俞炳生、周永林、徐优仙（女）、张有根、何春根、何支叶、戚阿土、冯长林、李凤鸣、沈昌水、蒋长富、陆成分、陈福英（女）、高有根、袁来富、董毛儿、顾毛银、王吕洪、费文英（女）、俞顺康、吕德根、王梅华（女）、张桂英（女）、周阿丰、周金福、朱月美（女）、陆吕炳、周志学、马传庆；丁桥乡诸金根、郑金财、韩云香（女）、陈妙春、莫桂仙（女）、顾小毛。

蔬菜产销服务先进工作者有：四季青乡黄正海、张金宝、沈友财、戚永炳、戴柏杨、戴水土、沈顺炳、沈雪珍、徐文良、张伟彪、赵小海、葛荣根。彭埠镇钱志根、马传忠、沈来泉、姚宪木、周志龙、陈法顺、郑炳贤、陈永炎、杨小甫、徐国庆、王爱定（女）、周鹤林、冯国友、陈以财、王海明、胡虎根；笕桥镇童雪坤、许炳生、相承根、朱妙顺、陈祥德、谢金荣、沈渭良、金水芳、单荣在、周庆法、任水坤、倪春泉、陈水兴、董水根、杨风泉、黄增才、俞金时、沈钰明、周掌根；丁桥乡陈本志、陈水泉、许顺林。

主要参考文献

陈文华，张忠宽，1980. 中国古代农业科学技术成就展览（资料汇编）[M].

范祖述，1989. 杭俗遗风 [M]. 上海：上海文艺出版社 .

封立忠，1992（5）、（6）. 杭州市蔬菜生产志 [J]. 杭州农业科技 .

封立忠，吕先能，1989. 高山蔬菜 [M]. 杭州：浙江大学出版社 .

封立忠，孙利祥，柴伟国，等，2002. 名特蔬菜 [M]. 北京：中国农业科学技术出版社 .

管庭芬，2007. 天竺山志 [M]. 杭州：杭州出版社 .

杭州市地名委员会，1983. 杭州地名志 [M]. 杭州：杭州地名委员会 .

杭州市土壤普查办公室，1991. 杭州土壤 [M]. 杭州：浙江科学技术出版社 .

杭州市饮食服务公司，1988. 杭州菜谱 [M]. 杭州：浙江科学技术出版社 .

李曙轩，吕家龙，1990. 中国农业百科全书蔬菜卷 [M]. 北京：农业出版社 .

郦道元，1990. 水经注 [M]. 上海：上海古籍出版社 .

厉鹗，1958. 东城杂记 [M]. 北京：中华书局 .

林洪，1985. 山家清供 [M]. 北京：中国商业出版社 .

刘澎林，杨永全，李明启，等，1995. 中国科技人才大辞典 [M]. 北京：科学技术文献出版社 .

任振泰（杭州市地方志编纂委员会编），1995. 杭州市志（第一卷）[M]. 北京：中华书局 .

任振泰（杭州市地方志编纂委员会编），1999. 杭州市志（第三卷）[M]. 北京：中华书局 .

四水潜夫，1984. 武林旧事 [M]. 杭州：浙江人民出版社 .

孙中明，2014. 农产品质量安全概论 [M]. 北京：中国农业科学技术出版社 .

田汝成，1980. 西湖游览志 [M]. 上海：上海古籍出版社 .

王强，2014. 近代中国实业志 [M]. 南京：凤凰出版社 .

汪坚青，姚寿慈，民国1946-1948. 杭县志稿 [M]. 余杭县志办公室.

吴自牧，宋. 梦粱录 [M].杭州：浙江人民出版社.

徐逢吉，1999. 清波小志 [M]. 上海：上海古籍出版社.

颜韶兵，2018. 杭州山地蔬菜绿色栽培技术 [M]. 北京：中国农业科学技术出版社.

余杭县志编纂委员会，1990. 余杭县志 [M]. 杭州：浙江人民出版社.

袁康等，1985. 越绝书 [M]. 上海：上海古籍出版社.

赵晔，1986. 吴越春秋 [M]. 南京：江苏古籍出版社.

张岱，1984. 西湖梦寻 [M]. 杭州：浙江文艺出版社.

浙江省农科院园艺研究所，浙江省农业厅农作物管理局，浙江省种子公司，等，1994.浙江省蔬菜品种志 [M]. 杭州：浙江大学出版社.

浙江工商年鉴编纂委员会，1946. 浙江工商年鉴 [M]. 杭州：浙江工商年鉴编纂委员会.

浙江省商业厅副食品管理处，1990. 浙江糖烟酒菜商业志 [M]. 杭州：浙江科学技术出版社.

浙江省文物管理委员会，浙江博物馆，1958. 浙江新石器时代文物图录 [M]. 杭州：浙江人民出版社.

浙江饮食服务公司，1981. 中国小吃（浙江风味）[M]. 北京：中国财政经济出版社.

周必大，1936. 二老堂杂志 [M]. 北京：商务印书馆.

编后语

　　为系统记录杭州蔬菜在时代发展过程中的真实历史，杭州种业集团有限公司组织一批长期从事蔬菜工作的科技工作者，利用多年积累的蔬菜资料，并查阅浙江博物馆、浙江图书馆、杭州图书馆、杭州市档案馆，调研良渚文化发源地，走访省、市和区（县、市）农业、商业、餐饮等单位并查阅有关档案，通过梳理综合，反复核对，将收集到的相关资料，整理成《杭州蔬菜记》。其中，主编封立忠正处级调研员，自1982年起一直从事杭州蔬菜生产和蔬菜质量安全管理工作，有丰富的实践经验；副主编赵捷农艺师和孙利祥推广研究员等，长期从事蔬菜新品种、新技术的选育和推广工作，对蔬菜事业有深厚感情，为本记的编写作出了积极努力。

　　在调研、整理过程中，得到了浙江省、杭州市和相关区（县、市）的农业、林水、农科院校、商贸、供销、餐饮等单位和杭州农副产品物流中心及各界蔬菜工作者的大力支持，在此一并深表谢意。

图书在版编目（CIP）数据

杭州蔬菜记/封立忠主编；杭州种业集团有限公司
组编. —北京：中国农业科学技术出版社，2020.12
ISBN 978-7-5116-4130-4

Ⅰ.①杭… Ⅱ.①封… ②杭… Ⅲ.①蔬菜业－产业
发展－研究－杭州 Ⅳ.①F326.13

中国版本图书馆CIP数据核字（2020）第248306号

责任编辑　闫庆健
责任校对　马广洋
出 版 者　中国农业科学技术出版社
　　　　　北京市中关村南大街12号　邮编：100081
电　　话　(010)82106625(编辑室)　(010)82109704(发行部)
传　　真　(010)82106625
网　　址　http：//www.castp.cn
经 销 者　各地新华书店
印 刷 者　北京建宏印刷有限公司
开　　本　787mm×1092mm　1/16
印　　张　17
字　　数　310千字
版　　次　2020年12月第1版　2020年12月第1次印刷
定　　价　83.00元